1949 年後
中國農業經營制度變遷

胡小平 著

目錄

第一章　緒論 …………………………………………………… 1

第二章　農業合作化時期的農業經營制度 ………………………… 15
　第一節　互助組的農業經營制度 ………………………………… 16
　第二節　初級農業生產合作社的農業經營制度 ………………… 29
　第三節　高級農業生產合作社的農業經營制度 ………………… 42

第三章　人民公社時期的農業經營制度 ………………………… 57
　第一節　人民公社的起因 ………………………………………… 58
　第二節　人民公社體制的特點 …………………………………… 60
　第三節　「包產到戶」的再次興起 ……………………………… 62
　第四節　人民公社核算制度的演變 ……………………………… 64
　第五節　人民公社的分配制度 …………………………………… 73
　第六節　「文化大革命」時期農業經營制度的演變 …………… 81
　第七節　人民公社後期的農村經濟形勢 ………………………… 84

第四章　農村改革與家庭聯產承包責任制的確立 ……………… 87
　第一節　聯產承包責任制的探索 ………………………………… 89
　第二節　聯產承包責任制的爭論與農業政策調整 …………… 109
　第三節　家庭聯產承包責任制的確立和推廣 ………………… 125

第五章　農業產業化經營的發展與變遷 ………………………… 149
第一節　農業產業化產生的背景 ……………………………… 150
第二節　農業產業化經營的確立與推廣 ……………………… 163
第三節　龍頭企業帶動型農業產業化經營 …………………… 168
第四節　農業產業化經營的深化拓展 ………………………… 188

第六章　農民專業合作組織經營的發展與變遷 ………………… 207
第一節　農民專業合作組織的產生 …………………………… 208
第二節　農民專業合作組織的運行機制 ……………………… 224
第三節　農民專業合作組織運行中存在的問題 ……………… 233

第七章　農業適度規模經營探索 ………………………………… 237
第一節　農業適度規模經營產生的背景 ……………………… 239
第二節　適度規模經營的理論基礎 …………………………… 244
第三節　農業適度規模經營的實踐探索 ……………………… 250
第四節　待解決的問題 ………………………………………… 282

參考文獻 …………………………………………………………… 287

後記 ………………………………………………………………… 305

第一章
緒　論

農業是國民經濟的基礎，農產品的充足供給是保持社會安定和國民經濟穩定運行的基本條件。中華人民共和國70年的實踐證明，要保持農業生產的穩定發展，必須建立一套符合客觀經濟規律要求的農業生產經營制度。當中國的農業經營制度違背了客觀經濟規律時，農業生產就停滯甚至倒退；而當農業經營制度符合客觀經濟規律時，農業生產就得到迅猛發展。為建立一個有效的農業經營體制，我們進行了反復的探索，新中國農業經營制度變遷的過程也就是我們在實踐中逐步認識中國特色社會主義的基本特徵，並最終找到一條正確發展道路的過程。

農業經營制度是農業生產組織形式與管理制度的總稱。農業經營制度決定了農業生產各種資源配置的基本方式以及相應的分配制度。能否有效地發揮各種資源的效率，是檢驗農業經營制度優劣的標準。

建立哪種類型的農業經營制度受很多因素的影響。例如：農業生產力水準和技術手段決定了農業生產的現代化程度和經營模式；工業化、城市化的進程會改變農村的資源稟賦，當勞動力不斷湧入城市之後，農村人均耕地資源數量的變化會引起農業生產經營規模的變化；生產的社會化發展、信息技術的進步會改變農業生產的社會化服務條件，降低生產者獲得信息的交易費用，使農業生產者能夠更有效地與市場對接，等等。這些因素都會對農業生產的經營模式和經營效率產生影響，從而帶來農業經營制度的調整和變革。但是，在所有因素中，對農業經營制度起決定性作用的是生產要素的所有制形式。生產要素歸誰所有，誰就有處置、使用它的權利，就可以按所有者的意願來決定採用什麼樣的經營制度。在公有制和私有制這兩種不同的所有制條件下，農業經營制度有很大的差別。一般而言，公有制大多採取集體統一經營方式，而私有制基本採取自主經營或委託經營方式。

從事生產經營活動首先必須實現生產要素的聚集。當生產要素屬於不同的所有者時，經營者要通過市場購買行為才能完成生產要素的聚集。在所有生產要素中，勞動力的購買方式十分特殊。勞動力不是有形的商品，它附著在勞動者的身體中，購買勞動力要通過購買勞動者才能實現。但是，勞動者可以出賣自己的勞動力卻不會出賣自己的身體，他出賣勞動力的方式就是在生產過程中使用自己的勞動力，因而勞動者的個人意志決定了勞動力在生產過程中的使用效率。如果他認為付給他的報酬（工資或其他形式的報酬如工分等）不合理，他就不會出賣自己的勞動力。如果他在某種外部強制力量下被迫出賣自己的勞動力，他就會在勞動過程中採取消極態度，出工不出力。由於其他生產要素都要由勞動者來操作（使用），勞動者的積極性不僅影響勞動力自身效率的發揮，還會影響其他生產要素的使用效率。從這個意義上講，檢驗生產經營制度是否有效的標準就是這種制度能否有效地調動起勞動者的積極性。

中華人民共和國農業經營制度的變遷大體經歷了兩個階段。第一個階段

是從個體分戶經營向集體統一經營的演變，第二個階段又從集體統一經營迴歸到個體分戶經營。前一階段有近 30 年時間，後一階段到目前為止已實行了約 40 年。

一、分戶經營向集體經營的演變

中華人民共和國成立以後，隨即在新解放區開展了大規模的土地改革運動。到 1952 年冬，全國主要地區的土地改革基本完成。通過土地改革，每個農民都擁有了土地，實現了新民主主義革命「耕者有其田」的目標。農民成為土地的主人以後，恢復了延續上千年的小農分戶經營模式。然而，這種以私有制為基礎的生產經營模式不是中國共產黨進行革命要達到的目標。新民主主義革命只是一個過渡，革命的最終目標是建立社會主義制度並向共產主義邁進。顯然，中華人民共和國成立以後的社會主義革命對象必然是以私有制為基礎的各種生產主體。

農村的小農經濟恢復重建以後，其自身的缺陷也立即顯現出來。由於農民個體經營能力的差異以及自然災害、疾病等外部因素的打擊，農村出現了兩極分化現象。一部分經營狀況好的農戶開始在致富的道路上迅速發展，有成為新富農的趨勢；而另一部分經營狀況差的農戶則出現了生活困難，甚至不得不出賣剛剛分到手的土地。這意味著任其發展下去就有可能回到新民主主義革命完成以前的狀況。為了防止農村兩極分化現象的蔓延，在土地改革結束後不久，經歷了一個短暫的農業互助組階段，各地就陸續開始了農業合作化運動。土地改革完成得早的老解放區先行一步，土地改革完成得晚的新解放區隨後跟上，1953—1954 年，全國步調一致地開始了大規模的農業合作化運動。合作化運動的目標就是組織起來集體經營，建立社會主義農業，防止「開倒車」「走回頭路」。

農業合作化的第一步是建立初級農業生產合作社。初級社在農民自願的基礎上把土地集中起來，實行統一經營、統一分配。這樣當然就不會產生兩極分化現象，與此同時也改變了農戶個體經營的基本模式，開始了農業生產

由個體經營向集體統一經營方式的轉變。實行集體經營、統一分配在當時還有一個重要作用，就是保證了從 1953 年開始的糧食統購統銷制度的順利實施。

初級社雖然實行了集體經營，但並沒有觸動土地私有制，土地在初級社的分配中享有「入股分紅」的權利。建立初級社實行的是「入社自願」的原則。既然土地屬於農民所有，入社又採取自願原則，農民就有權決定是否入社。如果農民不願入社，合作社就建立不起來。事實上，由於對集體分配的不滿意（也有的是出於對發家致富的路被堵死了的不滿意），再加上合作社統一掌握了糧食以後，農民的餘糧都被國家以統購派購的方式拿走，有些地方出現了富裕農民帶頭要求退社的情況。顯然，要建立社會主義的農業，保持生產資料私有制的初級社就只能是一個過渡措施。

農業合作化的第二步是把初級社轉變為高級社。高級社是在把幾個乃至更多的初級社合併之後建立起來的。高級社的社員更多，合作經營的規模也更大。與初級社相比，高級社的生產組織形式沒有大的變化，根本的變化是取消了土地入股分紅，消滅了土地私有制，實現了生產資料公有制。高級社的建立也是當時中國進行的生產資料社會主義改造的內容之一。1956 年，不僅在農村消滅了土地私有制，在城市也消滅了個體手工業和資本主義工商業。通過「一化三改」，中國建立起以公有制為基礎的社會主義經濟制度。

20 世紀 50 年代中國社會主義的實踐是根據馬克思主義的社會主義理論來進行的。按照馬克思和恩格斯設想的社會主義社會，其基本特徵是生產資料公有制、國民經濟有計劃按比例發展、按勞分配。高級社符合這三個基本特徵：農業生產資料（其中最主要的就是土地）實行集體所有；生產經營活動根據國家下達的農產品統購派購任務來組織進行；合作社的生產成果在完成國家的統購派購任務後在社內按勞分配。至此，中國農業完成了從分戶經營到集體統一經營的演變，按照傳統的社會主義理論建立起了社會主義的農業經營制度，這構成了中國農業經營制度變遷的第一階段。

後來的實踐證明，這種農業經營制度存在重大的缺陷。首先面臨的問題就是無法處理好分配關係。分配問題一直是社會主義政治經濟學研究中的一

個薄弱環節。由於「按勞分配」被確定為社會主義社會分配的唯一原則，當時的理論研究和工作實踐都只能圍繞著「按勞分配」來做文章。而馬克思提出的「按勞分配」是一種設想，在集體統一經營的實踐中很難操作。「按勞分配」的要求是按照個人付出的勞動量來進行分配，而如何確定人們付出的勞動量卻是一個難題。由於人的勞動能力存在天然的個體差異，每個人的勞動效率有高有低。評價每個人勞動效率的標準只能是勞動成果，即產量。而農產品的產量不僅受勞動效率的影響，還受自然、氣候條件的影響，只有收穫以後才能確定。在農業集體經營過程中，要準確評價個人的勞動效率非常困難。合作社開始是採取「評工記分」的方式，由社員們共同對每個人每天的勞動進行評議後確定個人每天的工分值，作為年終分配的依據。這種方式費時費力，效果又不好，還時時引發爭吵。這種方式演變到後來只能由生產隊進行統一規定，實行按全勞力（其中男女又略有差別）、半勞力為統一標準記工分，不再評分。這就變成了平均主義分配，沒有考慮個人勞動能力的差異。這種分配方式剛開始時挫傷的是勞動能力最強的那部分人的積極性，而後必然發展到所有的人——為了怕吃虧，都向勞動能力最差的人看齊，其結果是挫傷了所有人的勞動積極性。人們追逐的目標不是高效率的勞動，而是最低效率的勞動。「按勞付酬」變成了「按酬付勞」。

在當時機械、教條地理解社會主義內涵的情況下，形成了一種「左」的指導思想，把平均主義的分配作為實現社會公平的手段，認為生產資料的公有化程度越高、平均分配的範圍越大，越能體現社會主義的優越性。在生產力水準還很不發達的情況下就喊出消滅「三大差別」（工農差別、城鄉差別、腦力勞動和體力勞動差別）的口號，提出要加快向共產主義社會過渡，「跑步進入共產主義」。1958年秋冬之交，各地都開始把高級社合併為人民公社。人民公社把十幾個甚至幾十個高級社、幾千個農民家庭組合在一起，辦公共食堂，吃「大鍋飯」，實行「供給制」。生產大隊（相當於高級社）、生產小隊（相當於初級社）的集體財產在公社內部實行無償調撥，「窮隊」「富隊」一律拉平。勞動力按分工的需要在全公社內統一安排。這種農業經營制度違背了客觀經濟規律，付出的代價就是農業生產力受到了嚴重破壞，這是國民經

濟在 1949—1961 年經歷困難的一個重要原因。

　　從農業合作化運動開始，農民就曾多次自發地要求回到家庭經營的生產模式。由於這種要求符合生產力發展的實際狀況，不少在基層工作的幹部（包括地、縣一級幹部）都對「包產到戶」採取了支持或默認的態度，所以 1956 年、1959 年、1961 年全國都在一定的範圍內出現過「包產到戶」的情況。特別是在經歷了「三年困難時期」後，中央的一些領導同志也對「包產到戶」持讚成態度，在中央領導內部逐步形成了兩種不同的意見。但是，當時黨內對農業經營制度的兩種不同意見被一些人上升到「走資本主義道路」與「走社會主義道路」之爭的高度，認為這是無產階級與資產階級兩個階級之間的鬥爭在黨內的表現，「包產到戶」就是分田單幹，是走資本主義道路。在這種「左」的思想指導下，「包產到戶」當然就不可能實行，農民每次的「包產到戶」要求都被壓制下去。但是，農業生產力受到嚴重破壞這一客觀事實，也迫使黨中央要根據實際情況糾正前幾年的失誤。在總結了人民公社失誤的教訓以後，黨中央對人民公社的核算制度進行了調整。1962 年 2 月 13 日下發的《中央關於改變農村人民公社基本核算單位問題的指示》中，正式明確人民公社的基本核算單位應該定在生產隊（小隊）一級①。但這種調整並不是要放棄人民公社體制，而是「三級所有，隊為基礎」，即農業生產資料以生產隊為基礎的生產小隊、生產大隊、人民公社三級公有體制，於是形成了「人民公社的牌子、高級社的規模、初級社的核算與分配」②，相當於回到了初級社。至此，農業經營制度最終定型，此後一直運行了近 20 年。

二、家庭承包經營責任制的確立

　　中國農業經營制度變遷的第二階段開始於 1978 年。1978 年進行的關於真理標準的大討論，是一次意義深遠的思想解放運動。這次討論的巨大成績就

---

① 陳錫文，羅丹，張徵. 中國農村改革 40 年 [M]. 北京：人民出版社，2018：31.
② 同①.

是重新確立了「實踐是檢驗真理的唯一標準」這一馬克思主義的基本原則。在這個背景下，農村改革的序幕得以拉開。

在經歷了多年的失誤以後，廣大農民和基層幹部深切感受到人民公社這一農業經營制度的「平均主義」「大鍋飯」弊病，農村改革也就必然會以分配問題作為突破口。1978 年，許多地方自發地出現了「包產到組」「包產到戶」的做法，突破了人民公社「三級所有、隊為基礎」的制度，把農業生產的基本核算單位縮小到了「作業組」和「農民家庭」。

由於長期以來對社會主義教條式的理解在許多幹部的頭腦中已經扎了根，要衝破這種多年來形成的思想桎梏並不容易。突然出現的農村改革遭到了他們的強烈反對。如果說「包產到組」還帶有集體經營的色彩，尚能容忍的話，「包產到戶」就是分田單干走資本主義道路，是絕對不能允許的。1978—1980 年，圍繞「包干到戶」問題，從中央到地方都展開了激烈的爭論。「左」的思想明顯地占了上風，那些堅定地推行農村改革的安徽、四川、貴州等地區的領導同志承受了巨大的壓力。在當時的情況下，他們也都只是強調要從恢復農業生產力的實際出發來肯定「包產到戶」的合理性，不敢在理論上去觸動社會主義農業只能搞集體統一經營這一思想教條。實際上，與「包產到戶」同時出現的還有安徽鳳陽縣小崗村農民搞的「包干到戶」，即後來說的「大包干」。「大包干」與「包產到戶」的區別在於農民完全擺脫了生產隊的束縛，在承包完成國家對農產品的徵購任務和集體組織應收取的各項提留款這一前提下，怎樣進行農業生產是農民自己的事情，不再受生產隊的干預、指揮。這樣農民就獲得了生產經營的自主權和生產成果的支配權，從根本上突破了集體統一經營、統一分配的農業經營制度。後來的實踐證明，這是一個具有重大意義的改革，但在當時卻冒著巨大的風險，只能偷偷地進行。

就在農村改革能不能向前推進的這一關鍵時刻，鄧小平 1980 年 5 月 31 日在同中央有關負責人就農村政策問題的談話中肯定了包產到戶，還特別肯定了鳳陽縣的「大包干」。鄧小平一錘定音，使中國農村改革終於得以沿著正確的軌道走下去。時任安徽省委書記的萬里後來回憶道：「中國農村改革，沒有鄧小平的支持是搞不成的。1980 年春夏之交的鬥爭，沒有鄧小平的那番話，

安徽燃起的包產到戶之火，很可能被撲滅。」①

　　事實最能說明問題。20世紀80年代初，凡是搞了包產到戶的地方，農民的生產積極性都被充分地調動起來，那個地方的農村形勢就遠遠好於沒有搞包產到戶的地方。在先行一步地區的示範帶動作用下，「大包幹」迅速在全國普及開來。家庭聯產承包責任制實行的效果使爭論漸漸平息下去，從中央到地方的領導幹部的認識終於逐漸統一。從《中共中央印發〈關於進一步加強和完善農業生產責任制的幾個問題〉的通知》（中發〔1980〕75號）開始，此後又在1982年、1983年、1984年連續三年的中央一號文件中不斷深化了對家庭聯產承包責任制的肯定。到1983年年底，全國90%以上的生產隊都實行了家庭聯產承包責任制（「大包幹」）。至此，中國的農業經營制度實際上已完成了第二階段的演變。

　　1991年，黨的十三屆八中全會通過的《中共中央關於進一步加強農業和農村工作的決定》中，把中國的農業經營制度表述為「以家庭聯產承包為主的責任制、統分結合的雙層經營體制」，並明確肯定它是「中國鄉村集體經濟組織的一項基本制度」。後來，鑒於「聯產」事實上已不存在，在1998年10月黨的十五屆三中全會審議《中共中央關於農業和農村工作若干重大問題的決定》時，把對中國農村基本經營制度的表述正式修訂為「以家庭承包經營為基礎，統分結合的雙層經營體制」。

　　家庭承包經營責任制是中國農民在中國共產黨領導下、在建設社會主義農業實踐中的一項偉大創舉。它在堅持生產資料公有制的前提下，遵循實事求是、一切從實際出發的原則，尊重客觀規律，充分調動起了廣大農民的生產積極性，使中國農業發生了翻天覆地的變化。人還是那些人，土地也還是那些土地，在資源條件、生產技術條件都沒有發生變化的情況下，由於制度創新的作用，農業生產力出現了爆發性的增長，徹底改變了中華人民共和國成立以來農產品供給一直處於緊平衡的狀態。1984年，中國人均佔有糧食達到390.29公斤，創造了歷史最高水準。自此以後，中國人的糧食實行定量供

---

① 張廣友. 改革風雲中的萬里 [M]. 北京：人民出版社，1995：251.

給的日子一去不復返。

三、農業經營體制改革的不斷深化

　　1985 年，中國的農業生產形勢發生了重大變化。農村改革的成效使多年以來農產品供應緊缺的狀況有了很大改善，廣大農村面臨從計劃經濟向市場經濟轉變的有利時機。在這種情況下，1985 年中央一號文件對推進農村改革提出了一系列指導意見。其中，十分關鍵的一條就是對已經實行了 30 多年的農產品統購派購制度進行改革：對糧食、生豬、水產品和大中城市、工礦區所需要的蔬菜，由過去的統一收購（農民不得自己到市場上出售）改為合同定購和市場收購。定購以外的糧食等農產品，農民可以自由出售。在生產上，任何單位都不得再向農民下達指令性生產計劃。這個重大的改革把市場調節機制引入農業生產領域，廣大農民被推向市場，成了中國計劃經濟體制向社會主義市場經濟體制轉變的先行者。

　　然而，向市場經濟轉變不是一個簡單的過程，過去習慣了按照國家指令性計劃進行生產的農民，突然面臨要由自己根據市場的需求做出生產決策，根本無法適應這一突然到來的重大變化（其實，不光是廣大的中國農民，在隨後進行的城市經濟體制改革中，城市的工商企業也都在突然面向市場時一度手足無措）。從事家庭經營的小農戶有一個天然的缺陷是「市場幻覺」。他們認為，中國人口眾多，廣闊的市場一定能夠吸納自己狹小的經營規模生產出來的產品。也就是說，中國的市場那麼大，自己生產出來的那麼一點產品，哪裡會賣不出去？當這種「市場幻覺」成為小農戶的一致行動時，就會出現農產品的供給過剩。1985 年，各地的農民都普遍面臨「賣糧難」「賣豬難」的困境，由此引發了關於「小生產」如何與「大市場」接軌的討論。新的形勢迫使人們開始思考家庭聯產承包責任制如何進一步完善的問題。

　　1985 年以來，家庭聯產承包責任制的完善主要圍繞著三個方面展開：一是推進農業產業化經營；二是推進農民專業合作經濟組織和專業合作社；三是推進農業適度規模經營。

（一）推進農業產業化經營

為了解決小農戶獲取準確的市場信息難度大、成本高的問題，借鑑西方發達國家把農業的生產、加工、銷售全產業鏈整合在一起的「一體化經營」成功經驗，中國從20世紀80年代中期開始推廣農業「一體化」經營模式。在生產、加工、銷售這三個環節中起骨幹和領頭作用的企業被稱為「龍頭企業」。龍頭企業根據自身掌握的市場信息與農戶訂立產銷合同，農戶按照合同進行生產，由此形成了市場引導龍頭企業，龍頭企業帶動農戶的產業組織形式。以銷售企業為龍頭的一體化被稱為「貿工農」一體化，以加工企業為龍頭的一體化被稱為「產加銷」一體化。為了保證原料的穩定供給，有些龍頭企業還建立了原料生產基地，把農戶組織起來成為生產基地的成員，並為基地成員提供技術指導和服務，有的還為基地成員提供生產資金支持。隨著一體化經營實踐的不斷深化和完善，1995年在山東省「貿工農」一體化成功經驗的基礎上，提出了「農業產業化」的概念，後來又進一步將這個概念完善為「農業產業化經營」。在20世紀末至21世紀初，這是一種效果較好的把農民帶入市場的經營模式。在國家政策的大力扶持下，培育出了一大批「龍頭企業」。它們成為中國農業生產的一支重要力量，為保障農產品供給做出了很大貢獻。

但是，農業產業化經營模式也存在較大的缺陷，主要是產業化經營中各個環節的利益聯結方式十分鬆散。國外一體化經營的各個環節大多採用的是股份合作的方式，參加各方以自己的生產要素入股，形成了利益共享、風險共擔的利益聯結體。中國的農業產業化經營大多沒有形成這種利益分享機制。生產、加工、銷售等環節是通過銷售合同聯結在一起的。這種契約式的聯結方式非常鬆散，抗風險能力差。一旦出現市場風險，各個環節力求自保，違約現象十分嚴重，受損失最大的往往是處於產業鏈上游的小農戶。此外，在訂立銷售合同時，小農戶幾乎沒有話語權，行業利潤的大頭都被龍頭企業拿走。農民雖然被帶入了市場，但增收效果並不明顯。農業產業化經營要獲得長期、穩定的發展，必須重新構建合理的利益分享機制，使產業鏈上的各個參與方都能獲得公平合理的收益。同樣，作為農業產業化經營的深化形

式——農村產業融合和農業產業化聯合體，也必須做到這一點才有可能向前推進。

（二）推進農民專業合作經濟組織和專業合作社

針對農業產業化經營中利益聯結機制鬆散、農民增收效果不理想的問題，在實踐中又產生了一種新的經營模式，即農民自己組織起相應的組織來代替龍頭企業。這種農民自己的組織叫作農民專業合作組織，主要的形式有農民專業協會和專業合作社。

農民專業合作組織把農民組織起來，增強了其與龍頭企業簽訂產銷合同的談判能力；專業合作組織通過擴大交易規模降低了交易費用，節約了成本；在內部實行民主管理，增加了組織的透明度和認同度；在分配上實行按股分紅，建立起了利益聯結緊密的共同體。專業合作組織起到了把農民組織起來、共同致富的作用，在較大程度上克服了龍頭企業與農戶利益聯結鬆散、利益分配不合理的弊病。有的專業合作組織在內部「能人」的帶動下，逐漸延伸產業鏈，直接從事農產品的加工和銷售，具備了產業化經營的雛形。20 世紀末至 21 世紀初，在國家政策的大力扶持下，農民專業合作組織數量迅速增長，成為與農業產業化經營並行發展的一種經營模式。

農民專業合作組織的進一步發展需要解決兩個問題：一是內部治理機制的完善。當專業合作組織達到一定規模時，必然形成委託—代理關係，如何有效地監督代理人是至今未能解決的問題。在實踐中，那些缺乏有效監管制度的專業合作組織聽任村長一人做主，民主管理落不到實處，最終結果是名存實亡。二是許多專業合作組織缺乏「德才兼備」的領頭人。專業合作組織的領頭人必須具備較強的經營能力，才能在激烈的市場競爭中生存下去，而這個能力很強的領頭人又必須具備一心為公的道德品質，才能保證每個成員的利益不受侵犯。在中國當前的農村中，這種「德才兼備」的人才數量太少，成為農民專業合作組織發展壯大的「短板」。

（三）推進農業適度規模經營

家庭聯產承包責任制不僅使農民獲得了生產經營自主權，也使農民獲得了自主支配自己勞動力的權利。在一些市場經濟（當時叫作商品經濟）率先

發展起來的地區，非農產業的收入高於農業生產，部分農民開始向非農產業轉移。由於糧食生產的經濟效益最低，他們首先放棄的是糧食生產。為了穩定糧食生產，1984年中央一號文件提出「鼓勵土地逐步向種糧能手集中」，鼓勵願意種糧的農民通過集中別人不願耕種的土地來擴大生產規模。當時也有不少人認為這是中國改造傳統農業、建立現代農業的重要契機。但是種田規模的擴大受到中國人均耕地少這個資源條件的限制，在中國不可能大規模發展西方發達國家那種現代化農場，因此，在實踐中創造出了「適度規模經營」這個具有中國特色的農業經營概念。所謂適度規模經營，就是指通過擴大經營規模來增加農民種糧的總收入。雖然由於規模擴大，耕作的精細化程度降低，畝均純收入可能下降，但生產規模擴大帶來了總收入的增長，農民獲得了規模效益，這樣就能把他們穩定在土地上，也就穩定住了糧食生產。至於農民的經營規模能夠擴大到什麼程度，要根據當地農業勞動力向非農產業轉移的實際情況決定。勞動力轉移多的地方，規模可以大一些；轉移少的地方，規模可以小一些。既要鼓勵規模經營，又要根據當地的情況「適度」地推進。

推進適度規模經營的條件不僅是勞動力向非農產業轉移，更重要的是需要對家庭承包經營責任制進行改革。20世紀80年代中期，中央的文件雖然鼓勵土地向種糧能手集中，但又多次強調農村社員承包的土地「不準轉讓、出租」。為了解決這個矛盾，農民和基層幹部創造了「土地流轉」這個概念。通過土地流轉來實現土地經營權的轉讓。在不同的地區和不同的經濟發展階段，土地經營權的轉讓也曾出現過「無償」和「有償」等形式。

最終突破土地流轉限制的是農村土地的「三權分置」改革。「三權分置」明確了土地所有權、承包權、經營權屬於三種不同的、可以獨立行使的權利。家庭承包經營責任制完成了土地所有權和承包經營權的分離。「三權分置」改革在這個基礎上又進一步完成了承包權與經營權的分離。如果說家庭承包經營責任制還不算真正把土地所有者和經營者的身分剝離開（因為經營土地的農村社員本身也是村集體土地的所有者之一），而承包權與經營權分離以後，真正地做到了承包人（土地所有者）與經營者的分離。土地的經營者可以不

是土地的所有者，這就為非本村村民的外來經營者經營本村的土地掃清了障礙。「三權分置」至少帶來了以下四個方面的好處：

1. 既放活了土地經營權，又堅持了農村土地的集體所有制

堅持農村土地的集體所有制是中國的基本政策。堅持土地公有、禁止土地買賣，是防止中國歷史上多次出現過的土地兼併現象的有效措施。在「三權分置」的情況下，無論經營者的土地經營規模有多大，他得到的只是土地的經營權，就不會發生土地的所有權轉移到少數人手中的現象。這對於保持農村的穩定有著非常重要的作用。

2. 土地承包權成為一種實實在在的用益物權，使農民的土地所有權得到了實現

在農村土地公有制條件下，土地的集體產權是不能分割給個人的。「三權分置」以後，通過土地確權頒證，以承包經營權的形式細化了土地產權，明確了土地承包權為本村村民的專有權利，並可以用它來獲得收益。承包權已具有了所有權享有的一切權利（除了自由買賣以外），農民在集體土地所有權中的權益真正得到了實現。此外，農村土地經營權的轉讓與城市土地經營權轉讓的一個重要區別是，土地的增值收益將以級差地租Ⅱ的形式留給農民（而不是像城市中，土地增值收益被土地經營者拿走），保護了農民的土地權益。

3. 有利於資源優化配置

土地、資金、技術、勞動力是農業生產的基本要素，中國發展現代農業的一個瓶頸就是缺乏有效的資源配置機制。以上幾大要素不能有效地組合在一起的障礙就是土地承包權與經營權沒有剝離。一方面，有土地的人沒有資金，不想種地；另一方面，有資金又想種地的人卻沒有土地。土地三權分置消除了這個障礙，促進了農業生產要素的優化組合，把農村的閒置土地利用起來，有利於解決土地摞荒問題。

4. 有利於發揮農業補貼的作用

發展農業、保持農產品的充足供給是各國政府宏觀調控的一個重要目標。但只要市場上的農產品處於供給充足狀態，農業生產的效益必然就很低，甚

至出現虧損。因而要保持農產品充足供給，政府就應當對農業生產者提供補貼。中國自加入 WTO（世界貿易組織）以後，不斷加大了對農業的補貼。但是，農業補貼過去一直是按土地面積發放，有相當大一部分沒有補貼到經營者手中，而是補貼到了有些不再從事農業生產的土地承包人頭上。土地承包權與經營權分離以後，土地經營者的身分明確了，農業補貼就可以直接對生產經營者發放，真正發揮農業補貼對生產的促進作用。

農村土地「三權分置」是中國農業經營制度的又一次重大創新。它既堅持了家庭承包經營責任制，又消除了農民大量進城以後的農業生產資源優化配置的障礙，是對家庭承包經營責任制的完善。它所產生的制度紅利將在未來中國農業生產發展的進程中逐漸顯現出來。

制度創新是生產力發展的重要推動力。生產力中最積極最活躍的因素是人，勞動者的生產積極性是一切社會財富的源泉。制度創新的目的就是盡最大可能地激發起勞動者的積極性，推動生產力不斷向前發展。中國農業經營制度變遷的過程就是制度創新的過程。從農業互助合作化到家庭承包經營責任制的確立並不斷完善，經歷了近 70 年的變遷。經過反覆的探索，付出過沉重的代價，最終走上了一條正確的道路，建立起了中國特色社會主義農業經營制度。這個經營制度對中國特色的社會主義理論的貢獻是：它用鮮活的事實證明在社會主義生產資料公有制條件下，農民家庭經營是一種有效的經營模式。「堅持家庭經營基礎性地位，賦予雙層經營體制新的內涵」「保持農村土地承包關係穩定並長久不變」[1]，已成為中國農業農村工作的一項基本政策。回顧這一變遷歷程，有助於深刻理解中國改革開放的偉大意義，珍惜這個來之不易的制度創新成果。

---

[1] 中共中央 國務院關於堅持農業農村優先發展 做好「三農」工作的若干意見 [EB/OL]．（2019-02-19）[2019-04-16]．http://www.gov.cn/zhengce/2019-02/19/content_5366917.htm．

第二章
農業合作化時期的農業經營制度

　　中華人民共和國成立後，於1952年冬完成了全國主要地區的土地改革，消滅了封建土地所有制，實現了廣大農民「耕者有其田」的夙願，建立了以農民個體所有制為基礎的家庭經濟。但家庭經濟的自由發展，導致在全國農村出現了不同程度的貧富分化現象，同時，農民個體分散經營也遇到了很多困難。因此，「土地改革完成後中國農村向何處去」便成為當時中國農村道路的發展方向與農村政策制定的關鍵問題。按照中華人民共和國成立前黨的既定方針和《中國人民政治協商會議共同綱領》（以下簡稱《共同綱領》）規定的發展道路[①]，

---

① 1949年9月中國人民政治協商會議第一次全體會議通過的《中國人民政治協商會議共同綱領》規定：新中國實行新民主主義的經濟政策。關於農林牧漁業：在一切已徹底實現土地改革的地區，人民政府應組織農民及一切可以從事農業的勞動力以發展農業生產及其副業為中心任務，並應引導農民逐步地按照自願和互利的原則，組織各種形式的勞動互助和生產合作。

同時也為了扭轉貧富分化趨勢，改變農民普遍想走舊式富農道路的心態，[1] 使廣大農民能夠克服困難，迅速增加生產，就必須按照自願和互利的原則，把農民「組織起來」，引導農民走互助合作的道路。於是，農業合作化運動就此展開。

從 1952 年到 1956 年，中國的農業合作化運動經歷了互助組、初級農業生產合作社（簡稱初級社）、高級農業生產合作社（簡稱高級社）幾個既相互交叉又相互聯繫的階段。

第一節　互助組的農業經營制度

一、農業生產互助組的發展

互助組是在利用、改造農民傳統換工方式基礎上發展起來的一種農業互助合作組織。在農忙季節換工，是中國農民傳統的互助方式，廣泛地存在於農業生產活動中。20 世紀 30 年代，中央蘇區政府就開始倡導、鼓勵、扶助個體農民建立耕田隊和耕牛合作社等多種形式的勞動互助組織，以緩解農業生產中勞動力不足的問題。抗日戰爭時期，為了戰勝嚴重的財政經濟困難，中共中央領導各抗日根據地人民形成了各種形式的互助合作組織。「在陝甘寧邊區，1943 年春耕期間有 10% ~ 15%、夏耘期間有 40% 左右、秋收期間有 30% 左右的勞動力參加了各種形式的勞動互助組，互助組的數量至少比過去增加了 4 ~ 5 倍。」[2] 抗日戰爭結束後，各解放區通過互助合作，發展後方生產，支援前線戰爭。在政府的帶動下，互助合作組織在原有的基礎上又得到了很大的發展。中華人民共和國成立後，在中共中央領導下，新解放區的互助合作

---

[1]　陳錫文，趙陽，陳劍波，等. 中國農村制度變遷 60 年 [M]. 北京：人民出版社，2009：10.
[2]　史敬棠，等. 中國農業合作化運動史料：上冊 [M]. 北京：生活・讀書・新知三聯書店，1957：216.

第二章　農業合作化時期的農業經營制度

組織又有了新的發展。

（一）中華人民共和國成立後農業互助組的發展

中華人民共和國成立初期，由於受長期戰爭的破壞，勞動力、耕畜、農具等農業生產資料極為短缺，農業生產遇到了很大困難。為了盡快恢復農業生產，使有限的農業生產資料得到充分合理的利用，從 1950 年冬開始，在中共中央的領導下，新解放區逐步進行了土地改革，同時，各地也都把農民組織起來，廣泛開展勞動互助。

但是，將農民組織起來的過程並不順利。因為中華人民共和國成立後分得土地的農民對是否參加互助組顧慮重重，思想情況非常複雜。「各地反應，貧農是迫切要求互助的，但怕組織起來後，出賣勞動力不自由，怕做了活拿不到現錢，怕自己的活做得晚，怕大家有私心，把人家的活做壞因而產量降低。中農的顧慮比貧農更多，怕貧農白使耕牛農具，或不愛護耕牛農具，出勁使，用壞了；怕人多合在一起活做不好，不如自己單干來得好；怕組織起來好處不多，反要向外找工錢。勞動力不強的農民怕互助以後，拖不了，吃不消。」[1]

1951 年 9 月，中共中央召開第一次農業互助合作會議，通過了《中共中央關於農業生產互助合作的決議（草案）》（以下簡稱《決議（草案）》）[2]。《決議（草案）》指出：「黨中央從來認為要克服很多農民在分散經營中所發生的困難，要使廣大貧困的農民能夠迅速地增加生產而走上豐衣足食的道路，要使國家得到比現在多得多的商品糧食及其他工業原料，同時也就提高農民的購買力，使國家的工業品得到廣大的銷場，就必須提倡『組織起來』，按照自願和互利的原則，發展農民勞動互助的積極性。」[3] 同年 12 月，中共中央將《決議（草案）》發給各地黨委試行時加了一段批示，要求在一切已經完成了土地改革的地區都要「解釋和組織實行」這一決議，並把互助合作「當作

---

[1] 中共中央華東局農村工作委員會農業互助研究組. 華東區互助合作運動發展情況（1952 年 3 月 9 日）[M] //黃道霞，等. 建國以來農業合作化史料匯編. 北京：中共黨史出版社，1992：72. 轉引自王士花. 論建國初期的農村互助組 [J]. 東岳論叢，2014（3）：54-63.
[2] 該決議（草案）在原來的基礎上作了一些修改，1951 年 12 月 15 日由中共中央印發。
[3] 中共中央關於農業生產互助合作的決議（草案）[M] //黃道霞，等. 建國以來農業合作化史料匯編. 北京：中共黨史出版社，1992：51.

一件大事去做」①。在《決議（草案）》的指導下，互助組在全國各地得到了很大的發展，在此期間，還試辦了一些農業生產合作社。1952年2月，中央人民政府政務院發布了《政務院關於1952年農業生產的決定》，該決定要求：「在全國範圍內，應普遍大量發展簡單的、季節性的勞動互助組；在互助運動有基礎的地區應推廣常年定型的、農副業結合的互助組；在群眾互助經驗豐富而又有較強骨幹的地區，應當有領導、有重點地發展土地入股的農業生產合作社。其他專業性質的互助組和生產合作社，亦應適當加以提倡。老解放區要在今、明兩年把農村中百分之八、九十的勞動力組織起來，新區要爭取三年左右完成這一任務。」② 到1952年年底，互助組發展到802.6萬個，入組農戶4,536.4萬戶，占全國總農戶的39.9%（表2-1）。

表2-1　1950—1952年互助合作組織發展狀況

年份	全國總農戶/戶	互助組 數量/萬個	互助組 入組農戶/萬戶	互助組 占全國總農戶/%	初級社 數量/個	初級社 入社農戶/戶	高級社 數量/個	高級社 入社農戶/戶
1950	10,572.9	272.4	1,131.3	10.7	18	187	1	32
1951	10,927.3	467.5	2,100.2	19.2	129	1,588	1	30
1952	11,368.3	802.6	4,536.4	39.9	3,634	57,188	10	1,840

資料來源：趙德馨. 中華人民共和國經濟史：上卷［M］. 鄭州：河南人民出版社，1989：241.

（二）關於老解放區農業互助組發展的爭論

中華人民共和國成立後，按照黨的既定方針和《共同綱領》的規定，實行新民主主義制度。但是，對此很快出現了不同的認識和爭論。爭論的焦點最初是圍繞東北地區農村土地改革後出現的所謂「新富農」問題展開的，到了1951年又出現了山西省委關於把老區互助組織「提高一步」，以辦合作社

---

① 中共中央關於農業互助合作的決議（草案）［M］//黃道霞，等. 建國以來農業合作化史料匯編. 北京：中共黨史出版社，1992：50.
② 中央人民政府政務院關於1952年農業生產的決定（節錄）［M］//黃道霞，等. 建國以來農業合作化史料匯編. 北京：中共黨史出版社，1992：49. 轉引自王士花. 論建國初期的農村互助組［J］. 東岳論叢，2014（3）：54-73.

第二章　農業合作化時期的農業經營制度

來「動搖農民私有制」的爭論，這兩次爭論的實質是要不要繼續實行既定的新民主主義革命的方針政策。

在土地改革和互助合作運動開展比較早的東北、華北等老解放區，隨著農村經濟的恢復和發展，大多數分得土地的貧農、雇農上升為中農，在許多地區，中農在農村人口中所占的比例上升較快。但是，由於個體農民的生產條件和經營能力不同，農村中開始出現貧富差距拉大的現象，並出現了所謂的「新富農」，一些地方還出現了土地出租、買賣和雇工現象。一些經濟狀況改善較快的農民要求退出互助組，實行「單幹」。

1950年1月，東北局向中央報送了一份綜合報告，報告中反應，土地改革後，在農民群眾、農村黨員和農村負責領導工作的幹部中產生了一些新的問題，要求上級黨組織給予解決。報告列出的要求「給予解決」的問題主要有：「第一，在農民群眾中，少數經濟上升較快的要求買馬拴車，其中許多人要求『單幹』；第二，那些經濟雖然上升，但因車馬不夠拴一副犁杖的農民，雖對換工插犋違反自願兩利的缺陷有意見，但他們仍願參加變工，因為不參加地就種不上，但他們有些人希望在變工組把自己發展起來，將來買馬拴車，實行單幹；第三，在農村黨員中有人開始雇長工，要求退黨；第四，在農村領導工作的縣區幹部中，也有若干不明確的地方，比如有的問：新民主主義的農村究竟如何？農民應該經過怎樣的道路走向富裕？什麼叫提高一步？什麼叫組織起來？除了組織起來外，農村還要幹什麼？」[1]

針對土地改革後出現的這些新情況和幹部群眾提出來的種種問題，東北局書記高崗的意見是「把互助合作組織提高一步」，也就是通過試辦農業生產合作社，走上集體化道路，以此來解決農村中出現的階級分化問題。理由是：「我們農村經濟發展的方向是使絕大多數農民上升為豐衣足食的農民，而要做到這一點，必須使絕大多數農民『由個體逐步地向集體方面發展』，組織起來發展生產，乃是我們農村生產領導的基本方向。」[2] 同時，高崗還宣布了獎勵

---

[1] 東北局向中央的綜合報告（節錄）（1950年1月）[M]//黃道霞，等.建國以來農業合作化史料匯編.北京：中共黨史出版社，1992：23-24.
[2] 轉引自武力.略論合作化初期黨對農業問題的三點認識[J].黨史研究與教學，2004（2）：20-29.

互助合作的一些具體政策,「例如:農貸,除水利、防疫等貸款外,全部貸給好的、但生產上有困難的變工組;新式農具,應首先貸給變工組,或變工組自購時給予優待;各種優良品種及國家可能的農業扶助,一切變工組有優先權;勞模的獎勵基本上應獎好的變工組等。」① 這些做法實際上是壓製單干,鼓勵互助合作。關於黨員雇工、單干問題,高崗認為:「從原則上講,黨員是不允許剝削人的,黨員要雇工時,應說服他不雇工,黨員不參加變工組是不對的。但這些問題主要是採用教育的方法解決,非在必要時,不採用組織手段。」② 薄一波說:「高崗的總結表明,他實質上是主張土地改革後立即起步向社會主義過渡,無須有一個新民主主義階段。」③

收到東北局的報告後,中央組織部起草了一份信件給予答復:「黨員雇工與否,參加變工與否,應有完全的自由,黨組織不得強制,其黨籍亦不得因此停止或開除。」「在今天農村個體經濟基礎上,農村資本主義的一定程度的發展是不可避免的,一部分黨員向富農發展,亦不是可怕的事情,黨員變成富農怎麼辦的提法,是過早的,因而是錯誤的。」④ 1950 年 1 月 23 日,劉少奇簽發了中央組織部答復東北局的信。

當時,東北局提出的農村「兩極分化」「新富農」等問題,在其他地方也普遍存在,但各地基於不同認識而採取了不同態度和做法。如山西省的某些做法與東北局基本相同,但也有不少地方採取放手讓農民發家致富的主張,對土地買賣、雇工、借貸等並不嚴格限制。

1950—1951 年中南、西北、華東各地軍政委員會先後發布了春耕生產有關政策的布告。在 1951 年 3 月 19 日中南軍政委員會發布的《關於 1952 年農業生產十大政策》布告指出,農民在土改中分得的土地、房屋、農具、糧食等,一律歸所得戶所有,產權財權已定,不再變動,並允許各人自由經營、

---

① 轉引自江紅英. 試析土改後農村經濟的發展趨勢及道路選擇 [J]. 中共黨史研究, 2001 (6): 54-59, 84.
② 轉引自武力. 略論合作化初期黨對農業問題的三點認識 [J]. 黨史研究與教學, 2004 (2): 20-29.
③ 薄一波. 若干重大決策與事件的回顧: 上卷 [M]. 北京: 中共中央黨校出版社, 1991: 96-97.
④ 同③197.

第二章　農業合作化時期的農業經營制度

自由處理；提倡勞動互助，又允許雇工；提倡信用合作，又保證自由。概括起來說，就是允許農民有雇傭、借貸、租佃和貿易等「四大自由」。但是，中央認為「四大自由」是對農民行小惠，是為了發展少數富農，走資本主義道路。實際上，這種情況也說明，在土地改革後如何對待「新富農」問題，黨內的認識已經開始出現分歧。而山西老區關於農村互助合作發展問題的一份報告，使黨內的意見分歧進一步表現出來。

在山西老區，土地改革結束後，在農業生產迅速恢復、發展的情況下，農村中相當多的黨員幹部認為「革命到頭了」，思想消極，組織渙散，看不到繼續前進的方向，成為把老區工作提高一步的主要障礙。而且，老區農村的中農化趨勢日益明顯，並出現了階級分化的苗頭。在這種情況下，從發展農業生產力的要求出發，是否允許農民繼續單幹甚至雇工、要不要繼續發展互助運動、如何發展互助運動、先進的互助組如何繼續發展，這些都成為老區農村發展中亟待解決的問題。

1951年4月17日，山西省委向中央、華北局寫了一個題為《把老區的互助組織提高一步》的報告，報告中提道：「由於農村經濟的恢復和發展，戰爭時期的勞、畜困難，已不再是嚴重問題，一部分農民已達到富裕中農的程度，加以戰爭轉向和平，就使某些互助組發生了渙散的情形。」「實踐證明，隨著農村經濟的恢復和發展，農民的自發力量是發展了的，它不是向著我們所要求的現代化和集體化方向發展，而是向著富農方向發展。這就是互助組發生渙散現象最根本的原因。」「這個問題如不注意，會有兩個結果：一個是互助組渙散解體；一個是互助組變成富農的莊園。這是一方面的情況。但是，在另一方面，也有不少互助組產生新的因素。老區互助組的發展已經到了這樣的轉折點，使得互助組必須提高，否則就會後退。」[1] 中共山西省委在分析了以上情況後提出：扶植與增強互助組內「公共累積」和「按勞分配」兩個新的因素，以逐步戰勝農民的自發趨勢，引導互助組走向更高一級的形式，即辦農業生產合作社試點。這「雖然沒有根本改變私有基礎，但對私有制是一

---

[1] 薄一波. 圍繞山西發展農業生產合作社問題的爭論（一）[J]. 農村經營管理，1992（1）：39-42.

個否定因素。對於私有制，不應該是鞏固的方針，而應當是逐步地動搖它、削弱它，直至否定它」①。農業生產合作社「按土地分配的比例不能大於按勞動分配的比例，並要隨著生產的發展，逐步地加大按勞分配的比例」②。這兩個進步因素逐步增強，「將使老區互助組織大大前進一步」。

收到山西省委的報告後，華北局書記劉瀾濤向劉少奇請示，劉少奇明確表示，「現在採取動搖私有制的步驟，條件不成熟。沒有拖拉機，沒有化肥，不要急於搞農業生產合作社」③，並認為山西省委的報告混淆了新民主主義革命與社會主義革命的界線，組織農業生產合作社是空想的農業社會主義思想。山西省委不同意劉少奇的觀點，堅持認為把「互助組提高一步」辦合作社沒有錯誤，不認同「空想的農業社會主義」的提法，並給毛澤東寫了一封信，申述了「把互助組提高一步」的觀點。毛澤東明確表示支持山西省委的意見，並批評了「互助組不能生長為農業生產合作社的觀點和現階段不能動搖私有基礎的觀點」④。

上述情況表明，對於東北局和山西省委先後提出的「新富農」「黨員雇工」和「把互助組提高一步」的問題，已在黨內形成了兩種完全不同的觀點。一種是以高崗等主張的「逐步地集體化」的思想為代表，即「把互助組提高一步」，通過試辦農業生產合作社，使絕大多數農民「由個體經濟逐步向集體經濟發展」。這種觀點雖然堅持農民財產的私有性質，但隨著互助合作組織的擴大，不可避免地會動搖農民個體經濟私有制的基礎。並且，政府獎勵和扶持互助組的具體措施，也造成了對單干戶的歧視。另一種以劉少奇的繼續維持新民主主義制度，「將來向社會主義過渡」的思想為代表，即不要急於去動搖個體農民的私有制，讓農民個體經濟的積極性有一個發展機會，待農村生

---

① 陶魯笳. 毛主席教我們當省委書記 [M]. 北京：中央文獻出版社，2003：192.
② 中共中央文獻研究室. 建國以來重要文件選編：第2冊 [M] //中共山西省委. 把老區的互助組織提高一步（一九五一年四月十七日）. 北京：中央文獻出版社，1992：353-355. 轉引自賀吉元. 1951年關於「山西農業合作社」的那場爭論 [J]. 黨史縱橫，2013（8）：35-37.
③ 薄一波. 若干重大決策與事件的回顧：上卷 [M]. 北京：中共中央黨校出版社，1991：184-187.
④ 趙德馨，蘇少之. 兩種思路的碰撞與歷史的沉思：1950—1952年關於農業合作化目標模式的選擇 [J]. 中國經濟史研究，1992（4）：1-12.

產力發展到一定程度後，才將農民個體經濟轉變為社會主義集體化經濟。這種方法，能使政策保持穩定，使人心安定，農民安心從事生產，有利於農村經濟的恢復與發展。

由東北局和山西省委引發的這場爭論，其實質是一樣的，即「土地改革後中國農村向何處去？」是要「鞏固新民主主義制度」，還是放棄這一既定方針，馬上向社會主義過渡。最終，在毛澤東的支持下，中央肯定了要逐步動搖直至否定農民個體私有制的思想，認為「中國的合作社，依靠統一經營形成新生產力，去動搖私有基礎，也是可行的」[1]。這次爭論的結果直接促進了農業互助組向初級農業生產合作社的快速發展。

二、農業生產互助組的組織形式

按照互助時間的長短和互助規模的大小劃分，農業互助組在發展中主要有簡單互助組和常年互助組兩種形式。

（一）簡單互助組

簡單互助組在老解放區就已經出現，在新解放區也適合於農民固有的習慣，所以發展較快，數量也最大。簡單互助組又可分為臨時性互助組和季節性互助組。

1. 臨時性互助組

臨時性互助組又稱為臨時換工或幫工互助組，規模較小，一般只有三五戶，多則十幾戶，成員不固定。這種組織形式主要是親戚、朋友之間的互相幫工，沒有正式的評工記分、排工制度，農忙時臨時組織，農閒時各干各的，需要時再重新組織。時聚時散是臨時性互助組的主要特點。

2. 季節性互助組

季節性互助組在臨時性互助組的基礎上發展而來，是一種較長期的互助

---

[1] 馬杜香．山西試辦全國首批農業合作社的前前後後——陶魯笳訪談錄［J］．黨的文獻，2008（5）：71-74．

合作組織，在整個農作物的生產時期都進行互助勞動，並具有初步的評工記分制度。

(二) 常年互助組

土地改革後，在一些簡單的勞動互助組織已有基礎的地區，參加常年互助組的農戶逐年增加。在新解放區，1950年常年互助組農戶數約占互助組農戶數的3%，1951年達到10%，1952年達到25%。在老解放區一般則達25%以上。① 常年互助組又分為初級常年定型互助組和高級常年定型互助組兩種形式。

1. 初級常年定型互助組

這種互助組一般規模較大，實行勞力、畜力、農具全面互助，進行常年的互助勞動。其特點是：有固定的組織形式，有利於解決農業生產中的困難；有簡單易行的生產計劃，實行排工、記工、結帳等制度，有利於生產；有領導骨幹，有利於加強管理；有初步的民主管理制度，如民主討論、勞動紀律、批評制度等，有利於培養組員的集體勞動觀念，加強組織意識。

2. 高級常年定型互助組

這種互助組是農業與副業結合的一種組織形式，主要特點是：互助組有一定的公共累積，有公積金和公共財產；實行「底分活評」② 的評工記工制度；有讀報、學習、生產技術交流、生活檢討會等活動。為了提高農業生產技術，互助組還經常召開勞模會，互相參觀學習，交流生產經驗。

三、農業生產互助組的組織管理與分配制度

(一) 互助組的組織管理制度

互助組遵循自願互利原則。但在互助組的具體運行過程中，能否貫徹互

---

① 孫健. 中華人民共和國經濟史（1949-90年代初） [M]. 北京：中國人民大學出版社，1992：30-31.
② 「底分活評」亦稱「死分活評」，是中國農村集體經濟組織評工記分的一種方式。它以勞動者的底分為基礎，按照各人勞動的實際情況，適當予以增減，評定其每天或一個階段應得的勞動工分。死分活評是由死分死記演變而來的，基本上屬於按時記工性質，故亦稱「按時記工加評議」。

第二章　農業合作化時期的農業經營制度

利原則,在組員之間解決好耕作的先後次序、勞動力強弱、技術高低和做活多少好壞的計算及耕畜農具的使用與報酬問題,關係到能否保護農民的經濟利益和鼓勵農民生產積極性,直接影響互助組的發展與鞏固。以上問題是每個互助組都存在且必須解決的問題,是貫徹互利原則的重要環節。①

耕作次序是互助組都會遇到的問題。在農忙季節,為了搶農時,每個農戶都希望自家的活先干完。因此,組員爭先做自家農活的現象時有發生。對此,互助組一般按照「以搞好生產為準」的原則來安排農活。華北各地對收割、下種、鋤苗等耕作事項,主要採取了以下三種辦法:「一是按生產需要採取利益均沾的原則。如鋤苗先鋤苗大草多的地,後鋤苗小草少的地,並讓每戶都能享受先鋤,自報公議,民主排隊。二是適當分散使用勞力,並充分發揮輔助勞力的力量。三是對某些由於耕作先後引起用工多少的懸殊,如抗旱擔水點種,中間落了雨,種同樣多同樣好的地,先擔水點種的用工多,後趁墒播種的用工少,一工換一工誰都不願先種,可採用先種和後種拉平的辦法。」②

(二) 互助組的分配制度

臨時性和季節性互助組主要沿用了舊有的換工互助形式。由於互助組的土地、耕畜、農具等生產資料屬於農戶私有,而且互助勞動的時期不長,土地上的收穫物仍然歸擁有土地的農戶私人所有,所以不存在嚴格意義上的收益分配制度。另外,互助組內部的勞動互助主要通過互助雙方的勞動互換而互相抵消。這種互助組體現了等價互利的公平原則。

常年定型互助組在生產經營方面與臨時性和季節性互助組相同,但在互助組的規模和勞動組織方面有很大差異。常年互助組的規模相對更大,互助勞動的人數更多,有具體的勞動管理、排工、分工制度。互助組主要依靠農民都認可的評工記分制度來實現勞動以及生產資料的「等價交換」,這是互助組分配制度的基礎。

---

① 華北局農村工作部關於農業互助組的總結 (1953年11月20日) [M] //黃道霞,等. 建國以來農業合作化史料匯編. 北京: 中共黨史出版社, 1992: 158-159.
② 同①159.

1. 勞動力的評工記分

評工記分是互助組農業經營制度的核心內容。最初，互助組是採用「死分死記」的方法，即事先對每個組員按照勞動力的強弱和耕作技術的高低評出不同工分。但是，由於這種方法無法準確衡量組員所做農活數量的多少和質量的高低，後來，評工記分主要採用了以下幾種方法：一是「按勞定分」。按照勞動強度、技術高低、勞動性質採用自報公議的辦法，民主評定每個組員的勞動工分。這種「按勞定分」的辦法簡單易行，較公平合理，但缺點是每個勞動力所定的分都是死的，做好做壞都是這些分，因而不能有效調動農民的勞動積極性和提高勞動效率。二是「底分活評」。這種辦法除按勞動力強弱、技術高低、勞動性質評出固定的工分外，每天再按各人的實際表現和勞動效率評議，適當增減工分。這種辦法可以提高農民的勞動積極性，避免偷懶。三是「按件論成計工」。這種辦法「不管男女老少，能做多少活就算多少工（活要規定一定的質量），這是接近『按件計資』制的較先進的辦法。但是這種辦法比較精細複雜，一般基礎較差的互助組不容易採用」[①]。

2. 其他生產要素的評工記分

耕牛、農具等農業生產要素屬農戶家庭私有，應當有償使用，這也是互助組裡「等價互利」原則的具體應用。

（1）耕牛的評工記分。耕牛是中國農村普遍使用的畜力，對耕牛的評工記分，各地的做法不盡相同。福建省主要有兩種辦法：一是「按日記分」。根據牛的強弱事先評定工分，不管做多少活，一律按評定的工分計算。二是「按畝記分」。就是以牛所耕作的畝數多少評定分數，犁多多記，犁少少記。[②]湖北省主要採用以下辦法：一是租牛。即無牛戶向有牛戶租牛，並支付租金。租金的多少有些是沿用過去的習慣做法，有些是互助組內部商量討論，開出

---

① 中共福建省委農村工作委員會農業生產科.當前福建農業生產互助運動中等價交換問題的初步研究 [M] //中央人民政府農業部農政司.農業生產互助組參考資料：第一集.北京：中央人民政府農業部，1952：30-33.轉引自王士花.論建國初期的農村互助組 [J].東岳論叢，2014（3）：54-73.

② 中共福建省委農村工作委員會農業生產科.當前福建農業生產互助運動中等價交換問題的初步研究 [M] //中央人民政府農業部農政司.農業生產互助組參考資料：第一集.北京：中央人民政府農業部，1952：33-34.

各方都認可的合理價格。如在湖北浠水縣，租金一般是一石谷田一年五升谷、兩捆草。① 二是伙養牛。即幾戶出錢伙買、伙養、伙用或把牛折價歸互助組公有，價錢以及飼料等按田攤派，另外對飼養人評工記分，給予一定的報酬。三是人工換牛工。即無牛戶或耕牛不夠用的戶將人工與有牛戶換工，一般是一個牛工換兩個人工，有些地方是一個牛工換三個人工，這種辦法在互助組中比較常見。四是耕牛記分。即按牛力的強弱評分，一般是健牛一天評 20 分，弱牛一天評 15 分或 10 分。五是記件工。即根據當地土地的土質與耕作難易程度的不同，由群眾來具體確定評分，做多少活算多少分。這種方法簡單易行，記工較方便，在互助組裡也較常見。

（2）農具的評工記分。對農具使用的評工記分，各地採用的辦法也不盡相同。福建省的互助組裡，一般小農具是私有自用自修，大農具有三種情況：一是公有農具，一般都是公買公用公修（有的把私人農具作價歸公），農具使用費有的按田畝分攤，有的按使用多少分攤。二是私有農具借給全組公用，不評工分，或只給一些折舊費，壞了公修。三是私有公用，按成本計算折舊費評出工分。② 湖北黃岡的互助組也把農具分為大小兩種，小農具如鋤頭、鐵扒等，基本上是自有自用，沒有的在組內互相調劑（爭取每人一套），年終按耕作面積出修整費，不取報酬。大農具如水車、犁、耙等，私有伙用，公整公修，即農具的私有性質不變，組員共同使用，年終給予農具所有者一定的報酬。公整費與報酬費（多少由組內自議）按耕作面積均攤。互助組在增加生產或搞好副業生產的情況下，經過組員自願，提取一部分公積金，購買新農具，以補原來的不足。③

3. 記分和算帳

互助組的勞動互助，實際上是彼此有償調劑勞動力、農具和耕牛等生產

---

① 泥元,等.湖北省農業合作經濟史料［M］.武漢：湖北人民出版社,1985：124.
② 中共福建省委農村工作委員會農業生產科.當前福建農業生產互助運動中等價交換問題的初步研究［M］//中央人民政府農業部農政司.農業生產互助組參考資料：第一集.北京：中央人民政府農業部,1952：34-35. 轉引自王士花.論建國初期的農村互助組［J］.東岳論叢,2014（3）：54-63.
③ 趙辛初.湖北黃岡專區鞏固和發展互助組的幾點經驗［M］//中央人民政府農業部農政司.農業生產互助組參考資料：第一集.北京：中央人民政府農業部,1952：43.

資料的勞動，但是，各戶勞動力、耕牛和農具的消耗，有時往往並不相等。在這種情況下，就需要按照等價原則進行補償，這就需要進行記分和算帳，以完成最終的分配。記分和算帳的辦法主要有三種：一是帳簿記工。互助組內評定工分後，由記工員將同組內每人出工換工情況，登上工帳，憑帳結算。結算時，收工方與出工方對照工分，雙方或相互抵消，或進工方補出工方工資。這種辦法簡單易行，但容易發生把帳記錯或發生偷改、作假等舞弊行為。二是工票制，也叫籌碼記工法。互助組用竹簽或布條統一制定不同面值的工票，定期發給每個組員同樣多的份額，以後組員給誰干活，就向誰拿應得的工票。結帳時，工分多得的可以找進工資，工分少的要找出工資。工票記分法簡單方便，不識字的組員也能記清工分。這種記工法，各人每天都在結帳，知道自己應進或應出多少工，隨時心中有數。但是，它的缺點是沒有底帳，找錯了工票或遺失了工票，沒處查對。三是工票和帳簿記工相結合。即一面用工票，一面記底帳。這種辦法，可以避免前兩種記分方法的弊端，是相對合理的方法。①

建立合理的評工記分算帳制度，解決好先後次序，對於互助組的正常發展與鞏固非常重要。但1952年多數互助組仍未建立評工記分制度，如寧夏鹽池縣738個組沒有一個評工記分的。② 而且，「在互助基礎薄弱地區的幹部和農民中間，不知耕作先後這種矛盾怎樣解決，不知勞動用工怎樣計算，則是普遍現象」③。有些常年互助組，則苦於「死分死記不合理」「死分活記太麻煩」，評工、記工不合理，使許多組員感到互助時間越長苦樂越不均，因此常在次年發生跳組、退組或重新另組的現象，有些互助組更是渙散解體。④

---

① 泥元，等. 湖北省農業合作經濟史料 [M]. 武漢：湖北人民出版社，1985：122.
② 中央人民政府農業部農政司. 一九五二年上半年互助合作運動發展情況 [M] //中華人民共和國國家農業委員會辦公廳. 農業集體化重要文件匯編：上冊. 北京：中共中央黨校出版社，1982：85. 轉引自王士花. 論建國初期的農村互助組 [J]. 東岳論叢，2014（3）：54-73.
③ 華北局農村工作部關於農業互助組的總結（1953年11月20日）[M] //黃道霞，等. 建國以來農業合作化史料匯編. 北京：中共黨史出版社，1992：158.
④ 華北局農村工作部關於農業互助組的總結（1953年11月20日）[M] //黃道霞，等. 建國以來農業合作化史料匯編. 北京：中共黨史出版社，1992：157. 轉引自王士花. 論建國初期的農村互助組 [J]. 東岳論叢，2014（3）：54-63.

第二節　初級農業生產合作社的農業經營制度

一、初級農業生產合作社的產生與發展

中華人民共和國成立後，一些解放較早的地區開始在互助組的基礎上試辦初級社。初級社一般是由於常年互助組有了某些公共的改良農具和新式農具，有了某些分工作業，或興修了水利，或開墾了荒地，就產生了在生產上統一使用土地的要求。於是就在土地私有基礎上，以土地入股，組織了農業生產合作社，以耕畜、農具作價入社，由合作社統一經營。合作社一般有10~20戶，也有的達40~50戶，最多的有80~90戶。組織這種合作社同樣是根據自願互利原則，可以自願退社。

1952年8月至9月中共中央召開了全國第二次農業互助合作會議，會議指出：《中共中央關於農業生產互助合作的決議（草案）》下達後，基層幹部與自發的資本主義傾向鬥爭的信心提高了，有了明確的發展方向。此後，報刊、廣播大量報導了農業合作化的成功經驗。到1952年年底，全國共有3,634個初級社，入社農戶為57,188戶，占全國農戶總數的0.05%。[①] 這時初級社規模較小，平均每社為16.2戶。

1953年2月16日，中央正式發布《關於農業生產互助合作的決議》。該決議總結了農業生產合作社的優越性和重要作用，並下達了發展農業合作社的計劃數字：「從一九五三年冬季到一九五四年秋收以前，全國農業生產合作社應由現有的一萬四千多個發展到三萬五千八百多個。」[②] 自此，全國各地開始普遍試辦初級社。

[①] 趙德馨.中華人民共和國經濟史：上卷[M].鄭州：河南人民出版社，1989：241.
[②] 中華人民共和國國家農業委員會辦公廳.農業集體化重要文件匯編（1949—1957）[M]//中國共產黨中央委員會關於發展農業生產合作社的決議（一九五三年十二月十六日中共中央通過）.北京：中共中央黨校出版社，1982：225.

1952年冬，一些地方在互助合作運動中開始出現急躁冒進傾向。產生冒進的原因，「主要由於一部分幹部不懂得或完全不懂得互助合作運動發展的規律，盲目追求高級形式，與存在著不健康的互比工作條件，互不服氣的情緒，不批准就自己偷偷干」①。另外在「宣傳農業生產合作社的優越性時，沒有著重講清楚發展過程和條件，片面鼓吹好處，因而引起一部分積極分子與勞動模範為了爭光榮而盲目帶頭」②。《關於農業生產互助合作的決議》發布後，急躁冒進的傾向加劇。盲目冒進傾向違反了自願互利的原則，許多地方還以「不入社不讓使用農具」的辦法強迫農民入社，引起了農民的不滿，導致很多社員要求退社。

1953年春，中南局、西北局、華北局、東北局等大區先後給中共中央匯報了本區內發生的急躁冒進傾向。中南局在《關於糾正試辦農業生產合作社中急躁傾向的報告》中指出：「試辦一開始也就露出冒進的苗頭，儘管一年來試辦的數量並不大。如河南魯山縣由二個社一躍而為七十一個社，該縣馬樓鄉一下就搞起了十個社，經檢查即有六個不夠條件已經重轉為互助組，二個經整頓後勉強夠條件，一個尚未整頓，只一個條件成熟，泌陽一個區一開始即辦了五十個社，其他湘鄂贛三省試辦的社雖少，也有自發組社的情況，這是今年在堅決擴大試辦範圍的時候，必須同時予以特別注意的問題，以免妨礙互助合作運動的健康發展」。③

面對農業合作化中出現的問題，時任中共中央農村工作部部長的鄧子恢④深感憂慮，他認為當時農村工作中的主要危險是急躁冒進的「左」的傾向。1953年2月24日，他向來農村工作部視察的朱德提出：全國第二次互助合作會議上制訂的互助合作發展計劃的指標大了，要考慮。他指出「我們訂大了，

---

① 中央同意中南局關於糾正試辦農業生產合作社中急躁冒進傾向的報告（1953年3月14日）[M]//黃道霞，等.建國以來農業合作化史料匯編.北京：中共黨史出版社，1992：125.
② 同①.
③ 國防大學黨史黨建政工教研室.中共黨史教學參考資料：第20冊 [M].北京：國防大學出版社，1986：51.
④ 1953年2月，中央農村工作部成立，鄧子恢任部長。

第二章　農業合作化時期的農業經營制度

地方會更大，大了容易發生強迫命令」①。

為了糾正在發展農業生產合作社中的盲目冒進傾向，1953年3月8日，中共中央發布了《對各大區縮減農業增產和互助合作發展的五年計劃數字的指示》，並指出「關於農業增產的五年計劃數字和互助合作五年的發展計劃數字以及一九五三年這兩項的指標數字，各大區所已經提出者，現在看來都嫌過高。」「在互助合作方面，計劃訂高了，也勢必發生急躁冒進，貪多貪大，盲目追求高級形式與強迫命令形式主義。」② 3月14日，中央批轉了中南局《關於糾正試辦農業生產合作社中急躁傾向的報告》，報告指出：「發展農業生產合作社，不能計劃過大、要求過高。」③ 3月16日，中央在批轉鄧子恢主持起草的《關於春耕生產給各級黨委的指示》中明確提出，「必須切實糾正農業生產互助合作運動中正在滋長著的急躁冒進傾向」④。為了推動農業互助合作運動穩步前進，中央決定「必須堅持以互助組為中心（特別是在第二類和第三類地區），同時有控制地穩步地發展農業生產合作社的方針。合作社不能猛然多辦，否則欲速不達」⑤。1953年4月召開的全國第一次農村工作會議提出了當前合作化的工作應「穩步前進」的方針，並指出農村工作的基本任務是發展生產，中心環節是領導農民組織起來搞互助合作，必須從小農經濟的特點和現狀出發，在保護農民利益的基礎上，逐步引導農民走上互助合作的道路。

1953年6月15日中央政治局會議討論通過了黨的過渡時期總路線，主要內容是要「逐步實現國家的社會主義工業化，並逐步實現國家對農業、對手工業和對資本主義工商業的社會主義改造」⑥。

---

① 《鄧子恢傳》編輯委員會. 鄧子恢傳 [M]. 北京：人民出版社，1996：459.
② 中共中央文獻研究室. 建國以來重要文獻選編（1953年）[M] //中共中央對各大區縮減農業增產和互助合作發展的五年計劃數字的指示（一九五三年三月八日）. 北京：中央文獻出版社，1997：65.
③ 同②81.
④ 陳大斌. 從合作化到公社化——中國農村的集體化時代 [M]. 北京：新華出版社，2011：83-84.
⑤ 中共中央文獻研究室. 建國以來重要文獻選編（1953年）[M] //中共中央轉發華北局《關於糾正農業生產互助合作運動中急躁冒進傾向後的情況及當前工作任務向中央的報告》對各級黨委的指示（一九五三年十月四日）. 北京：中央文獻出版社，1997：423-424.
⑥ 毛澤東著作選讀：下冊 [M]. 北京：人民出版社，1986：704.

1953年12月16日，中央發布了《關於發展農業生產合作社的決議》。該決議指出：「孤立的、分散的、守舊的、落後的個體經濟限制著農業生產力的發展，它與社會主義的工業化之間日益暴露出很大的矛盾。這種小規模的農業生產已日益表現出不能夠滿足廣大農民群眾改善生活的需要，不能夠滿足整個國民經濟高漲的需要。」① 該決議進一步指明了「引導個體農民經過具有社會主義萌芽的互助組，到半社會主義性質的初級社，再到完全社會主義性質的高級社，這是黨對農業進行社會主義改造的路徑選擇」。在此指引下，農業生產合作社從試辦時期開始進入發展時期。

　　1954年春，農業生產合作社發展到9.5萬個，參加農戶達170萬戶，大大超過了之前中央提出的數字。1954年4月全國第二次農村工作會議提出，黨在農村的基本任務，就是開展以互助合作為中心的大生產運動，並決定1955年農業生產合作社發展到30萬或35萬個。同年10月，全國第四次農業互助合作會議總結了農業互助合作的成功經驗，並決定到1955年春耕前全國農業合作社要發展到60萬個。到1954年年底，全國農業合作社已經發展到48萬多個，其中約有10萬個是1954年春夏建立的，還有30多萬個是秋收前後建立的新社。② 農業合作社的加快發展導致1953年春天以來開始的第一次對合作社控制發展的「整頓」無功而終。③

　　根據過渡時期總路線的要求，中央人民政府於1953年開始制訂和實施第一個五年計劃，以工業化為中心的大規模經濟建設也全面展開。這樣一來，工業、城鎮人口增加較快，糧食銷量大增，糧食生產的產需矛盾，市場供求矛盾就更加突出了。為了配合國家大規模經濟建設和穩定糧食市場④，1953

---

① 中國共產黨中央委員會關於發展農業生產合作社的決議（1953年12月16日中共中央通過）[M]//黃道霞，等.建國以來農業合作化史料匯編.北京：中共黨史出版社，1992：171.
② 中共中央關於整頓和鞏固農業生產合作社的通知（1955年1月10日）[M]//黃道霞，等.建國以來農業合作化史料匯編.北京：中共黨史出版社，1992：227.
③ 陳大斌.從合作化到公社化——中國農村的集體化時代[M].北京：新華出版社，2011：93.
④ 隨著國家工業化建設的全面展開，工業、城鎮人口增加較快，糧食供求矛盾十分突出。當時糧食市場上私營糧商掌握著近1/3的交易量。市場供求形勢出現緊張情形後，便有人乘機囤積居奇，與國家爭糧源，提高糧價，擾亂市場，從而加劇了糧食市場的緊張局面。

第二章　農業合作化時期的農業經營制度

年 10 月 16 日，中共中央發出了《關於實行糧食的計劃收購與計劃供應的決議》，國家開始實行糧食統購統銷政策。但是，在 1954 年農業生產合作社加快發展的同時，「長江中游、淮河流域和華北平原遭受了百年不遇的大洪災，其他地區平收或歉收。由於要以豐補歉，國家向非災區多購了大約 70 億斤糧食，不少地區購走了農民的口糧」[1]，引起農民群眾尤其是中農對黨和政府統購政策的不滿。他們認為多增產政府就要多收購，所以增產對莊稼人沒有好處。農民生產積極性受到打擊，很多合作社的出勤率大大降低。同時，由於合作社發展步伐過快，一些地方盲目追求辦社數量，互相攀比，急於求成；還有些地方在盲目貪多的同時，又出現了追求大社的傾向。辦社中的盲目貪多求大傾向，引發一些幹部強迫命令、簡單粗暴的作風，有相當部分的合作社是在無準備或準備很差的條件下建立的。當時「由於糧食統購任務緊張，縣區幹部幾乎全部投入統購，無人顧及合作社發展工作，以致許多新建起來的合作社搞得很粗，許多經濟政策問題處理不當」[2]，部分農民抵觸情緒很重。此種情緒和他們「怕歸公」的思想顧慮結合在一起，就出現了許多地方的新建合作社大批出賣耕畜、殺羊、砍樹的現象，農民生產積極性明顯下降。總體來看，因為糧食統購政策的強制推行和農業合作化中的強迫命令、急躁冒進等問題結合到一起，引起了農民的不滿和農村關係的全面緊張。

當時，浙江農村的緊張局面在全國最為突出。浙江農村的緊張局面引起了中共中央和農村工作部的高度重視，並提出了浙江整頓和鞏固合作社的工作方針，「除全面端正自願、互利政策外，需要實行一個全力鞏固，堅決收縮的方針」[3]。有些合作社「必須趕快下馬」。[4] 經過一個多月的工作，浙江的

---

[1] 薄一波. 農業社會主義改造加速進行的轉折點（四）[J]. 農村合作經濟經營管理，1992（7）：38-40.

[2] 同[1].

[3] 薄一波. 農業社會主義改造加速進行的轉折點（一）[J]. 農村合作經濟經營管理，1992（4）：35-39.

[4] 杜潤生，袁成隆. 關於浙江省農村情況的報告 [M] //黃道霞，等. 建國以來農業合作化史料匯編. 北京：中共黨史出版社，1992：242.

農業生產合作社由53,144個減為37,507個①,減少15,637個。這就是在農業合作化高潮前夕出現的「浙江砍合作社事件」。

農村關係的全面緊張源於對農業合作化進程要求過急過快。為了穩定農村形勢,中共中央於1955年1月10日發出了《關於整頓和鞏固農業生產合作社的通知》。該通知的發布,標誌著合作化開始實行「控制發展,著重鞏固」的方針。1955年3月3日,中共中央、國務院在《關於迅速布置糧食購銷工作,安定農民生產情緒的緊急指示》中指出,「目前農村的情況相當緊張」,發生了許多問題,實質上是農民群眾「表示不滿的一種警告」,要求「再把農業合作化的步伐放慢一些」。同時,中共中央、國務院決定,糧食實行「三定」政策②,穩定徵購任務。經過整頓,全國農業生產合作社縮減了2萬個,到1955年6月實際為65萬個。

1955年4月21日至5月6日,中央召開了全國第三次農村工作會議,鄧子恢強調合作社「要發展一段鞏固一段,不要連爬帶滾前進」,還特別指出,「當前一個時期,只宜大量興辦初級社,實行土地分紅,維持土地私有權」③。但是,事情在1955年5月發生了轉折性變化。毛澤東在外出視察期間,沿途聽到看到一些情況後,對農村形勢的估計發生了重要變化。他認為「說農民生產消極,那只是少部分的。我沿途看見,麥子長得半人深,生產消極嗎?」「所謂缺糧,大部分是虛假的,是地主、富農以及富裕中農的叫囂」,是「資產階級借口糧食問題向我們進攻」④,並批評農村工作部反應部分合作社辦不

---

① 薄一波.農業社會主義改造加速進行的轉折點(一)[J].農村合作經濟經營管理,1992(4):35-39.
② 糧食「三定」是「糧食定產、定購、定銷」的簡稱,是中國實行糧食統購統銷的一個具體辦法。1955年8月25日,國務院發布《農村統購統銷暫行辦法》後實施。「定產」:以戶或農業社為單位,按糧田的數量和單位面積常年產量,結合土地質量、自然條件和經營管理狀況,評定糧食的總產量;「定購」:按評定的產量扣除農民需要的口糧、種子和飼料以後的餘糧,由國家實行統購;「定銷」:對缺糧戶(社)實行糧食供應。糧食的購銷數字核定後,在一定時期內不變。
③ 鄧子恢.目前合作化運動情況的分析與今後的方針政策[M]//鄧子恢文集.北京:人民出版社,1966:402-413.
④ 賀吉元.鄧子恢與毛澤東關於農業合作社的爭論[J].文史精華,2013(7):10-14.

下去是「發謠風」。① 5 月 17 日，中共中央召開了 15 省市委書記會議，會議在重申「停、縮、發」三字方針的同時，重點強調「發」，並且要求 1955 年下半年全國農業合作社的發展要在原來的 65 萬個的基礎上翻一番，達到 130 萬個。這次會議，是在農業合作化決策方面出現的一個重大轉折，同時也加快了從初級社向高級社轉變的進程。

二、初級農業生產合作社產生的原因

從初級社的產生與發展過程來看，其產生的原因主要有以下幾個：

第一，避免農村中出現兩極分化的需要。農民個體經濟是一種小生產的自然經濟，它的自發趨勢會使農村產生貧富兩極分化的現象。毛澤東認為，為了防止兩極分化，必須走農業生產合作化的道路。「現在農村中存在的是富農的資本主義所有制和像汪洋大海一樣的個體農民所有制。大家已經看見，在最近幾年中間，農村中的資本主義自發勢力一天一天地在發展，新富農已經到處出現，許多富裕中農力求把自己變為富農。許多貧農，則因為生產資料不足，仍然處於貧困地位，有些人欠了債，有些人出賣土地，或者出租土地。這種情況如果讓它發展下去，農村中向兩極分化的現象必然一天一天地嚴重起來。失去土地的農民和繼續處於貧困地位的農民將要埋怨我們，他們將說我們見死不救，不去幫助他們解決困難。」② 實際上，土地改革剛剛完成，就出現了少數貧困農戶賣地的現象。「據中共山西省忻縣地委對該地區 143 個村調查，在 1949—1952 年的三年間，平均每年出賣土地的農戶占總戶數的 4.8%，出賣土地占耕地總數的 1.4%。」③ 另據中共中央中南局農村工作部對

---

① 薄一波. 若干重大決策和事件的回顧（上）[M]. 北京：中共中央黨校出版社，1991：372.
② 毛澤東. 關於農業合作化問題 [M] //中華人民共和國國家農業委員會辦公廳. 農業集體化重要文件匯編（1949—1957）. 北京：中共中央黨校出版社，1982：373. 轉引自劉德萍. 論毛澤東加快農業合作化進程的經濟原因 [J]. 河南大學學報（社會科學版），2009（5）：110-115.
③ 中共山西忻縣地委. 關於農村階級分化情況的調查報告 [M] //史敬棠，等. 中國農業合作化運動史料：下冊. 上海：三聯書店，1959：251. 轉引自蘇少之. 論中國農村土地改革後的「兩極分化」問題 [J]. 中國經濟史研究，1989（3）：1-17.

該地區14個鄉的調查，1953年有1.29%的農戶出賣土地，出賣土地占耕地總數的0.22%。① 「從全國範圍看，據國家統計局對23個省15,432戶農戶調查，1954年出賣土地數占土地總數的0.33%。」② 雖然數量不多，規模也不大，但這與共產黨追求共同富裕的願望是完全不相符的。為了避免農村中由於土地兼併而造成貧富差距的進一步擴大，當時唯一的辦法就是把農民「組織起來」，走合作化的道路。

第二，加快建立社會主義經濟制度的需要。初級農業生產合作社是建立社會主義農業的過渡措施。社會主義農業的主要特徵是土地和其他主要生產資料的公有制與按勞分配。在農業生產力水準、合作社的公共累積和農民的思想覺悟還沒有達到一定程度的時候，不可能一步跨越到社會主義階段，只能採取過渡措施逐步引導農民走上社會主義道路。「對於農村的陣地，社會主義如果不去占領，資本主義就必然會去占領。難道可以說既不走資本主義的道路，又不走社會主義的道路嗎？」③ 按照黨的既定方針，堅持走社會主義道路，加快建立社會主義經濟制度，就必須把農戶組織起來，走農業合作化道路。初級社的建立，雖然沒有觸動土地的私有制，但已經使農村土地的所有權與經營權發生了分離。在土地私有的基礎上實行統一經營、統一分配，已經帶有半社會主義性質，這也為將來向以土地和其他生產資料公有制為主要特徵的完全社會主義順利過渡創造了條件。

第三，解決糧食產需矛盾和實施統購統銷政策的需要。中華人民共和國成立後，雖然糧食生產有了較快恢復和發展，但人口增長迅速，農村人口增長更快。1953年，全國城鎮人口達7,826萬，比1949年增加2,061萬，增長近40%。而且，隨著國家大規模經濟建設的全面展開，糧食的產需矛盾、市

---

① 中南區35個鄉1953年農村經濟調查 [M] //農村經濟調查選集. 武漢：湖北人民出版社，1957：25.
② 蘇少之. 論中國農村土地改革後的「兩極分化」問題 [J]. 中國經濟史研究，1989（3）：1-17.
③ 毛澤東. 關於農業互助合作的兩次談話 [M] //中華人民共和國國家農業委員會辦公廳. 農業集體化重要文件匯編（1949—1957）. 北京：中共中央黨校出版社，1982：198.

第二章　農業合作化時期的農業經營制度

場供求矛盾更加突出。從 1952 年開始，全國城鎮糧食供應日趨緊張，1953 年形勢更加嚴峻。據 1953 年 6 月糧食部向中央的報告，「1952 年 7 月 1 日至 1953 年 6 月 30 日的糧食年度內，國家共收購糧食 547 億斤，比上年增長 8.9%，支出 587 億斤，比上年增加 31.6%，收支相抵，赤字 40 億斤。」[①] 6 月 30 日的糧食庫存將由上年同期的 145 億斤減為 105 億斤，全國幾乎所有大中城市糧食庫存都大幅度減少。通過興辦合作社，能夠提高農業生產力，增加糧食和其他農產品產量。「各級農村工作部要把互助合作這件事看作極為重要的事。個體農民，增產有限，必須發展互助合作。」「已經建立起來了的六十五萬個農業生產合作社有百分之八十以上的社都增加了農作物的產量，這是極好的情況，證明農業生產合作社社員的生產積極性是高的，合作社勝過互助組，更勝過單干戶。」[②] 這就是說，糧食產需矛盾又是加快農業合作化的一個重要原因。

　　同時，為了配合國家大規模經濟建設和重工業優先發展的戰略，1953 年實施的糧食統購統銷政策雖然緩和了市場緊張狀況，但是，如果沒有農業合作化的保障，在土地私有和分散的個體農業基礎上很難堅持下去。直接面對農民進行統購統銷容易引起農民的不滿，因為統購統銷實際上是切斷了農民與市場的聯繫，限制了農民的產品自銷權。周恩來在 1956 年就說過：「在 1954 年，由於我們沒有完全弄清楚全國糧食產量的情況，向農民多購了一部分糧食，引起了一部分農民的不滿。」[③] 對此，陳雲也曾說：「困難不單單來自我們對於統購統銷缺少經驗，主要是對這樣眾多的農戶，要估實產量，分清餘缺及其數量，很不容易。」「向農業生產合作社進行統購統銷的工作，也要容易得多，合理得多。」[④] 1959 年毛澤東在總結統購統銷時說：「只有在合

---

① 劉恩雲.糧食危機、統購統銷與農業合作化步伐加快[J].經濟研究導刊，2011（11）：49-50.
② 毛澤東.關於農業合作化問題[M]//中華人民共和國國家農業委員會辦公廳.農業集體化重要文件匯編（1949—1957）.北京：中共中央黨校出版社，1981：366.轉引自高化.毛澤東與鄧子恢關於農業合作化思想的分歧及其原因探析[J].中國社會經濟史研究，1995（3）：84-96.
③ 周恩來.第一個五年計劃的執行情況和第二個五年計劃的基本任務[M]//周恩來選集：下冊.北京：人民出版社，1984：216.
④ 陳雲.堅持和改進糧食的統購統銷[M]//陳雲文選：第 2 卷.北京：人民出版社，1995：277.

作化的基礎上，統購統銷的政策才能繼續，才能徹底執行。」① 這也說明，農業合作化是糧食統購統銷政策順利實施的有效組織形式。薄一波指出：「如果說尖銳的糧食產需矛盾又是促進大規模開展農業合作化的動因之一，那麼，1953年實行的糧食統購統銷，則是當時糧食供求矛盾發展的產物。」②

第四，為國家工業化發展戰略累積資金的需要。中華人民共和國成立後，隨著國家經濟建設的全面展開，社會主義工業化和農業生產之間的矛盾日漸突出。一方面，實現工業化需要越來越多的商品糧食和工業原料，另一方面，需要通過提取農業剩餘，為國家工業化和農業技術改造提供資金累積。所以毛澤東在農業合作化全過程中一再強調「社會主義工業化是不能離開農業合作化而孤立地去進行的」。「如果不使農業社會主義改造的速度與社會主義工業化的速度相適應，則社會主義工業不可能孤立地完成，勢必遇到極大的困難」。③ 由於個體小農經濟在農業經濟中還佔有絕對的優勢，「這種小農經濟限制著農業生產力的發展，它是同社會主義的工業化相矛盾的，必須逐步地以合作化的農業代替分散的個體的小農業。」④

三、初級農業生產合作社的組織管理制度

與互助組相比，初級社的組織化程度大為提高。初級社的領導機構是管理委員會，委員會主任又是合作社主任；初級社下設生產隊，生產隊長和直屬生產組長由管理委員會委派。合作社的主任有權檢查、監督生產隊、生產組的種植計劃。⑤

初級社並沒有改變土地的私有性質，但加入初級社，必須以土地入股，

---

① 中華人民共和國國史學會. 毛澤東讀社會主義政治經濟學批註與談話（清樣本）：上[M]. 北京：中央文獻出版社，1992：118-119.
② 薄一波. 若干重大決策與事件的回顧[M]. 北京：中共中央黨校出版社，1991：255.
③ 建國以來毛澤東文稿：第4冊[M]. 北京：中央文獻出版社，1990：497.
④ 中華人民共和國發展國民經濟的第一個五年計劃（一九五三—一九五七）. 轉引自孫瑀.「綜合經濟基礎論」是反對社會主義革命的理論[J]. 學術研究，1964（6）：1-9.
⑤ 徐國普. 建國初期農村權力結構的特徵及其影響[J]. 求實，2001（5）：51-53.

第二章　農業合作化時期的農業經營制度

由合作社統一經營，牲畜和大農具歸合作社集中統一使用。社員的勞動是合作社集體勞動的一部分，歸合作社統一調配。勞動成果也由社裡統一分配，只是保留了入股土地的分紅，以體現土地所有者的權益。①

（一）初級社的生產資料處理辦法

1. 土地入社

土地入社是按照土地的實際產量，並根據土質的好壞、耕作的難易程度、位置遠近等條件，計算出土地在平常年景可能達到的產量，作為標準畝，將自然畝數折合成標準畝數。② 按標準畝確定土地股份，作為取得土地報酬的標準。

2. 耕畜入社

耕畜入社主要有兩種辦法：一種是「私有、私養、公用」，即耕畜社員私有，自己喂養，合作社按當地市場價租用；一種是「私有、公養、公用」，即耕畜社員私有，由合作社統一喂養，統一使用，給社員以適當的報酬。耕畜入社關鍵在於合理地規定租價，租價過低會影響社員飼養耕畜的積極性，但是，租價過高就會使一部分佔有耕畜多的富裕農民獲得過高的收入。除此以外，還有一種辦法是耕畜作價入股，按股分紅，但這種辦法採用得很少。也有少數的社把社員的耕畜折價入社，歸集體所有。

3. 大型農具入社

大型農具入社也有兩種辦法：一種是歸社員私有，合作社按生產需要向社員租用，給予相當或者略高於農具本身折舊費的報酬，農具若有損壞，由合作社修理和賠償；另一種是在合作社資金許可、群眾同意的條件下折價歸集體所有。

此外，成片的林木、成群的牲畜、大型副業工具入社的辦法，大體上和耕畜、農具入社的辦法相同。

---

① 陳錫文，趙陽，陳劍波，等. 中國農村制度變遷60年 [M]. 北京：人民出版社，2009：12-13.
② 吳德慧. 經濟文化落後國家農業社會主義改造研究 [D]. 北京：中共中央黨校，2008：95.

(二) 包工制

在初級社時，有的合作社對生產隊已經開始實行「包工制」，即「把一定的生產任務，按照工作定額計算出一定數量的用工數（勞動日或工分），包給生產隊限期完成」。① 勞動效率高的生產隊，用工數少於包工數，按包工數記工，多出來的工分歸生產隊；勞動效率低的生產隊，用工數多於包工數，也按包工數記工，不足的工分社裡不補。「包工制」有臨時包工、季節包工和常年包工等多種形式。

「包工制」雖然提高了各生產隊的勞動效率，但是沒有解決農活質量和農產品產量的問題。為了使生產隊和社員不僅關心用工多少，而且關心農活質量和農產品產量，「包工制」又發展為「包工包產制」。這種制度是「由合作社根據全社的農作物種植計劃，確定各生產隊不同地段種植什麼作物，按土質好壞、常年產量加上當年的增產措施，規定每個生產隊所經營的耕作區的產量包干，把它和用工總數一起，包給生產隊」。② 生產隊經營得好，農產品產量超過包產的產量，超產的一部分或全部獎給生產隊；生產隊經營得不好，農產品產量達不到包產的產量，生產隊要賠償社裡的損失。實行包產的生產隊不再適合臨時包工，一般都推行了季節包工或常年包工。

但是，包工包產還沒有解決生產費用的節約問題。為了促進各生產隊節約生產開支，在包工、包產的同時，又加上包生產投資（也叫包財務、包成本）。由合作社按照不同作物的不同需要和經濟力量，計算出每種作物每畝地的投資數量，作為投資限額包給生產隊。生產隊可以在限額以內，因地制宜地在作物或地段之間合理地調劑使用。③ 這樣，就形成了「三包一獎」制度，即包工、包產、包生產投資和超額獎勵制度。有的合作社在生產隊包工包產的基礎上，還進一步對生產小組實行了包工包產。

---

① 王增武. 對中國農業社會主義改造的回顧與思考 [J]. 甘肅理論學刊, 1989 (5): 37-40.
② 吳德慧. 經濟文化落後國家農業社會主義改造研究 [D]. 北京：中共中央黨校, 2008: 95.
③ 同②99.

四、初級農業生產合作社的分配

　　初級社改變了家庭經營的方式，獲得了對生產資料、農民勞動力的使用和支配權，實行統一經營、集體勞動、統一分配，這是一個有決定意義的變化。初級社的產品實行統一分配，在扣除公積金、公益金和管理費用以後，再以土地報酬和勞動報酬的形式分給社員。社員獲得的報酬主要來源於土地報酬和勞動報酬。

　　在初級社中，農民把屬於自己的私有土地以入股的形式交由合作社統一使用，農民可以依據其所有權在年終分配時獲得相應數量的土地報酬。在合作社總收入中用於勞動報酬的部分，實行「按勞分配，多勞多得」的原則，按照社員工作的數量和質量進行分配。

　　初級社的個人分配出現過多種形式：一是土地報酬固定不變，勞動報酬可變，也稱為「死租制」。從合作社的可分配收入中，扣除土地報酬和公積金、公益金，其餘按勞分配。這種分配方式，生產越發展，合作社的收入越多，勞動報酬所占的比例就越大，土地報酬所占的比例就越小。中國的初級農業生產合作社，絕大部分採取這種分配形式。二是合作社的可分配收入扣除公積金、公益金以後，土地和勞動力按比例分配，也稱為「活租制」。隨著合作社生產的發展，土地報酬會提高。三是勞動報酬不變，社員拿固定工資，從合作社的可分配收入中扣除公積金、公益金以後，再按土地分紅。這種分配方式中的土地報酬也會隨著合作社生產的發展逐步提高。當時，在處理土地報酬和勞動報酬比例問題上，總的指導思想是要不斷提高勞動報酬的比例，降低土地報酬的比例，以便將來取消土地報酬，實現生產資料公有的「完全社會主義」的高級社。在這種思想指導下，一些初級社採取了逐年減少土地報酬的辦法。

第三節　高級農業生產合作社的農業經營制度

1955年夏季開始，農業生產合作社的發展速度急遽加快，高級社迅速發展，很快就出現了「農業社會主義高潮」。高級社與初級社的本質區別，就是社員的土地和其他生產資料都已經實現了公有化。1955年11月通過的《農業生產合作社示範章程草案》規定：「隨著生產的發展和社員的社會主義覺悟的提高，合作社對於社員的土地逐步地取消報酬；對於社員交來統一使用的別的生產資料，按照本身的需要，得到社員的同意，用付給代價的辦法或者別的互利的辦法，陸續地轉為全社公有，也就是全體社員集體所有。這樣，合作社就由初級階段逐步地過渡到高級階段。」[1]

一、高級農業生產合作社的產生與發展

1955年10月，中央召開七屆六中全會，主要議題是研究農業合作化的「大發展」，會議對要「堅決收縮」合作社的「右傾機會主義」進行了批判，並認為「農村中合作化的社會改革的高潮，即將在全國到來，有些地方已經到來了」。[2] 這次會議以後，合作化運動迅猛發展。據有關部門統計，1955年年底，全國入社農戶由春耕時的占總農戶的14%增加到60%以上，入社農戶共7,000多萬戶，組成184萬多個合作社，其中，高級社由259個增加到

---

[1] 農業生產合作社示範章程草案（1955年11月9日全國人民代表大會常務委員會第二十四次會議通過）[M] //黃道霞，等. 建國以來農業合作化史料匯編. 北京：中共黨史出版社，1992：324. 轉引自張曉山. 中國農村集體所有制的理論探討 [J]. 中南大學學報（社會科學版），2019 (1)：1-10.

[2] 關於農業合作化問題的決議，一九五五年十月十一日中國共產黨第七屆中央委員會第六次全體會議（擴大）通過. 轉引自高峻. 毛澤東與鄧子恢關於農業合作化思想的分歧及其原因探析 [J]. 中國社會經濟史研究，1995 (3)：84-96.

第二章　農業合作化時期的農業經營制度

29,000 多個。[①]

　　1956 年 1 月，《中國農村的社會主義高潮》一書出版，加快了中國農業合作化運動「高潮」的到來。1 月 23 日，中共中央政治局通過了《1956 年到 1967 年全國農業發展綱要（草案）》（以下簡稱《綱要（草案）》）。《綱要（草案）》提出了全國不同地區的糧食畝產指標，並正式提出把農村初級社升級為高級社的要求，認為「不升級就將妨礙生產力的發展」。《綱要（草案）》明確規定：「要求合作基礎較好並且已經辦了一批高級社的地區，在 1957 年基本上完成高級形式的農業合作化」。其餘地區的發展也都提出相應的指標，要求「在 1958 年基本上完成高級形式的農業合作化」。比起原來的設想，辦高級社的行動不僅提前開始，也大大加快了發展步伐。

　　1956 年 3 月 5 日，中共中央發布《關於在農業生產合作社擴大合併和升級中有關生產資料的若干問題的處理辦法的規定》，這標誌著初級社升級為高級社已經開始在各地全面實施。6 月 30 日，全國人大審議通過了《高級農業生產合作社示範章程（草案）》（以下簡稱《章程（草案）》），《章程（草案）》規定：「入社農民必須把私有土地和耕畜、大型農具等主要生產資料轉為合作社集體所有。」[②] 至此，隨著農業的社會主義改造基本完成，以生產資料集體公有為基礎的統一經營、共同勞動、統一分配的農業經營制度就建立起來了。

　　1956 年 3 月底，加入合作社的農戶從 1955 年年底占全國總農戶的 14.2% 增加到近 90%，其中高級社從 0.03% 增加到 55%。這年 9 月之後又迅速發展，到年底全國已有高級農業生產合作社 54 萬個，入社農戶已占全國總農戶的 87.8%[③]，真正在全國範圍內實現了高級形式的農業合作化。原計劃要經過「三個五年計劃」的時間在全國範圍內基本實現的農業合作化，實際上從 1953 年起僅用三年多的時間就完成了。

[①] 轉引自宋彥強. 農業合作化運動的政策變遷及農民心理研究 [D]. 福州：福建師範大學，2012：131-132.
[②] 轉引自吳德慧. 經濟文化落後國家農業社會主義改造研究 [D]. 北京：中共中央黨校，2008：99-100.
[③] 杜潤生. 當代中國的農業合作制 [M]. 北京：當代中國出版社，1997：400.

1955年年底至1956年年初，在農業合作化高潮中辦起的一些高級社，規模都比較大，有相當多的初級社還來不及鞏固，就匆匆忙忙地轉為高級社，有的甚至從互助組直接進入高級社。再加上管理經驗不足、幹部的強迫命令等問題，引起了社員的不滿，導致部分農業社的社員鬧退社。「1956年6月初，廣西陸川縣九區的塘寨社，鬧退社的社員有32戶。凌樂縣玉洪區的蓮花社，是一個由漢、壯、瑤等民族組成的聯合社，共有164戶，要求集體退社的就有4個隊，64戶。」[①] 當時，針對部分高級社規模過大的情況，中共中央、國務院於1956年9月12日發出了《中共中央國務院關於加強農業生產合作社的生產領導和組織建設的指示》，強調指出，「現在有些地方的生產隊、生產組過大，應該根據現時的生產技術條件和田間作業的需要，加以調整。根據各地經驗，在目前條件下，一般地區以小型的隊（平均二三十戶至三四十戶）小型的組（平均七八戶）更為適宜。」「在目前條件下，合作社的規模，山區以一百戶左右，丘陵區二百戶左右，平原區三百戶左右為適宜，超過三百戶以上的大村也可以一村一社。今後建社並社的時候，應該按照這種規模進行。至於現有的大社，凡能辦好的應該努力辦好，凡不利於生產、多數社員要求分開的，應該適當分開。」[②]

1956年年底，農民鬧退社現象在全國許多地方都有發生。到1957年春夏之交，退社風潮有增無減。1957年9月14日，中共中央發出了《中共中央關於整頓農業生產合作社的指示》，指示強調：「合作社和生產隊的組織，要力求便於經營管理和發揮社員集體勞動的積極性。為此，它們的組織規模大小，應該照顧地區條件、經濟條件、居住條件和歷史條件，容許有各種差別，而不應該千篇一律。根據一年多的經驗看來，在多數情況下，一村一社是比較合適的。有些大村可以一村數社，有些距離較近的小村也可以數村一社。」[③]

---

① 羅平漢. 1956—1957年農民鬧社鬧糧事件 [J]. 黨史文苑 (紀實版)，2014 (12)：32-38.
② 中共中央、國務院關於加強農業生產合作社的生產領導和組織建設的指示 (1956年9月12日) [M] //黃道霞，等. 建國以來農業合作化史料匯編. 北京：中共黨史出版社，1992：390-392.
③ 中共中央關於整頓農業生產合作社的指示 (1957年9月14日) [M] //中共中央文獻研究室. 建國以來重要文獻選編：第十冊. 北京：中央文獻出版社，1993：551. 轉引自陸永山. 農業合作化運動後期工作中的偏差及黨和政府採取的措施 [J]. 黨史博採，1994 (3)：7-10.

同時，中共中央發出的《中共中央關於做好農業合作社生產管理工作的指示》中又指出，「合作社和生產隊的規模大小，對於農業生產管理工作的好壞，關係極大。」「幾年來各地實踐的結果，證明大社、大隊一般是不適合於當前生產條件的，也證明中央 1956 年 9 月指示中規定合作社規模的一般標準，是適宜的。因此，除少數確實辦好了的大社以外，現在規模仍然過大而又沒有辦好的社，均應根據社員要求，適當分小。」「社和生產隊的組織規模確定了之後，應該宣布在十年內不予變動。」①

根據這些指示，各地相繼將那些規模過大的農業社加以割小，如河南新鄉地區將原來的 3,645 個合作社分成了 10,272 個合作社，平均每社由 518 戶減少到 183 戶。②

二、「包產到戶」的出現

1952 年農業合作化運動開始後，不少地方的農業生產合作社就開始探索並實行了包產包工責任制，這一現象引起了鄧子恢以及當時中央農村工作部的注意。通過經驗總結和理論探索，鄧子恢在 1954 年 4 月召開的第二次全國農村工作會議及同年 10 月召開的全國第四次互助合作會議上，提出了在農業合作化運動中嵌入以包產包工為主要形式的生產責任制，完善農業合作化政策。1955 年，鄧子恢試圖通過責任制鞏固和整頓農業合作社，但是在農業合作化的速度和步驟上，「左」的思想占了上風，包工包產責任制在當時被認為阻礙了農業合作化快速發展而受到批判。1956 年和 1957 年高級社成立以後，中國一些農村也出現了包產到戶。當時有的地方農民辦高級社，宣布生產資料公有化，但不合夥，不搞統一經營，上繳一定數量產品，多餘歸己，叫包產到戶。③ 最典型的是浙江省永嘉縣，它是全國縣級黨委第一個支持包產到戶

---

① 薄一波. 農村人民公社化運動（一）[J]. 農村經營管理，1993（11）：38-40.
② 羅平漢. 1958 年的並社運動：人民公社化的前奏 [J]. 中國新聞周刊，2014（44）：80-82.
③ 杜潤生. 中國農村制度變遷 [M]. 成都：四川人民出版社，2003：4.

的。① 1956年春，當時浙江省溫州地區永嘉縣委副書記李雲河在「燎原」合作社進行了「包產到戶」的試點②，受到了群眾的普遍歡迎，並在全縣313個農業社進行推廣。這年秋天糧食就取得了大豐收，很快包產到戶在溫州地區蔓延開來。全溫州地區有1,000多個農業社在17.8萬個農戶（占總數的15%）中實行了包產到戶。③

1956年4月29日，《人民日報》發表文章《生產組和社員都應該「包工包產」》說：「把一定產量的任務包給生產組和每個社員，是完全對的。有些農業生產合作社（主要是高級社）只有生產隊包工包產，生產組和社員不包工包產，這就產生了問題，就是社員只顧賺工分，不關心社裡的生產。這是目前許多農業生產合作社建立了勞動組織，實行了包工包產，生產仍然混亂的一個重要原因。」④ 文章具體分析了生產隊把一定的地段、一定的產量包給生產組和每個社員，不會妨礙發揮統一經營、集體勞動的優越性，突破了「生產組織和社員不能包工包產」的禁區。

與此同時，四川江津以及廣東的中山和順德等地的「包產到戶，地跟人走」，浙江的「按勞分田，包產到戶」，江蘇鹽城的「分戶田間管理」，河北的「田間管理包到戶」等不同形式的農業生產責任制也逐步開展起來。

但是，「包產到戶」一出現，就一直伴隨著反對的聲音。1956年11月26日，《浙南大眾報》曾為此發表《不能採取倒退的做法》的社論，指責這個辦法是發揚「小農經濟積極性」，是「打退堂鼓」，根本不是先進制度。1957年10月9日，《人民日報》新華社記者寫了一篇《溫州專區糾正「包產到戶」的錯誤做法》的文章。文章指出，據各地農民在大鳴大放中反應，「包產到戶」的危害性很大，並認為包產到戶是「離開社會主義道路的原則性、路線性錯誤」。後來包產到戶被定為農民的一種自發傾向，是富裕中農對社會主

---

① 吳德慧. 經濟文化落後國家農業社會主義改造研究 [D]. 北京：中共中央黨校，2008：106.
② 杜潤生. 包產到戶：來自農民的創新 [M] //楊天石.《百年潮精品系列》之《親歷者記憶》. 上海：上海辭書出版社，2005：237.
③ 楊勝群，田松年. 共和國重大決策的來龍去脈 [M]. 南京：江蘇人民出版社，1997：302.
④ 史雲，李新. 李雲河首創「包產到戶」案 [J]. 文史月刊，2003（7）：24-32.

義的動搖。1957 年 7 月，中央在青島召開省、市、區第一書記會議，會議提出：「和城市一樣，在農村中，仍然有或者是社會主義或者是資本主義，這樣兩條道路的鬥爭，這個鬥爭需要很長時間，才能取得徹底勝利。」「我贊成迅即由中央發一個指示，向全體農村人口進行一次大規模的社會主義教育，批判黨內的右傾機會主義思想，批判某些幹部的本位主義思想，批判富裕中農的資本主義思想和個人主義思想，打擊地富的反革命行為。其中的主要鋒芒是向著動搖的富裕中農。」[1]經過農村社會主義教育運動，「包產到戶」在被批判後取消。

三、高級農業生產合作社加快發展的原因

按照過渡時期總路線的要求，國家計劃用三個五年計劃的時間完成對農業、手工業和資本主義工商業的社會主義改造。就農業的社會主義改造而言，1955 年 7 月前，從互助組到初級社的轉變基本上是按照「自願互利、典型示範」的原則循序推進的，然而 1955 年下半年之後，農業合作化發展速度加快，高級社數量迅速增加，主要原因有以下幾個：

（一）片面追求生產資料高度公有化的結果

農業合作組織由低級向高級發展是農業社會主義改造的基本要求。1953 年 12 月，中共中央在《為動員一切力量把中國建設成為一個偉大的社會主義國家而鬥爭——關於黨在過渡時期總路線的學習和宣傳提綱》中明確提出：「黨在過渡時期的總路線的實質，就是使生產資料的社會主義所有制成為中國國家和社會的唯一的經濟基礎。」[2] 根據黨在過渡時期的總路線，中國農業社會主義改造的基本任務就是把個體分散的小農經濟改變為生產資料公有制的

---

[1] 杜潤生. 中國農村改革決策紀事 [M]. 北京：中央文獻出版社，1999：38-39. 轉引自謝忠文. 從革命到治理：1949—1978 年中國意識形態轉型研究 [D]. 上海：上海社會科學院，2011：79.

[2] 為動員一切力量把中國建設成為一個偉大的社會主義國家而鬥爭——關於黨在過渡時期總路線的學習和宣傳提綱 [M] // 中共中央文獻研究室. 建國以來重要文獻選編：第四冊. 北京：中央文獻出版社，1993：702. 轉引自唐文靜. 建國以來中國農地思想研究 [D]. 上海：復旦大學，2004：15.

集體經濟。在這一思想指導下，初級社沒有觸動土地的私有制，並不是中國共產黨進行農業社會主義改造所要達到的目標，只能作為建立社會主義農業的過渡形式。而且，初級社內部社會主義因素與私人經濟因素並存的矛盾，也不利於農業生產力水準的進一步提高。初級社中私人經濟因素和社會主義因素的矛盾主要表現在：第一，土地私有及其報酬部分與勞動報酬的矛盾；第二，牲畜和其他主要生產資料私有與社內統一使用的矛盾；第三，土地入股分紅與集體累積的矛盾。這些矛盾隨著生產力的發展日益明顯，不解決這些矛盾，就會阻礙生產力的發展。如土地私有制既不利於興修水利、土地統一規劃和有計劃的基本建設，也不利於大規模的新技術推廣，不能充分發揮勞動資料的效能。當時人們認為，實際生活中暴露出來的這些問題，說明了必須更積極地有計劃地領導農民進一步聯合起來，把規模較小的初級社合併起來，取消土地報酬，將土地和別的主要生產資料的私有制度改變為集體所有制度，把初級社轉變成高級社。[1]「小社人少地少資金少，不能進行大規模的經營，不能使用機器。這種小社仍然束縛生產力的發展，不能停留太久，應當逐步合併」[2]，「因為初級形式的合作社保存了半私有制，到了一定時候，這種半私有制就束縛生產力的發展，人們就要求改變這種制度，使合作社成為生產資料完全公有化的集體經營的經濟團體。生產力一經進一步解放，生產就會有更大的發展。」「大約辦了三年左右的初級合作社，就基本上具備這種條件了。」[3] 這樣，許多地方的初級社就迅速轉變為高級社。當然，用生產資料的公有制取代農民的個體所有制，是當時確定的社會主義農業發展的方向，但是，用行政手段推動初級社向高級社過渡，難免會出現急躁冒進的傾

---

[1] 李琳. 積極領導初級社轉為高級社 [N]. 人民日報，1956-01-19. 轉引自宋徽瑾. 高級農業生產合作社探討 [D]. 桂林：廣西師範大學，2005：10.
[2] 毛澤東.《大社的優越性》一文的按語 [M] //中共中央文獻研究室. 建國以來毛澤東文稿 (5). 北京：中央文獻出版社，1991：515. 轉引自謝忠文. 從革命到治理：1949—1978 年中國意識形態轉型研究 [D]. 上海：上海社會科學院，2011：73.
[3] 中共中央文獻研究室. 建國以來毛澤東文稿 (5) [M] //毛澤東.《一個從初級形式過渡到高級形式的合作社》一文的按語. 北京：中央文獻出版社，1991：501. 轉引自謝忠文. 從革命到治理：1949—1978 年中國意識形態轉型研究 [D]. 上海：上海社會科學院，2011：79.

第二章　農業合作化時期的農業經營制度

向。初級社向高級社的升級速度過快，規模過大，既超出了當時農業生產力的發展水準，也超出了農民的接受程度。

（二）農民對共產黨充分信賴的結果

雖然經過農業的社會主義改造，農民對社會主義的思想認識和政治覺悟有所提高，但長期遺留下來的小農的傳統心理和習慣需要經過長時間的努力才能改變，農民的唯上心理和從眾心理都會影響到高級社的發展。中國共產黨帶領全國人民經過數十年的艱苦鬥爭，終於使廣大貧苦農民翻身做了新中國的主人。緊接著通過土地改革廢除了封建土地所有制，使農民成為土地的主人，他們從內心深處對共產黨無限感激。有位村支書在回顧初級社轉高級社的情況時曾說：「村裡的人很不願意把祖產交出來，在私底下抱怨政府用強制手段要大家加入合作社，但這種人畢竟是少數，而且沒人敢反對政府，革命之後，生活條件立刻有了改善，這也是不爭的事實啊。農民都對毛主席和黨深信不疑，他們大概都認為，這種種改變，都是為了政府宣傳中所說的共產天堂的到來做準備吧！」① 既然辦高級社是黨號召的，辦高級社也就不會錯，這就是廣大農民的共同心態。因此，在許多地區出現了整村整鄉的農戶加入高級社。這也說明農民對共產黨的充分信賴是高級社能迅速建立和發展的重要原因之一。

（三）反「右傾機會主義」的結果

1955年10月黨的七屆六中全會上，中央對認為合作社要「堅決收縮」的「右傾機會主義」進行了嚴厲批判，斥之為「小腳女人」「爬行思想」，犯了「方針性錯誤」。「已經建立起來的幾十萬個農業生產合作社的日趨鞏固和絕大部分增產的情況，以及許多農民群眾要求參加合作社的積極性，恰恰在事實上否定了這種悲觀主義，宣告了右傾機會主義的破產，證明了右傾機會主義在實質上只是反應了資產階級和農村資本主義自發勢力的要求。黨的七屆六中全會認為：黨中央政治局對於右傾機會主義所進行的批判是完全正確

---

① 黃樹民．林村的故事——一九四九年後的中國農村變革[M]．上海：三聯書店，1998：50．轉引自宋徽瑾．高級農業生產合作社探討[D]．桂林：廣西師範大學，2005：10．

和必要的，因為只有徹底地批判了這種右傾機會主義，才能促進黨的農村工作的根本轉變，改變領導落在群眾運動後頭的局面。這個轉變，是保證農業合作化運動繼續前進和取得完全勝利的最重要的條件。」① 並且認為，「高級社建立和發展的過程，是社會主義和資本主義兩條道路鬥爭的過程。為了保證社會主義的勝利，首先是貫徹執行黨在農村的階級路線。初級社向高級社過渡中，除了在生產資料的處理上應體現階級政策外，在組織成員和領導成員上，也必須保證貧農的優勢。」② 這樣就把辦不辦高級社上升為兩條路線的鬥爭。結果使得黨內形成了一種人人都怕犯右傾錯誤的傾向，寧「左」勿右，合作化越快越好，合作化程度越高越好。在這種思想指導下，許多既缺乏思想基礎也缺乏物質基礎的初級社就轉為高級社。

四、高級農業生產合作社的生產組織與管理形式

高級社是以主要生產資料集體所有制為基礎的農民合作經濟組織。高級社下設生產隊（大體以自然村或原來的初級社為基礎組成）、生產小組，生產隊為基本核算單位。

高級社時期的農業生產組織實行「四固定」和「三包一獎」③ 的管理制度。1956年6月30日國務院發布的《高級農業生產合作社示範章程》規定，「生產隊是農業生產合作社的勞動組織的基本單位，生產隊的成員應該是固定的。田間生產隊負責經營固定的土地，使用固定的耕畜和農具。副業生產小組或者副業生產隊負責經營固定的副業生產，使用固定的副業工具」。④ 另外，該章程規定「農業生產合作社可以實行包產和超產獎勵」。為了充分發揮所有社員的勞動積極性，做到既能夠增加社員勞動出勤率，又能夠提高勞動生產

---

① 中國共產黨歷次全國代表大會數據庫. http://cpc.people.com.cn.
② 轉引自宋徽瑾. 高級農業生產合作社探討 [D]. 桂林：廣西師範大學，2005：9.
③ 「三包一獎」制是包工、包產、包成本和超產獎勵的簡稱，是中國農業生產合作社在統一核算、統一經營的前提下，對生產隊實行的一種生產責任制。
④ 中國人大網. 高級農業生產合作社示範章程. http://www.npc.gov.cn.

第二章　農業合作化時期的農業經營制度

率，1957年9月，中共中央又發出了《中共中央關於做好農業合作社生產管理工作的指示》，明確提出，合作社建立「統一經營，分級管理」的制度，「管理委員會是合作社統一經營的領導機構」「生產隊是合作社組織勞動、管理農業生產的基本單位」[1]「必須普遍推行『包工、包產、包財務』的『三包制度』，並實行超產提成獎勵、減產扣分的辦法。這是社隊分工分權的一項根本措施」。[2]

（一）「四固定」

「四固定」，即勞動力、土地、耕畜和農具固定給生產隊。

1. 勞動力固定

生產隊作為一級生產的管理組織，其成員確定以後，除在必要的時候組織全社範圍的協作外，一般都在隊裡勞動，不得隨意變動。

2. 土地固定

每個生產隊確定一定數量的土地固定使用。

3. 耕畜固定

主要是將耕牛固定到生產隊飼養，生產隊推選有經驗的成員擔任飼養員，精心料理，生產隊對飼養員實行包肥、包飼料、包繁殖，定人員、定工分、定耕牛、定欄舍和獎勵制度。

4. 農具固定

農具按照生產隊的勞動力、土地多少固定給生產隊使用，合作社與生產隊簽訂農具使用合同，並建立「五定」（定修理費、定保管、定工分、定檢查、定獎懲）責任制度。

（二）「三包一獎」

「三包一獎」即生產隊向合作社實行「包工、包產、包成本」和「超產獎勵」。

---

[1] 轉引自張雲華. 農村三級集體所有制亟須改革探索 [J]. 農村經營管理，2015（5）：26-28.
[2] 中共中央關於做好農業合作社生產管理工作的指示（1957年9月14日）[M] //中共中央文獻研究室. 建國以來重要文獻選編：第十冊. 北京：中央文獻出版社，1993：557.

1. 包工.

包工，就是在制訂包產計劃的同時，對完成各項包產任務所需要的用工數量統一進行計算和安排，包給生產隊，由「各生產隊合理安排勞動力的使用。在保證各項農活質量的前提下，要採取積極的措施，節約使用勞動力，力爭實際用工不超過包工數。如果用工浪費而超過包工指標，應由生產隊自己負責，生產隊不予增計勞動報酬；反之，如果生產隊因用工合理，勞動力有了節餘，生產隊有權另行安排這些勞動力從事其他生產」。①

2. 包產

包產，「就是在一個生產年度內，合作社根據國家提出的生產計劃要求和各個生產隊的具體條件和特點制訂產量指標，通過合同的形式向生產隊下達生產任務，各生產隊必須負責完成。包產以內的收入，應該全部上交合作社，超包產部分的收入歸生產隊所有。」② 這樣，由隊長、組長直接組織所轄社員進行生產，有利於在一定程度上克服合作社規模過大造成的生產管理混亂的狀況。為了充分調動社員的積極性，《中共中央關於做好農業合作社生產管理工作的指示》中還提出「在生產隊積極完成合作社生產計劃指標的條件下，包產指標應該略低於計劃指標，使包產的隊有產可超，有成可提，以鼓勵所有隊員的積極性和創造性」。③

3. 包成本

包成本，「就是在制訂包產計劃的同時，根據完成包產計劃的需要，分項計算出生產資料的消耗數量和其他生產費用，一併包給生產隊使用。生產隊可以發揮積極性、主動性，採取積極措施，盡可能節約一切生產費用，使實際成本不超過所包成本。如果生產費用節約，節餘部分即歸生產隊支配；如果浪費，超過所包成本的部分原則上應由生產隊負責。」④

---

① 馮田福. 論「三包一獎」制度 [J]. 經濟研究，1961（2）：16-24.
② 同①.
③ 中共中央關於做好農業合作社生產管理工作的指示 [J]. 江西政報，1957（17）：3-6.
④ 馮田福. 論「三包一獎」制度 [J]. 經濟研究，1961（2）：16-24.

第二章 農業合作化時期的農業經營制度

4. 超產獎勵

超產獎勵，即合作社與生產隊簽訂生產合同，生產隊必須保證完成規定的產量計劃，還必須保證某些副業產品達到一定的質量。對於超額完成了生產計劃的，應該酌情多給勞動日，作為獎勵。對於經營不好，產量或者產品質量達不到計劃的，應該酌情扣減勞動日，作為處罰。

另外，中央在 1957 年 9 月發布的《中共中央關於做好農業合作社生產管理工作的指示》中還明確提出，「生產隊在管理生產中，必須切實建立集體的和個人的生產責任制，按照各地具體條件，可以分別推行『包工到組』『田間零活包到戶』的辦法。這是建立生產責任制的一種有效辦法。」[1]

固定生產隊和「三包一獎」制度，是在高級社廣泛發展以後，在實踐中產生出來的勞動組織形式和管理制度。它「在一定程度上解決了社和隊之間的矛盾，加強了集體經濟的管理，提高了社員的責任心和生產積極性」[2]。但是「三包一獎」制度仍然存在許多矛盾，在實行過程中，對工量、產量、生產費用要進行大量計算，產量不容易包準，對於獎勵和賠償問題常常發生爭執。另外，合作社是統一計劃、統一核算、統一分配的，但生產活動是在各個生產隊裡進行的，如何正確處理社和隊的關係，便成為一個重要問題。

五、高級農業生產合作社的分配制度

高級社已經實現了土地和其他生產資料的公有制，也就沒有了對土地和其他生產資料分紅的必要。而且土地改革後農戶的土地數量已經高度均等化，對大多數入社農戶來說，戶戶都有或都無土地分紅，實際上並無大的差別。況且，入社社員中的貧農和下中農占多數，他們的人均土地相對較少，因此更擁護取消土地分紅。而取消了土地分紅，實際上也就取消了農村土地私

---

[1] 中國經濟網. 中共中央關於做好農業合作社生產管理工作的指示. http://www.ce.cn/xwz.
[2] 吳德慧. 經濟文化落後國家農業社會主義改造研究 [D]. 北京：中共中央黨校，2008：99.

有制。①

取消土地分紅以後，高級社全年收入的實物和現金按照「按勞計酬，多勞多得」的原則在社員之間分配，不分男女老少，同工同酬。分配的原則是：農業生產合作社當年從農業、林業、畜牧業、副業、漁業獲得的總收入，首先歸集體（合作社）佔有。在依照國家的規定納稅以後，根據既能使社員的個人收入逐年有所增加、又能增加合作社的公共累積的原則在合作社和社員之間分配。

（一）合作社的分配

在合作社每年的總收入中，分配給合作社的包括生產資料消耗的補償和公共累積兩部分。

1. 生產資料消耗的補償

補償生產資料消耗的部分，是把本年度消耗的生產費扣除出來，留作下年度的生產費和歸還本年度生產週轉的貸款與投資，一般採取兩種形式。一是補償固定資產（如機器、耕畜）的消耗，採取折舊費的形式，每年按比例提取一定數量的基金，幾年以後，再作為更新固定資產之用。二是補償種子、肥料、飼料、農藥、電力、油料等的消耗，根據當年消耗的數量，消耗多少就補償多少。這兩項統稱為生產費用或者稱為「成本」（實際上僅僅是成本的一部分）。總生產收入在扣除交給國家的稅收和補償當年生產資料的消耗部分以後，要在集體和個人之間進行分配。

2. 公共累積

合作社在向國家交納農業稅和副業稅之後，歸集體的收入有：一是公積金和儲蓄基金。公積金主要用於興修水利，改良土壤，購置農業機械，修建生產性用房等，屬於擴大再生產的公共累積資金。儲蓄基金是為應付自然災害和其他事故的後備基金與保險基金，例如儲備糧基金。按規定，公積金一般不超過8%。二是公益金。公益金屬集體消費基金，用於合作社衛生保健事

---

① 陳錫文，羅丹，張徵. 中國農村改革40年［M］. 北京：人民出版社，2018：24.

業、文化教育事業以及扶助喪失勞動能力的社員等。按規定，公益金一般不超過2%。三是管理費用。管理費用主要用於管理方面的開支。

(二) 社員的分配

在扣除國家規定的稅收、生產資料消耗的補償和集體的收入後，其餘的全部實物和現金，按照勞動日（包括農業生產、副業生產、社務工作的勞動日和獎勵給生產隊或者個人的勞動日），進行分配。①《高級農業生產合作社示範章程》明確規定，「農業生產合作社要正確地規定各種工作的定額和報酬標準，實行按件計酬」「每一種工作定額，都應該是中等勞動力在同等條件下積極勞動一天所能夠做到的數量和應該達到的質量，不能偏高偏低」②，對工作定額用工分來計算。

「工分是社員勞動計量的尺度和進行個人分配的依據。它一方面被用來反應勞動的數量、強度、技術含量和質量，並最終折合成可比的總量。另一方面，它又是分配的依據，社員取得的工分越多，從合作社得到的實物和現金分配就越多。」③ 現金分配，完全按照工分多少；實物（糧食、蔬菜、柴草）分配，一部分按照工分多少，一部分則按照人口或社員的不同需要，後者也是計價的。

定額記工的勞動管理與計酬辦法，在一定程度上解決了計量社員勞動數量的問題，對於減少出工不出力現象發揮了較好的作用，但要實行好難度就更大。

第一，定額工分的制定難度極大。要把全年的農活按照其勞動強度、技術含量、耗時多少、操作地塊的遠近，折合成統一的計量單位——工分，在實行了包工的生產隊，還要將本隊全年農活折算的總量與對合作社包工的數量相對應，這是一項極為細緻、複雜和困難的工作。

第二，定額工分制定得合理，可以在一定程度上解決勞動強度、技術和

---

① 中國經濟網. 高級農業生產合作社示範章程. http://www.ce.cn/xwz.
② 同①.
③ 黃曉亮. 新中國成立以來收入分配制度的歷史考察及啟示 [D]. 北京：中央民族大學，2011：16.

數量的計量問題，但難以解決勞動質量的鑒定問題。一是有些農業勞動的質量難以精確地檢驗；二是農業勞動的場所是分散的，領導者無法對社員的勞動質量進行有效監督。其結果是經常出現社員在生產勞動時為貪多圖快，不顧質量的問題。

鑒於定額記工的方法執行起來十分複雜，真正實行了全面的「勞動定額，按件記工」的合作社並不多。有的只是對農活劃分了粗線條的等級，有的是部分農活按件記工，其餘部分仍然實行「死分死記」「死分活評」，有的實行了一段時間的定額記工後，堅持不下去了，又回到了「死分死記」「死分活評」。

第三章
人民公社時期的農業經營制度

　　隨著高級社的加快發展和提前全面實現，農村社會主義改造的任務也提前完成。巨大的「勝利」使黨內驕傲自滿情緒滋長起來，隨即政治上「左」的傾向和經濟工作中的急躁冒進情緒也急速增長。1958年，為了盡快實現向共產主義過渡，人民公社化運動在全國農村全面興起。

　　人民公社是由十幾個甚至幾十個高級社、幾千個農民家庭合在一起形成的政社合一的集體組織，土地和人口的規模大，生產資料的公有化程度高。要在這麼大的範圍內對生產實行科學管理，對勞動成果進行合理分配，顯然面臨許多現實困難。再加上合作社被大規模合併後，生產資料、勞動力和資金、物質等被隨意調撥，人們的統一勞動無法有效計量和監督，嚴重挫傷了農民的生產積極性，使農業生產受到極大挫折。[1]在這種情況下，中央對「一大二公」的人民公社體制進行了多次調整，最核心的是將人民公社的經濟核算單位逐級下放，最終確定了「三級所有，隊為基礎」，以生產隊為基本核算單位的管理體制。

---

[1] 陳錫文. 讀懂中國農業農村農民 [M]. 北京：外文出版社，2018：71.

第一節　人民公社的起因

人民公社是在 1958 年夏秋之際在中國普遍建立起來的農村政權和農業集體經濟政社合一的組織形式。從 1958 年成立到 1984 年解體，人民公社在中國農村存在了 26 年。

1957 年 9 月 24 日，中共中央、國務院發布了《關於今冬明春大規模地展開興修農田水利和積肥運動的決定》，入冬之後，水利建設和積肥行動出現熱潮。當時全國投入的勞動力有 1 億多，擴大灌溉面積 1 億多畝，超過 1949 年 10 月 1 日以後 8 年的總和。在大規模的農田水利建設中，很多工程僅僅靠一個村社的資金和力量無法完成，需要集中力量和資源來保證，而且還要協調好不同村社之間的利益分配。1958 年 3 月，中央在成都會議上提出了「鼓足干勁、力爭上游、多快好省地建設社會主義」的總路線，並且通過了《關於把小型的農業合作社適當地合併為大社的意見》。會後，全國範圍內掀起了一個小社並大社的浪潮。在水利建設中，人、財、物力調配和利益分配也基本上都是通過並大社來解決的。薄一波在回顧這一段歷史時說，「農田水利基本建設要求在大面積土地上統一規劃，修建長達幾公里、幾十公里，甚至上百公里的灌溉渠系，一些較大工程的建設需要大批的勞動力和資金，建成後的使用又要求做到大體與受益單位的投入（勞動力、土地、資金等）相適應，這就不僅涉及農業生產合作社之間的經濟關係問題。在當時的條件下，不可能也不允許根據商品經濟的原則，按照各農業社投入的大小，與受益掛勾進行結算，只能從調整農業生產合作社的規模和調整行政區劃分方面打主意。」[①]

在並大社的過程中，隨著規模的擴大，合作社興辦的非農事業也越來越多，這就使合作社與基層行政機構職能劃分的問題暴露出來。正是在這種情況下，中央開始醞釀新的農村基層組織結構。

[①] 薄一波. 若干重大決策與事件的回顧：下卷 [M]. 北京：中共黨史出版社，2008：511-512.

第三章　人民公社時期的農業經營制度

　　1958 年上半年，中央多次討論農村基層組織的形式、名稱和其在向共產主義過渡中的作用問題。7 月 1 日，《紅旗》雜誌第 3 期發表了陳伯達的文章《全新的社會，全新的人》，文中提道：「把一個合作社變成一個既有農業合作又有工業合作的基層組織單位，實際上是農業和工業相結合的人民公社。」7 月 16 日，陳伯達又在《紅旗》雜誌第 4 期上發表了《在毛澤東同志的旗幟下》一文，說明了這是毛澤東關於一種新的農村社會基層組織的構想：「毛澤東同志說，我們的方向，應該逐步地有次序地把『工（工業）、農（農業）、商（交換）、學（文化教育）、兵（民兵，即全民武裝）』組成為一個大公社，從而構成為中國社會的基層單位。」[1] 於是一些地方就出現了由小社並大社再轉為大搞公社的熱潮。

　　1958 年 8 月 6 日至 8 日，毛澤東到河南新鄉七里營人民公社等地視察，當地領導同志匯報了他們對大社沒有用「共產主義公社」而用「人民公社」做名稱的緣由。毛澤東聽後說：「看來『人民公社』是一個好名字，包括工農兵學商，管理生產，管理生活，管理政權。『人民公社』前面可以加上地名，或者加上群眾喜歡的名字。」[2]

　　全國最早完成人民公社化的是河南省，全國第一個農村人民公社——嵖岈山衛星人民公社也誕生在河南省。當時在大搞農田水利建設的過程中，小社並大社，遂平縣委決定將嵖岈山區的楊店、玉山、鮑莊、槐樹四個中心鄉的 27 個高級社、9,369 戶共 43,263 人合併成為一個大社。這樣，全國第一個農村人民公社就誕生了。[3] 到 1958 年 8 月底，河南省宣布全省已實現了公社化，原有的 83,743 個高級社並成了 1,387 個人民公社，平均每社的農戶由高級社的 260 戶猛增到了 7,200 多戶。其中，5,000 戶以下的 362 個，5,000~10,000 戶的 709 個，1 萬戶以上的 307 個。一般平原地區的公社萬戶左右，山區的 2,000~3,000 戶。加入人民公社的農戶已占全省農戶總數的 99.98%。

---

[1] 農村人民公社化運動. https://baike.baidu.com.
[2] 毛澤東視察河南農村（1958 年 8 月）[M] // 黃道霞，等. 建國以來農業合作化史料匯編（上）. 北京：中共黨史出版社，1992：477.
[3] 宋斌全. 第一個人民公社的由來 [J]. 當代中國史研究，1994（2）：58-60.

10天之內，河北、遼寧等省也紛紛宣布實現公社化。1958年10月1日，《人民日報》宣布：「全國基本實現了農村人民公社化。」整個過程若從毛澤東8月上旬發表「人民公社好」的講話算起，還不到2個月的時間。

第二節　人民公社體制的特點

人民公社化實現後，整個農村的所有制結構、勞動組織、勞動成果的分配等，都發生了很大的變化。人民公社化運動初期的特點是「一大二公」和「政社合一」。

「一大二公」的「大」是指社的規模大。人民公社是由十幾個甚至幾十個高級社合併起來的農林牧副漁統一經營，工農商學兵五位一體的政社合一的組織，其規模和範圍比原來的合作社要大得多。原來的農業社，初級社只有數十戶，高級社一般也只有一二百戶，而人民公社則一般都在4,000戶以上，也有超過10,000戶的社，還有以縣為單位的縣聯社。《中共中央關於在農村建立人民公社問題的決議》認為：「社的組織規模，就目前說，一般以一鄉一社、兩千戶左右較為合適。某些鄉界遼闊、人煙稀少的地方，可以少於兩千戶，一鄉數社。有的地方根據自然地形條件和生產發展的需要，也可以由數鄉並為一鄉，組成一社，六七千戶左右。至於達到萬戶或兩萬戶以上的，也不要去反對，但在目前也不要主動提倡」。[①] 1957年年底，全國78.9萬個農業社，平均每社有農戶153.4戶，而公社化後，全國的人民公社平均每社有農戶5,442戶。兩相比較，公社規模是合作社的35倍。

---

① 中共中央關於在農村建立人民公社問題的決議（1958年8月29日）[M]//黃道霞，等.建國以來農業合作化史料匯編（上）.北京：中共黨史出版社，1992：494；建國以來重要文獻選編：第十一冊.黨的歷史文獻集和當代文獻集；中共中央關於在農村建立人民公社問題的決議.http://cpc.people.com.cn.

第三章　人民公社時期的農業經營制度

「一大二公」的「公」是指生產資料所有制的公有化程度高。人民公社成立後，所有的生產資料都已轉歸公社集體所有，農村中所有的國營商店、銀行和其他企業，也都下放給公社管理。原來經濟條件、貧富水準不同的社隊合併為一，公社實行統一生產、統一指揮、統一核算、統一分配。公有化程度高，便於在公社範圍內實行「一平二調」。「一平」就是搞平均分配，在全公社範圍內把貧富拉平；「二調」是指對生產隊的生產資料、勞動力、產品以及其他財產無償調撥。

「政社合一」就是以鄉為單位的農村集體經濟組織與鄉政府的合一，實際上就是鄉政府行使管理農村經營活動的權力。[①] 按照《中共中央關於在農村建立人民公社問題的決議》，人民公社「實行政社合一，鄉黨委就是公社黨委，鄉人民委員會就是社人民委員會」[②]。人民公社化之前，農村實行的是鄉社分設的體制，其中鄉是農村基層政權，社是經濟組織，社之下設生產隊。人民公社化之後，公社既是一個生產單位，又是一個農村基層政權組織，同時承擔著開展經濟活動和履行基層政權職能兩方面的任務。在生產經營上，它是全公社的組織者和領導者，公社黨委對全公社的生產進行統一管理、統一指揮，基層單位（生產大隊和生產隊）和社員也就失去了獨立自主的經營權。

政社合一的人民公社體制，突出表現了急於由集體所有制向全民所有制過渡和由社會主義向共產主義過渡的思想。確立政社合一體制，又用行政手段搞經濟建設，忽視了經濟發展規律，導致人民公社弊端叢生。第一，助長了平均主義的泛濫。在全公社實行統一核算，在公社與生產大隊之間、生產大隊與生產隊之間搞無償調撥，在分配上提倡和推行平均分配的原則，實行供給制和工資制相結合，辦公共食堂，吃飯不要錢，將原來經濟狀況不同的農業社和社員統一拉平，窮社共了富社的產。在生產力還不發達的條件下，這實際上是實行平均主義，其結果只能是共同貧困。第二，取消了農民獨立自主進行經營的權利，經濟效益大幅度下降。由於公社的權力過於集中，而

[①] 韓長賦. 中國農村土地制度改革 [J]. 農村工作通訊, 2018（C1）: 8-19.
[②] 姬文波. 人民公社化運動初期的體制與制度特點探析 [J]. 學理論, 2010（31）: 51-53.

且用行政辦法搞農業生產，基層單位和農民沒有自主經營權，造成勞動紀律鬆弛，上工「大呼隆」，出工不出力，經濟效益差。第三，政社合一的人民公社將行政管理與生產管理混在一起，使兩方面的職能都不能很好履行。①

第三節 「包產到戶」的再次興起

人民公社體制引起了農民群眾的不滿，於是，一些地方在1959年春又開始搞起了包產到戶。有的地方改變了所謂「基本隊有制」（生產大隊所有制），而以生產小隊為基本核算單位，或是名義上保留大隊為基本核算單位，但實際上將分配權下放到了生產小隊；有的地方則又直接搞起了「包產到戶」，或是擴大自留地、允許搞家庭副業等。②然而，在1959年廬山會議結束後，一場反右傾運動遍及全國，包產到戶又受到嚴厲批判。1959年11月2日，《人民日報》發表評論員文章《揭穿「包產到戶」的真面目》，包產到戶被比作資本主義的毒草，「要把它連根拔掉，一丁點也不留」。在一片討伐聲中，包產到戶再次被強行取消了。

1959—1961年的「三年困難時期」，整個國民經濟遭受嚴重困難，農副產品嚴重匱乏，農民收入大幅度降低，生活極其困難。③為了克服困難，求生存，「包產到戶」又一次在中國廣大農村興起。在全國各地的「包產到戶」中，安徽省試驗的「包產到組，責任到人」的責任田最為典型。1960年年底，安徽省開始以實行包產到組、超產獎勵的辦法來提高農民生產的積極性。省委派工作組到農村的基層生產小隊搞「聯產到戶」和責任田的試點，得到農民群眾的普遍擁護，農民生產的積極性大大提高，所有試點的生產隊糧食

---

① 趙德馨. 中國近現代經濟史 [M]. 北京：高等教育出版社，2016：230-231.
② 陳錫文，趙陽，陳劍波，等. 中國農村制度變遷60年 [M]. 北京：人民出版社，2009：21-22.
③ 楊勝群，田松年. 共和國重大決策的來龍去脈 [M]. 南京：江蘇人民出版社，1997：386.

產量都大幅度增加。① 1961 年，安徽省又提出了「按勞動力分包耕地，按實產糧食記工分」的聯產到戶的責任制新辦法，並在合肥市蜀山公社井崗大隊南新莊生產隊進行聯產到戶責任制的試點。1961 年時任國務院副總理李富春在安徽調查後，向中央寫了報告，表示贊成安徽的做法。陳雲、鄧小平也表示了支持。鄧子恢兩次派農村工作部的幹部去安徽調查，向中央寫報告，表示積極支持安徽試驗。② 這樣安徽省開始全面實行責任田的辦法，到年底，實行責任田的生產隊已占總數的 90.1%。據典型調查，實行責任田的隊，糧食平均畝產比上年增長 38.9%。③ 1961 年 3 月鳳陽縣開始實行責任田。當年鳳陽縣糧食總產量為 1.3 億多斤，相比 1960 年增長了 33%。責任田帶動了當時鳳陽縣農村經濟的恢復與發展，農民曾發出呼喊：「責任田，救命田，多產糧食多產棉，國家多收徵購糧，集體多得提留錢。社員有吃又有穿，千萬不能變。」④

　　實際上，「三年困難時期」全國已有很多地方先後試行了「包產到戶」，中央的部分領導人也對包產到戶做法給予了支持，但是仍然存在各種阻力。1962 年 9 月召開的黨的八屆十中全會上，毛澤東發表了《關於階級、形勢、矛盾和黨內團結問題》的講話，指出「在無產階級革命和無產階級專政的整個歷史時期，在由資本主義過渡到共產主義的整個歷史時期（這個時期需要幾十年，甚至更多的時間）存在著無產階級和資產階級之間的階級鬥爭，存在著社會主義和資本主義這兩條道路的鬥爭」⑤。會議把階級鬥爭作為主題，把包產到戶、生產責任制當成「單干風」加以批判。會議之後，中央出現了「一邊倒」的局面，各省市黨委陸續做出決定，制止了包產到戶的做法。這次在全國範圍內出現的包產到戶的嘗試，最終被「左」傾錯誤扼殺了。

---

① 鮑存軍. 家庭聯產承包責任制的實施情況個案研究 [D]. 蘭州：西北師範大學，2013：10.
② 杜潤生. 中國農村改革決策紀事 [M]. 北京：中央文獻出版社，1999：7.
③ 楊勝群，田松年. 共和國重大決策的來龍去脈 [M]. 南京：江蘇人民出版社，1997：388. 轉引自鮑存軍. 家庭聯產承包責任制的實施情況個案研究 [D]. 蘭州：西北師範大學，2013：10.
④ 陳懷仁，夏玉潤. 起源——鳳陽大包干實錄 [M]. 合肥：黃山書社，1998：3.
⑤ 轉引自張明. 毛澤東為什麼要寫《人的正確思想是從哪裡來的?》?——在哲學表達與政治訴求之間的複調式語境透視 [J]. 毛澤東思想研究，2019（1）：36-44.

第四節　人民公社核算制度的演變

人民公社實行「統一領導，分級管理」的制度，在長達 26 年的人民公社時期，其組織管理制度經過了多次調整，調整的核心主要是圍繞人民公社的規模與核算單位展開的。

一、以人民公社為核算單位的建立

公社化之前，高級社之下設生產隊和作業組，實行「各盡所能，按勞分配」的原則，評工記分，年終決算分配。人民公社建立以後，由全公社統一核算，分級管理。

1958 年 8 月 29 日，《中共中央關於在農村建立人民公社問題的決議》規定：「人民公社建立時，對於自留地、零星果樹、股份基金等等問題，不必急於處理，也不必來一次明文規定。一般說，自留地可能在並社中變為集體經營，零星果樹暫時仍歸私有，過些時候再處理，股份基金等可以再拖一、二年，隨著生產的發展、收入的增加和人們覺悟的提高，自然地變為公有。」「由於各個農業社的基礎不同，若干社合併成一個大社，他們的公共財產，社內和社外的債務等等，不會是完全相同的，在並社過程中，應該以共產主義的精神去教育幹部和群眾，承認這種差別，不要採取算細帳、找平補齊的辦法，不要去斤斤計較小事。」[1] 根據中央的文件精神，各地人民公社制定了章程。1958 年 9 月 4 日，《人民日報》全文發表《嵖岈山衛星人民公社試行簡章（草案）》。該簡章（草案）規定：「各個農業合作社合併轉為公社，應該

---

[1] 中共中央關於在農村建立人民公社問題的決議 [M] //中華人民共和國國家農業委員會辦公廳. 農業集體化重要文件匯編：下冊. 北京：中共中央黨校出版社，1981：71；建國以來重要文獻選編：第十一冊. 黨的歷史文獻集和當代文獻集；中共中央關於在農村建立人民公社問題的決議. http://cpc.people.com.cn.

將一切公有財產全部交給公社,多者不退,少者不補,實現共產主義的大合作。原來的債務,除了用於當年生產週轉的應當各自清理以外,其餘都轉歸公社負責償還。各個農業合作社社員所交納的股份基金,仍分記在各人名下,不計利息,除非退社不能抽回;他們的投資,由公社負責償還。」「在已經基本上實現了生產資料公有化的基礎上,社員在轉入公社的時候,應該將仍然屬於本人私有的全部自留地、房屋基地、牧畜、林木、農具等生產資料轉為全社公有,但小量的家畜、家禽,仍可以留為個人私有。」[1]

以公社為基本核算單位,公社的所有權範圍廣泛,其所擁有的財產來源有兩部分:第一部分來自合作社的土地、牲畜、農具等生產資料和其他公共財產;第二部分來源於社員個人經營的自留地、林木、牲畜等生產資料和社員個人多餘的房屋。公社對合作社的一切財物和勞動力進行統一經營與分配,公社擁有財產的所有權和分配權。生產大隊和生產隊既沒有生產資料的所有權,也沒有生產資料和勞動力的支配權。

在「一大二公」的人民公社體制下,人們普遍認為「人民公社是通向共產主義的金橋」,是「跑步進入共產主義」的最好形式。於是,農村普遍興辦公共食堂,推行「供給制」,吃飯不要錢。加上又刮起了嚴重的「五風」(共產風、浮誇風、命令風、幹部特殊風和生產的瞎指揮風),農業生產極度混亂,整個農村經濟被推到了幾乎崩潰的邊緣。

二、以生產大隊為核算單位的確定

當以公社為基本核算單位的管理體制弊端不斷暴露以後,中央很快察覺到公社化運動中的一些過急過快的錯誤,並著手對人民公社體制進行調整。1958年12月10日中共中央八屆六中全會通過了《關於人民公社若干問題的決議》,該決議指出:「人民公社應當實行統一領導、分級管理的制度。公社

---

[1] 楊宏濤. 天堂實驗紀事——回眸中國第一個人民公社的建立 [J]. 農村工作通訊, 2003 (7): 52-53.

的管理機構，一般可以分為公社管理委員會、管理區（或生產大隊）、生產隊三級。管理區（或生產大隊）一般是分片管理工農商學兵、進行經濟核算的單位，盈虧由公社統一負責。生產隊是組織勞動的基本單位。」①這次調整雖然明確了管理區（或生產大隊）是基本核算單位，但卻規定「盈虧由公社統一負責」，實際上實行的仍然是公社一級核算。

1959年2月27日至3月5日，中央召開了第二次鄭州會議，形成了《鄭州會議記錄》，提出了人民公社的建設方針，即「統一領導，隊為基礎；分級管理，權力下放；三級核算，各計盈虧；分配計劃，由社決定；適當累積，合理調劑；物資勞動，等價交換；按勞分配，承認差別」②。會議還起草了《關於人民公社管理體制的若干規定（草案）》，對公社、管理區（或生產大隊）、生產隊的三級職權範圍做了具體劃分，確定規模相當於原高級社的管理區（或生產大隊），是人民公社的基本核算單位，它有權按照公社的計劃和有關規定，統一安排本單位的農業生產、收益分配、興辦和管理小型工廠以及文化教育衛生和公共福利事業，搞好勞動管理。③這次會議確定的人民公社「三級所有，隊為基礎」的管理制度，對於克服人民公社內部的「一平二調」的「共產風」起到了積極作用。但是，核算單位仍然在管理區或生產大隊（相當於原高級社規模），也沒有取消供給制，說明在糾正「左傾」錯誤上是不徹底的，但將核算單位從人民公社退回到管理區或生產大隊，畢竟在管理制度上前進了一大步。

但是，第二次鄭州會議後，圍繞著「三級所有、隊為基礎」中的「隊」是指以生產大隊（管理區）為基本核算單位還是以生產隊為基本核算單位的問題產生了分歧。這一問題事關重大，「關係到三千多萬生產隊長小隊長等基層幹部和幾億農民的直接利益問題」。1959年3月5日，毛澤東發出《黨內通

---

① 轉引自柳建輝. 公社化運動以來黨和毛澤東關於人民公社內部所有制問題認識的演變 [J]. 黨史研究與教學，1993（2）：13-21.
② 鄭州會議記錄（1959年2月27日至3月5日中央政治局擴大會議）[M] //黃道霞，等. 建國以來農業合作化史料匯編. 北京：中共黨史出版社，1992：528. 轉引自柳建輝. 公社化運動以來黨和毛澤東關於人民公社內部所有制問題認識的演變 [J]. 黨史研究與教學，1993（2）：13-21.
③ 轉引自中華人民共和國經濟大事記（初稿）：專輯三 [J]. 宏觀經濟研究，1983（26）：1-95.

信》，明確指出，「《鄭州會議記錄》上所謂『隊為基礎』是指生產隊，即原高級社，而不是生產大隊（管理區）」。① 1959 年 4 月 2 日至 5 日，黨的八屆七中全會通過的《關於人民公社的十八個問題》指出，「各地人民公社在實行三級管理、三級核算的時候，一般是以相當於原來高級農業生產合作社的單位作為基本核算單位。這種相當於原高級社的單位，有些地方是生產隊，有些地方是生產大隊（或者管理區）」。② 為了提高生產小隊這一級組織的積極性和責任心，這次會議還進一步明確了生產小隊（一般相當於原來初級社範圍）的管理權限。

1959 年 7 月廬山會議後，在一片反右聲中，急於在所有制上「過渡」的思潮再次抬頭，主要目標是盡快實現基本公社所有制。1959 年 10 月，農業部黨組向中央報告說：「今年五六七月間，農村中也有局部地方曾經出現一股右傾的歪風，搞什麼『生產小隊基本所有制』『包產到戶』，利用『小私有』『小自由』，大搞私人副業，破壞集體經濟，以及吹掉部分供給制，吹散公共食堂等。」③ 中共中央在批轉這一報告時進一步說：這實際上是「猖狂的反對社會主義道路的逆流」，各地應把這些「反動的、醜惡的東西」徹底加以「揭發批判」。④ 這就導致了由以生產隊或生產大隊⑤（高級社）為基本核算單位向以公社為基本核算單位過渡的思潮重新抬頭。1959 年 12 月 25 日，時任國務院副總理譚震林主持召開浙、皖、蘇、滬四省市討論人民公社過渡問題的座談會，形成一份《關於人民公社過渡問題——浙、皖、蘇、滬四省市座談會

---

① 鄭州會議記錄 [M] //中華人民共和國國家農業委員會辦公廳. 農業集體化重要文件匯編 (1958—1981). 北京：中共中央黨校出版社，1981：158.
② 關於人民公社的十八個問題（中共中央政治局 1959 年 4 月上海會議紀要）[M] //黃道霞，等. 建國以來農業合作化史料匯編. 北京：中共黨史出版社，1992：557. 轉引自柳建輝. 公社化運動以來黨和毛澤東關於人民公社內部所有制問題認識的演變 [J]. 黨史研究與教學，1993（2）：13-21.
③ 中共中央批轉農業部黨組關於廬山會議以來農村形勢的報告（1959 年 10 月 15 日）[M] //黃道霞，等. 建國以來農業合作化史料匯編. 北京：中共黨史出版社，1992：572. 轉引自柳建輝. 公社化運動以來黨和毛澤東關於人民公社內部所有制問題認識的演變 [J]. 黨史研究與教學，1993（2）：13-21.
④ 同③.
⑤ 有些地方為生產隊，有些地方為生產大隊，但均為原高級社規模。

紀要》，紀要提出，「從現在起，就應當積極發展社有經濟，為過渡創造條件」，認為「從基本隊有過渡到基本社有，上海的條件較好，大約要三年到五年的時間，其他各省大約要五年左右，或者更長一些時間才行」①。以此為起點，「過渡」之風迅速在全國各地刮起，糾「左」和對人民公社體制的調整完全中斷。

1960年1月7日至17日，中共中央在上海舉行政治局擴大會議，提出了用八年時間完成人民公社從基本隊有制到基本社有制過渡的設想。1月26日，中央印發的《關於1960年計劃和今後三年、八年設想的口頭匯報提綱》中提出，「要分期分批地採用各種不同的形式，完成人民公社由基本上生產隊所有制到基本上公社所有制的過渡，並開始向全民所有制過渡。」②

在各地進行基本隊有制向基本社有制過渡試點過程中，還開始大辦縣社工業、大辦水利、大辦食堂、大辦養豬場等，同時，「五風」再次嚴重泛濫，對農業生產造成了嚴重破壞，繼1959年出現中華人民共和國成立以來農業第一次大減產之後，1960年的形勢更加嚴峻，農民生活極度困難。

急於由以生產隊或生產大隊為基本核算單位向以公社為基本核算單位過渡的做法，引起了農民的不滿，也很快引起了中共中央的注意。1960年9月20日，中共中央在批轉《關於1961年國民經濟計劃控制數字的報告》中，首次提出了「調整、鞏固、充實、提高」的「八字方針」。同年11月3日，中央發出《關於農村人民公社當前政策問題的緊急指示信》，強調「三級所有，隊為基礎，是現階段人民公社的根本制度」，而且「從一九六一年算起，至少七年不變（在一九六七年中國第三個五年計劃最後完成的一年以前，堅決不變）」③。這時講的「隊為基礎」，實際上還是生產大隊。1961年3月中央《農村人民公社工作條例（草案）》（簡稱《農業六十條》）的發布，提

---

① 關於人民公社過渡問題——浙、皖、蘇、滬四省市座談會紀要 [M] //中華人民共和國國家農業委員會辦公廳. 農業集體化重要文件匯編 (1958—1981). 北京：中共中央黨校出版社，1981：275-277.
② 轉引自羅平漢. 1959年廬山會議後人民公社的「窮過渡」[J]. 黨史文苑 (紀實版)，2015 (11)：21-26.
③ 轉引自柳建輝. 人民公社所有制關係的變化 [J]. 中共中央黨校學報，1997 (3)：90-98.

出了「以生產大隊所有制為基礎的三級所有制，是現階段人民公社的根本制度」，將人民公社的管理機構劃分為公社、生產大隊和生產隊三級。並強調要縮小人民公社規模，從追求「大」「公」的方向後退，公社在經濟上是各生產大隊的聯合組織，其規模「一般地應該相當於原來的鄉或者大鄉，生產大隊的規模，一般應該相當於原來的高級農業生產合作社」。① 生產大隊「統一管理各生產隊的生產事業，又承認其在生產管理上的一定的自主權，它實行獨立核算，自負盈虧，在全大隊範圍內實行統一分配，又承認生產隊的差別」。② 這時強調生產大隊（相當於原來的高級社規模）是農村的基本核算單位，即生產大隊是農村基本生產資料的所有者，實行獨立核算，自負盈虧；而生產隊「是直接組織社員的生產和生活的單位」，在管理本隊生產上，有一定的自主權。生產大隊對生產隊實行「四固定」和「三包一獎」制度。隨著人民公社規模的大大縮小，人民公社的管理體制調整為公社、生產大隊（相當於原高級社規模）、生產隊（相當於原初級社規模）三級管理，生產大隊核算。

這次調整還決定取消公共食堂，廢除供給制與工資制相結合的分配辦法，恢復了農業合作社期間評工記分的辦法，按勞動工分進行分配；恢復自留地和農民家庭副業。除自留地外，還撥給社員適當的飼料地，允許社員開墾零星荒地。

三、以生產隊為基本核算單位的確立

經過對人民公社體制的調整，社、隊的規模縮小了，基本核算單位確定為生產大隊，雖然解決了公社及大隊與大隊之間無償調撥、占用生產資料的問題，但生產單位（生產隊或生產小隊）與核算單位（生產大隊）不一致、一個大隊內各小隊之間吃大鍋飯、搞平均主義分配的問題，卻仍然沒有解決。

---

① 農村人民公社工作條例（草案）（1961 年 3 月）[M] //黃道霞，等. 建國以來農業合作化史料匯編. 北京：中共黨史出版社，1992：632.
② 農村人民公社工作條例（草案）（1961 年 3 月）[M] //黃道霞，等. 建國以來農業合作化史料匯編. 北京：中共黨史出版社，1992：633.

1961年9月29日，毛澤東給中央政治局常委及有關負責人寫了一封信，信中說，「我們對農業方面嚴重的平均主義問題，至今還沒有完全解決，還留下一個問題。農民說，六十條就是缺了這一條。這一條是什麼呢？就是生產權在小隊、分配權卻在大隊，即所謂『三包一獎』的問題。這個問題不解決，農、林、牧、副、漁的大發展就仍然受束縛，群眾的生產積極性仍然要受影響」①，「我的意見是：『三級所有，隊為基礎』，即基本核算單位是隊而不是大隊。」「在這個問題上，我們過去過了六年之久的糊塗日子（1956年高級社成立時起），第七年該醒過來了吧？」②

毛澤東所講的「過了六年之久的糊塗日子」，實際上也是農民與高級社、人民公社經營管理體制進行博弈的六年。博弈的核心，在於農業生產中的一個根本性問題：在超出家庭經營的範圍後，就必然需要對勞動進行計量和監督，但基於農業生產的特點卻難以對勞動進行計量和監督，於是就難以避免地出現「大概工」「大呼隆」「大鍋飯」等平均主義問題，而這又必然會傷害農民的生產積極性。③ 在「過了六年之久的糊塗日子」之後，人民公社體制已經到了必須調整的地步。

1961年10月7日，中共中央發出《中共中央關於農村基本核算單位問題給各中央局，各省、市、區黨委的指示》，要求各中央局，各省、市、區黨委就以生產大隊為基本核算單位好，還是以生產隊為基本核算單位好的問題進行調查研究。經過深入調查研究，廣東、江蘇兩省以及西北局、東北局向中央進行匯報，一致主張以生產隊為公社的基本核算單位，這樣能夠充分地調動群眾的積極性，促進生產力的發展。同時，鄧子恢等人離京南下，專門到地方調查試點情況。11月9日鄧子恢給中央上報了《關於農村人民公社基本核算單位試點情況的調查報告》，反應了「各級群眾和幹部非常擁護基本核算單位下放，這樣有利於克服平均主義、官僚主義，貫徹民主辦社、勤儉辦社，

---

① 轉引自李建中. 毛澤東對農村產權問題的探索 [J]. 天中學刊，2012（4）：37-40.
② 中共中央文獻研究室. 毛澤東年譜（1949—1976）：第5卷 [M]. 北京：中央文獻出版社，2013：32, 33.
③ 陳錫文，羅丹，張徵，等. 中國農村改革40年 [M]. 北京：人民出版社，2018：31.

第三章　人民公社時期的農業經營制度

調動社員積極性,發展農副業生產等」。[1] 1961 年 11 月 23 日,中央批轉了鄧子恢的報告,並建議「在十二月二十日以前,各省委第一書記帶若干工作組,採取鄧子恢同志的方法,下鄉去,做十天左右的調查研究工作」。[2] 經過各地廣泛調查和試點,黨中央決定進一步下放基本核算單位。

1962 年 2 月 13 日,中共中央發出《中央關於改變農村人民公社基本核算單位問題的指示》,決定「在全國各地農村,絕大多數的人民公社,都宜於以生產隊為基本核算單位」。[3] 並規定,「在中國絕大多數地區的農村人民公社,以生產隊為基本核算單位,實行以生產隊為基礎的三級集體所有制,將不是短期內的事情,而是在一個長時期內,例如至少三十年內,實行的根本制度」。[4] 1962 年 9 月 27 日,《農村人民公社工作條例》正式發佈,確定「人民公社的基本核算單位是生產隊。根據各地方不同的情況,人民公社的組織,可以是兩級,即公社和生產隊,也可以是三級,即公社、生產大隊和生產隊」。[5]

這次調整對人民公社社員的家庭副業也做出了明確規定,「人民公社社員的家庭副業,是社會主義經濟的必要的補充部分」,並指出了社員可以經營的家庭副業生產主要包括自留地,家畜家禽養殖,開墾零星荒地,經營由集體分配的自留果樹和竹木,從事採集、漁獵、養蠶、養蜂等副業生產和進行編織、縫紉、刺繡等家庭手工業生產。

基本核算單位從生產大隊退回到生產隊,使生產隊既有生產管理權,又有分配的決定權,使生產和分配統一起來,解決了集體經濟中長期以來存在的生產單位和分配單位不一致的矛盾。至此,人民公社「三級所有,隊為基礎」,以生產隊為基本核算單位的體制基本確定下來,人民公社的體制調整基

---

[1] 轉引自柳建輝.人民公社所有制關係的變化 [J].中共中央黨校學報,1997 (3):90-98.
[2] 薄一波.《農村六十條》的制定 (六) [J].農村合作經濟經營管理,1994 (9):43-45.
[3] 同①.
[4] 中共中央關於改變農村人民公社基本核算單位問題的指示 (1962 年 2 月 13 日) [M] //黃道霞,等.建國以來農業合作化史料匯編.北京:中共黨史出版社,1992:677.轉引自柳建輝.人民公社所有制關係的變化 [J].中共中央黨校學報,1997 (3):90-98.
[5] 轉引自胡穗.中國共產黨農村土地政策的演進 [D].長沙:湖南師範大學,2004:111.

本完成。

通過對人民公社體制的再次調整，公社規模大大縮小了。到 1962 年 10 月，全國人民公社調整到 71,551 個，社均農戶減少到 1,721 戶。與 1958 年相比，從社均農戶的角度看，人民公社的規模縮小了約 2/3（圖 3-1）。

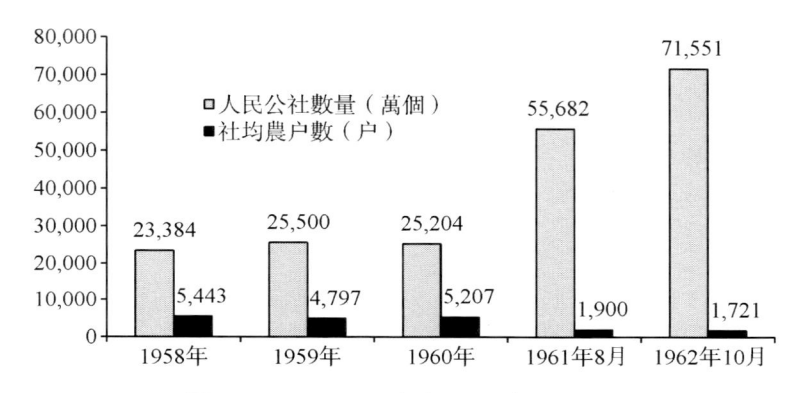

图 3-1　1958—1962 年人民公社數量的變化

資料來源：羅平漢. 農村人民公社史 [M]. 福州：福建人民出版社，2003.

以生產隊為基本核算單位有利於解決隊與隊之間的平均主義，保障生產隊的自主權；有利於生產隊改善經營管理，因地制宜地發展生產，把生產安排得更合理，更符合本隊的實際情況。生產隊範圍小，幾十戶為一個基本核算單位，社員對於集體經濟同自己的利害關係，對於自己的勞動成果，看得比過去直接、清楚，有利於恢復廣大社員對於集體經濟的積極性。到 1963 年，全國的 8 萬多個人民公社共分為 570 萬個生產隊，平均每個生產隊約 24 戶。基本核算單位大大縮小，退到了初級社的水準。僅就核算規模而言，不僅糾正了成立人民公社以來大隊與大隊（原高級社）之間的平均主義問題，而且糾正了高級社以來生產隊（原初級社）之間的平均主義問題。

基本核算單位的下放，是調整中國農村生產關係的一項重要政策。從 1958 年 8 月至 1962 年 2 月，再到 1962 年 9 月以法律條例正式確立，基本核算單位的演變經歷了由以公社為基本核算單位—以管理區或生產大隊（相當於原高級社規模）為基本核算單位—以生產隊（相當於初級社規模）為基本

核算單位的過程。最終形成了「三級所有、隊為基礎」，以生產隊為基本核算單位的體制。基本核算單位逐步下放，在很大程度上解決了由於生產規模過大所帶來的嚴重的平均主義問題，糾正了「共產風」，對於之後一個較長時期內穩定農村經濟起到了重要作用。

第五節　人民公社的分配制度

一、人民公社初期的分配制度

人民公社剛成立時，沿用了高級社評工記分的分配方式。1958年8月發布的《中共中央關於在農村建立人民公社問題的決議》中明確提出：「人民公社建成以後，也不必忙於改變原有的分配制度，以免對生產發生不利的影響。要從具體條件出發，在條件成熟的地方，可以改行工資制；在條件還不成熟的地方，也可以暫時仍然採用原有的三包一獎或者以產定工制等等按勞動日計酬的制度，條件成熟以後再加以改變」。[1]「分配制度無論工資制或者按勞動日計酬，也還都是『按勞取酬』，並不是『各取所需』」。[2] 但是，高級社轉為人民公社後，由於公社的組織規模大，經營範圍廣，如果再按高級社的分配方式，評工記分十分困難。所以，人民公社需要建立新的分配制度。黨的八屆六中全會上通過的《關於人民公社若干問題的決議》明確指出，「實行供給制和工資制相結合的分配制度，這是中國人民公社在社會主義分配制度上的一個創舉，是目前廣大社員群眾的迫切要求」「這種分配制度具有共產主

---

[1]　轉引自中共中央關於在農村建立人民公社問題的決議［J］. 中國農墾，1958（12）：4-5.
[2]　中共中央關於在農村建立人民公社問題的決議［M］// 中共中央文獻研究室. 建國以來重要文獻選編：第11冊. 北京：中央文獻出版社，1995：450.

义萌芽,但是它的基本性质仍然是社会主义的,各尽所能,按劳分配。」①

供给制和工资制相结合的分配制度是当时农村人民公社的主要分配方式,其中供给部分是按照每个社员及其家庭人口的多少进行分配的,对公社社员来说,供给部分的分配基本上是平等的,但「供给部分只能根据某些产品的发展状况,限于基本生活需要的某些部分。……还没有可能将供给的范围过于扩大。」「已经实行供给的部分,也还不可能充分满足人们的不同的合理需要。例如实行伙食供给,除了满足吃饱的基本需求之外,对于蔬菜和肉类还是限制于较低水准的数量和质量。」②「由于各公社几乎倾其竭力维持所谓的『供给制』,供给部分在社员分配中所占比例约占60%,有的甚至高达70%~80%,能够用来发放工资的就所剩无几了。」③ 工资部分按等级划分,一般分为五级至八级,但等级差别并不大,最高工资一般等于最低工资的四倍或者更多一点。「以新乡七里营公社为例,公社用来支付供给制的部分占社员分配总额的75.4%,工资部分仅占24.6%,全社劳动力评定出五个等级,因工资总额有限,一级劳力月工资为3元,每级差距为0.5元,第五级劳力的月工资仅1元。遂平县嵖岈山卫星人民公社实行口粮供给制后,全社平均每个劳力工资仅4元。」④

工资制与供给制相结合的分配制度,其具体形式主要有以下三种:

第一种是基本工资加奖励制。这一形式是「公社按照每个劳动力所参加工作的繁重和复杂程度,以及本人的体力强弱、技术高低和劳动态度好坏,评定他们的工资等级,按月发放一定的工资。对于工作积极、完成任务很好的,

---

① 关于人民公社若干问题决议 [M] // 中共中央文献研究室. 建国以来重要文献选编:第11册. 北京:中央文献出版社,1995:611-612. 转引自辛逸. 按需分配的幻灭:大公社的分配制度 [J]. 山东师范大学学报(人文社会科学版),2006(2):9-14.
② 孙冶. 关于人民公社当前的分配制度 [J]. 学术研究,1959(1):8-11.
③ 转引自辛逸. 按需分配的幻灭:大公社的分配制度 [J]. 山东师范大学学报(人文社会科学版),2006(2):9-14.
④ 杜润生. 当代中国的农业合作制 [M]. 北京:当代中国出版社,2001:530-531. 转引自辛逸. 按需分配的幻灭:大公社的分配制度 [J]. 山东师范大学学报(人文社会科学版),2006(2):9-14.

第三章　人民公社時期的農業經營制度

發給獎勵工資；反之則扣發工資，作為處罰。」① 全年的獎勵工資最多可以占到基本工資總額的 25%。廣西臨桂紅旗人民公社實行的就是這一分配形式。其具體做法是：首先，確定工資基金。從全年總收入中，先扣除農副業、商業稅金、生產費用、公積金、公益金、行政管理費，其餘部分（也就是消費部分）作為公社的工資基金。再在全部工資基金中，抽出 15%~20% 作為獎勵工資，80%~85% 作為基本工資基金。其次，評定工資級別。凡能經常參加勞動的人，都進行評級，評出十個左右的等級，評級的根據：一是勞力強弱；二是技術高低；三是勞動態度；四是參照過去勞動出勤的情況。對不經常參加生產的學生、老年人等，根據其實際參加勞動的時間多少，按同級勞動力每天平均工資付給。級別每季評一次，工資一年定一次，勞動好的可以升級，不好的可以降級和扣發工資。最後，評定獎勵工資。小隊七天進行一次評比，月終定案一次給獎，大隊半月一次評比，一季定案給獎，公社一月一次評比，半年定案給獎。總的獎勵面一般占社員總數的 40%~60%。②

第二種是半供給半工資制。在部分公社內，實行糧食供給制或伙食供給制。糧食供給制是在公社預定分配給社員個人的消費基金中，口糧部分按國家規定的留糧標準，統一撥給公共食堂，公社按以人定量的標準發給社員糧食證，社員在食堂所食用的糧食部分只交糧食證，不付錢，副食品部分社員仍需出錢。伙食供給制是社員在公社食堂吃飯，對米、菜、油、鹽、柴等一切伙食費用實行包干，免費供應。除此之外，再實行基本工資加獎勵的做法。河南省遂平縣衛星人民公社對工資部分的做法是：把勞動力分級評定工資，以工資總數的 80% 作為基本工資，按月發給社員；以工資總數的 20% 作為獎勵工資，通過自下而上的評比辦法，每月隨基本工資發放的同時發給獎勵工資。③ 在具體執行中，公社掌握獎勵工資的 50%，大隊 30%，小隊 20%。湖

---

① 戴銀秀. 1952—1984 年中國農業生產領域個人收入分配方式的歷史變革 [J]. 中國經濟史研究，1991（3）：7-19.
② 中共中央文獻研究室. 建國以來重要文獻選編：第 11 冊 [M]. 北京：中央文獻出版社，1995：393-394.
③ 轉引自辛逸. 對大公社分配方式的歷史反思 [J]. 河北學刊，2008（4）：74-76.

北等省也是實行「吃飯由公社供給，同時根據『按勞取酬』的原則發給工資和實行勞動獎勵」①。

第三種是基本生活供給加勞動補貼制。有的公社把社員基本生活需要如吃飯、穿衣、生、老、病、死、結婚、教育、文娛、理髮等方面，根據各自的情況，確定供給範圍，或實行「七包」，或實行「十包」，也有實行「十五包」的。此外，公社還發給社員一些勞動補貼。補貼也按社員勞力強弱、勞動技術、勞動態度劃分等級。河南省新鄉七里營人民公社的章程第 22 條中規定：「在保證滿足公社全體人員基本生活需要的基礎上，實行按勞分配的定級工資制。即從全年總收入中首先扣除稅金、生產費用、公共累積，然後再由公社統一核定標準，扣除全社人員基本生活費用（包括吃飯、穿衣、住房、生育、教育、醫療、婚喪等一切開支），實行按勞評級，按級定工資加獎勵的分配辦法。」②

由於當時中國農村經濟發展水準很低，根本不具備搞供給制和工資制相結合的分配條件。實行「吃飯不要錢，敞開肚皮吃飽飯」，只短短兩個月，便把集體的家底吃空。湖北省委在後來的一個報告中說：「由於吃飯不要錢，辦大食堂，號召敞開肚子吃，而引起了大吃大喝大浪費。有的地方，吃飯放衛星，一天三頓干飯，開流水席，個別地方還給過往行人大開方便之門，來了就吃，吃了就走。照這樣吃法，農民的估計是一天吃了三天的糧，這樣大手大腳搞了兩個月到三個月。」③ 河北省的一份報告中也說到，1958 年「秋收沒搞好，丟、爛、糟很多，再加上一度放開肚皮多吃，丟失、浪費和多吃不下八十億斤糧食」④。這樣，從 1958 年年末開始，糧食供應出現緊張現象。

---

① 論半供給制 [J].《東風》社論，1958（4）：5.
② 轉引自鄧智旺. 人民公社早期分配制度的前因後果 [J]. 湖南農業大學學報（社會科學版），2010（2）：97-103.
③ 中華人民共和國國家農業委員會辦公廳. 農業集體化重要文件匯編 [M]. 北京：中共中央黨校出版社，1981：208. 轉引自鄧智旺. 人民公社早期分配制度的前因後果 [J]. 湖南農業大學學報（社會科學版），2010（2）：97-103.
④ 中華人民共和國國家農業委員會辦公廳. 農業集體化重要文件匯編 [M]. 北京：中共中央黨校出版社，1981：214.

二、人民公社後期的分配制度

人民公社後期,尤其是在「文化大革命」期間,受「農業學大寨」運動的影響,不僅將「包產到戶」視為資本主義復闢不斷地進行批判,而且連「評工記分」制度也受到了嚴厲的指責。當時給「評工記分」羅列的罪名主要有:刺激了社員只顧搶工分的個人主義的積極性,導致了兩極分化,損害了集體經濟的利益;不相信群眾,搞繁瑣哲學,幹部只顧去搞定額管理,沒有時間參加勞動,脫離了群眾,等等。在這種情況下,大寨大隊的所謂「一心為公,自報公議」的勞動記工制度在全國推廣。

山西省昔陽縣大寨大隊是在農村社會主義教育運動中樹立起來的一個山區建設的「先進典型」,大寨人民曾經靠艱苦奮鬥的精神改變了農業靠天吃飯的落後面貌。但是,「文化大革命」開始後,大寨經驗發生了質變,變成了「政治掛帥」、推行「左」傾路線的樣板。大寨經驗的精髓被總結為「鬥」。首先是鬥階級敵人。生產上不去,被認為是階級鬥爭抓得不緊,有階級敵人破壞、搗亂。於是到處抓「敵人」,人為地製造出批鬥的靶子。其次是與資本主義鬥。實際上是在沒有資本主義的地方與「資本主義」做鬥爭。這包括把中農,特別是上中農作為「資本主義自發勢力的代表」批鬥,將社員經營的自留地、家庭副業以及農村集市貿易、集體工副業都作為「資本主義尾巴」割掉。結果,社員99%的自留地被收歸集體,社員家庭副業只限於「一豬、一樹、一雞、一兔」,農村集市貿易被關閉、取締。[①]

被廣泛推行的大寨經驗還有「自報公議」工分制。這種工分制的具體做法是:平時由記工員登記社員出勤天數,分早晨、上午、下午和加班。婦女回家做飯和喂奶耽誤的時間不算誤工。年終結算時,先由幹部會確定出勞動力的標準工分(當年農業生產日值最高分)。以1966年為例,標準工分為:男勞力11分,婦女6分,鐵姑娘7分。然後召開社員會,先由社員自報一天應得的工分,再進行民主評議,最後經審查公布。勞動者獲得的工分,只是

---

① 趙德馨.中國近現代經濟史[M].北京:高等教育出版社,2016:269.

與勞動能力和出勤天數相聯繫，不反應在生產過程中的實際勞動支出；工分等級差別小而且固定不變，各社員得到的工分差別不大，所得到的實際收入大體上是平均的。這實際上就是類似於「死分死記」「死分活評」的做法。其特殊之處在於，將社員個人的思想覺悟作為評定工分的依據，使得社員得到的工分同勞動支出在一定程度上脫鉤，違背了按勞分配的原則。這種「政治工分」，助長了形式主義、說假話的風氣。各地在學習大寨記工法時，評議工分的做法及等級工分的結構大體相似，只是有的地區辦法更為簡單、粗糙，工分等級差別更小。大寨式記工法實質上是平均主義，但在極「左」思潮泛濫的年代裡，卻被賦予了「鞏固集體經濟」「防止兩極分化」「堅持共同富裕道路」的特殊含義。1968 年年初，上海、天津、山西、山東等省（市）已有 70% 以上的生產隊，廣東、廣西、河北、黑龍江等省（區）有 50% 以上的生產隊實行了大寨記工法。

　　與此同時，實物分配方面的平均主義也更加嚴重。中國農村集體經濟基本上是一種半自給性質的經濟，社員收入分配主要是實物分配，現金分配比例很小。「從全國來看，直到 1975 年實物分配占當時人均集體分配收入的比重達 80%。」[1] 這種狀況，一方面反應了農村經濟發展水準和農產品商品率低下，另一方面，實物分配成為照顧和滿足社員及其家庭成員最基本的生活消費需要，特別是人口多、勞動力少的社員家庭生活需要的手段。

　　實物分配是公社社員個人收入分配的主體。實物分配的主要對象就是生產隊的農副產品，主要是糧食、棉花、油料、糖以及必要的柴草、蔬菜等，其中又以糧食為重中之重。生產隊的糧食總量在完成國家徵購和集體提留之後的剩餘部分用於對社員的個人分配，其基本形式就是口糧。在社員的收入總量中，以口糧為主的實物分配份額占絕大部分。無論年齡大小和身體強弱，每一個公社成員都能按時和定量地從集體經濟組織中分到基本口糧是實物分配的基本出發點，從集體得到基本口糧也是每一個公社成員最基本的生活保

---

[1] 梅德平. 60 年代調整後農村人民公社個人收入分配制度 [J]. 西南師範大學學報（人文社會科學版），2005（1）：99-103.

障。正因為如此，黨的八屆十中全會通過的《農村人民公社工作條例修正草案》對集體的實物分配特別是糧食分配所設計的基本方法是：「可以採取基本口糧和按勞動工分分配糧食相組合的辦法，可以採取按勞動工分分配加照顧的辦法，也可以採取其他適當的辦法。」[①] 實際情況是，雖然大致原則是基本口糧和工分分糧相結合，但在具體的分配過程中，往往就是以人頭為依據進行分配。以人頭數量而不是以勞動工分為依據的基本口糧的分配實際上就是平均主義的分配方式，基本口糧所占的比例越大，分配中的平均主義就會越嚴重。在物資匱乏的年代，按家庭人口數量進行分配的方式導致農村人口迅速增長，1975 年全國總人口達到 92,420 萬人，其中農村人口達到 76,390 萬人，比 1958 年淨增加 21,117 萬人，增長了 38.20%（圖 3-2）。這也成為後來實行計劃生育政策的依據之一。

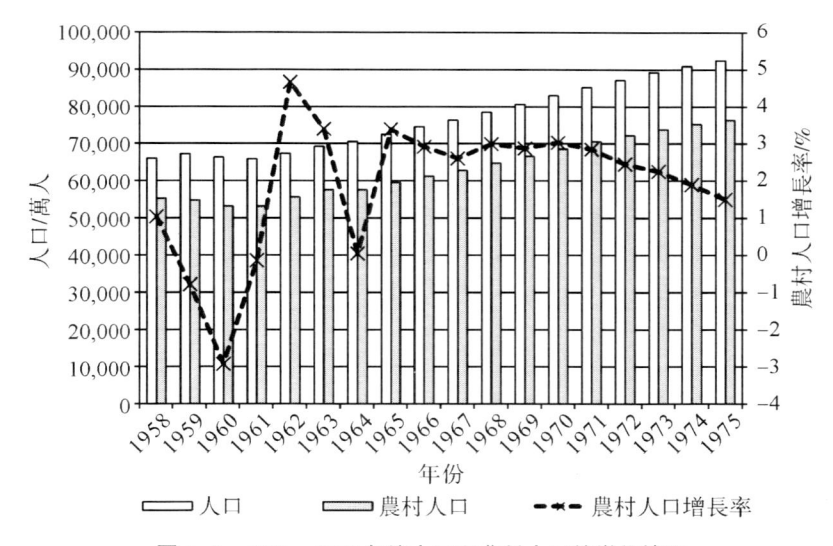

圖 3-2　1949—1970 年總人口和農村人口的變化情況

資料來源：國家統計局. 中國統計年鑒 [M]. 北京：中國統計出版社，1983：103.

---

① 中華人民共和國國家農業委員會辦公廳. 農業集體化重要文件匯編（下）[M]. 北京：中共中央黨校出版社，1981：639.

社員的現金分配是對向國家上交公糧後的現金收入和生產隊通過出售有限的農副產品的現金收入等進行分配。一般而言，「生產隊的現金收入在向社員個人分配之前要做必要的扣除，大的扣除項目包括：一定比例的公積金和公益金、各種生產費和管理費。在人民公社組織內，對社員收入的現金分配只占很小的一個部分」①。現金分配的基本依據是勞動者所得到的勞動工分。每個參加生產隊集體勞動的社員根據在一定時間內所取得的工分數，再乘以每個工分的現金額（工分值，又稱為勞動日報酬）計算出該年應得的現金收入。「現金分配所體現的是每一個勞動力的勞動技能、勞動強度，即按照勞動者所提供的勞動數量和質量來分配個人消費品。顯然，在現金分配之前對每一個勞動者應得工分的準確評定和記錄是能否真正做到按勞取酬，實施合理分配的重要前提。」②

盲目興辦集體福利事業，不適當地擴大集體消費的比例，是1967—1976年農村平均主義的又一表現形式。如辦托兒所不收費，兒童入學費用由集體負擔，社員免費醫療，對社員因病誤工給予補貼，修理社員房屋不收費，集體給社員免費統一蓋房，等等。大寨大隊從20世紀60年代末就普遍實行所謂「固定工分制度」，即社員年老體弱後，只要參加力所能及的集體勞動，就照樣得到和壯年時差不多的工分。這實際上是一種養老制度，不能體現按勞分配的原則。

人民公社分配中平均主義的泛濫，造成「幹多幹少一個樣」，使青壯勞力、技術能手等農業生產骨幹的利益受到侵犯，人口少、勞力多的家庭的利益受到侵犯，勞動積極的人的利益受到侵犯。其後果是鼓勵懶漢，鼓勵多生小孩，挫傷生產積極分子的勞動熱情，導致勞動紀律鬆弛，出工不出力。農業生產和集體經濟的發展因此受到嚴重的影響。廣東省雲浮縣托洞公社前進大隊前鋒生產隊原來實行「五定一獎」責任制③，生產搞得有聲有色。但改

---

① 梅德平.60年代調整後農村人民公社個人收入分配制度[J].西南師範大學學報（人文社會科學版），2005（1）：99-103.
② 同①.
③ 「五定一獎」即定勞動、定地段、定成本、定分工、定產量和超產獎勵。

為「大寨工分」以後，1972年水稻浸了種，卻沒人願干重活、技術活，沒人使牛扶犁，只好叫大家用鋤頭挖田。結果誤了插秧季節，連番薯也沒種上。平均主義分配方式沒有給社員帶來共同富裕，卻使農業勞動生產率下降，一部分地區的農民終年勞動也不能解決溫飽問題。一些社隊採取瞞上不瞞下的種種措施進行抵制，如廣東省馬貴公社鄧林大隊新生生產隊從1967年起，秘密恢復分組作業、定產到組、以產定工的責任制和計酬辦法，10年沒有變。① 農村基層幹部和社員群眾對平均主義的抵制，是農業生產還能保持一定發展的原因之一。

第六節 「文化大革命」時期農業經營制度的演變

「文化大革命」開始後，農村極「左」思潮泛濫，一些地方為了限制所謂的「資本主義自發勢力」，違反「農業六十條」的有關規定，強制推行「農業學大寨」運動，突擊並隊，實行大隊核算。1967—1978年，農村兩度掀起了合隊並社、向大隊核算過渡的高潮，使不適應農業生產力發展的人民公社所有制關係問題更加突出。

第一次高潮發生在1967—1969年。在慶祝人民公社成立10週年前後，各種輿論工具大力宣傳「一大二公」的優越性。

這一時期，受「農業學大寨」運動的影響，全國許多地方改變了以生產隊為基本核算單位的農業經營制度，實行大隊核算。1968年11月，江西省人民公社由原來的2,195個合併為1,297個，生產大隊由24,735個合併為12,834個，生產隊由226,189個合併為122,119個。擴社並隊後的社隊規模均比以前

---

① 趙德馨. 中國經濟通史：第十卷 [M]. 長沙：湖南人民出版社，2002：405.

擴大了一倍左右，有的生產隊達到 100 戶以上。[1] 1968—1969 年，天津市北郊區先後有 32 個大隊過渡到大隊核算，佔大隊總數的 27%。[2] 1969 年年末，廣東韶關地區 7 個縣有 250 個大隊改為大隊核算，其中連南縣的 68 個大隊全部改為大隊核算。梅縣專區 2,065 個大隊中實行大隊核算的有 278 個，其中蕉嶺縣共 80 個大隊，有 74 個實行大隊核算。[3]

在農村中強制擴社並隊改變核算單位，使集體經濟又一次遭到破壞。取消自留地、限制社員經營家庭副業的做法，減少了農副產品和土特產的供應，影響了人民生活。按勞分配本是社會主義的分配原則，但在「文化大革命」中，卻被說成是「衰亡著的舊事物」，是「資本主義因素」，是產生資產階級的經濟基礎。還把計件工資和獎勵制度全面否定，極力鼓吹平均主義、吃「大鍋飯」。

人民公社體制的變動，在農村引起了很大震動。為了穩定人民公社所有制基本制度，從 1970 年秋季開始，中共中央要求各地採取措施，制止人民公社所有制「升級」「過渡」的現象；反覆強調不要急於改變人民公社「三級所有、隊為基礎」的制度；對前一段時期「升級」中遺留的問題要切實解決好。按照中共中央的意見，一部分已經過渡到大隊核算的人民公社重新退回到生產隊核算。到 1975 年 9 月以前，以大隊為基本核算單位的比重降至大隊總數的 9.2%。

第二次高潮發生在 1974—1975 年。當時，全國掀起「批林批孔」運動和貫徹毛澤東「學習馬克思主義關於無產階級專政理論問題的指示」高潮。在學習過程中，「限制資產階級法權」「消除差別」的聲浪不斷增高。在農村工作中，小集體所有制要不要向大集體所有制過渡？社員分配中允不允許存在

---

[1] 李國強，何友良. 當代江西五十年 [M]. 南昌：江西人民出版社，1999：255. 轉引自李靜萍. 人民公社時期所有制的三次過渡 [J]. 當代中國史研究，2012（4）：48-55.
[2] 中共天津市北郊區委黨史資料徵集委員會. 天津市北郊區農村合作制經濟發展簡史 [M]. 天津：天津人民出版社，1989：75. 轉引自李靜萍. 人民公社時期所有制的三次過渡 [J]. 當代中國史研究，2012（4）：48-55.
[3] 轉引自李靜萍. 人民公社時期所有制的三次過渡 [J]. 當代中國史研究，2012（4）：48-55.

差別？對社員的自留地、自留樹等要不要加以限制？這些問題再次被提了出來。① 一些人認為要限制在集體經濟內部不同核算單位之間仍然存在的事實上的不平等，必須創造條件提高公有化程度。1975年8月14日，時任國務院副總理的陳永貴給毛澤東寫了《對農村工作的幾點建議》。他認為：「農業要大干快上，要縮小隊與隊之間的差別，實行大隊核算是勢在必行。」他主張人民公社的基本核算單位應迅速向大隊過渡，以縮小「農村現有差別」。毛澤東批示，提請中共中央討論。同年9月，中共中央召開農村工作座談會，討論陳永貴的建議。由於分歧較大，會議未就「過渡」問題做出決議，但反應出急過渡的主張在中共中央內部已有很大影響。1975年9月召開的第一次全國農業學大寨會議和1976年12月召開的第二全國農業學大寨會議，均強調了基本核算單位過渡的問題。這樣，在貫徹落實會議精神時，許多地區著手部署基本核算單位由生產隊向大隊或公社過渡，以及小社並大社的工作。1977年10月30日至11月18日，中共中央專門就普及大寨縣工作在北京召開了座談會，並通過了《普及大寨縣工作座談會討論的若干問題——匯報提綱》，指出，「以生產隊為基本核算單位不能適應農業生產的發展」，實現基本核算單位由生產隊向大隊的過渡是「前進的方向」，是「大勢所趨」，要求各級黨委「努力創造條件，逐步向以大隊為基本核算單位過渡」，並要求各省「今冬明春，可以再選擇一部分條件已經成熟的大隊，例如百分之十左右，先行過渡」。② 這樣，借普及大寨縣運動之勢，過渡風在一些地區再度刮起。全國人民公社的總數，由1974年的5.46萬個下降到1976年的5.27萬個，其中湖北省人民公社數從1974年的4,285個降到1975年的1,331個，即減少69%。據1977年對11個省、區、市的統計，大隊核算單位占大隊總數的比例又上升至11.2%，其中山西高達39.9%，北京也有33.1%。

---

① 張化. 一九七五年農業學大寨會議與農業整頓的要求 [J]. 黨的文獻, 1999 (6)：16-21.
② 中華人民共和國國家農業委員會辦公廳. 農業集體化重要文件匯編：下冊 [M]. 北京：中共中央黨校出版社, 1981：952. 轉引自李靜萍. 人民公社時期所有制的三次過渡 [J]. 當代中國史研究, 2012 (4)：48-55.

第七節　人民公社後期的農村經濟形勢

經過對人民公社體制和農村政策的多次調整，農村集體經濟的核算單位退回到生產隊以後，生產隊有了生產經營的自主權，農村經濟得到一定的恢復和發展，農業生產力也有一定程度提高，但是這種恢復和發展是低水準的，尤其是經過「文化大革命」的破壞，許多地方農村的基本核算單位再次上升到大隊層面，導致農業生產效率低下，農村經濟發展十分緩慢。

第一，主要農產品人均佔有量較低。從建立人民公社的1958年到改革開放之前的1978年，20年間，中國糧食總產量從20,000萬噸增長到30,477萬噸，增長了52.4%；棉花總產量從196.9萬噸增長到216.7萬噸，增長了10.0%；油料總產量從477.0萬噸增長到521.8萬噸，增長了9.4%。從人均佔有量來看，1958年人均佔有糧食、棉花、油料的數量分別為303.06公斤、2.98公斤和7.23公斤，但到1978年，人均佔有的糧食、棉花、油料的數量分別為316.61公斤、2.25公斤和5.42公斤。歷時20年，人均佔有的糧食數量僅增加了13.55公斤，平均每年增長677.5克；而人均佔有的棉花和油料反而分別下降了24.5%和25.0%。這說明「一大二公」的人民公社體制嚴重制約了農村生產力的發展。黃宗智認為這是「沒有發展的增長」[1]。

第二，人民生活水準低下。在糧食和其他農產品產量增長緩慢的情況下，全國人口從1958年的65,994萬人增加到1978年的96,259萬人[2]，淨增30,265萬人，增長了45.86%。人口的快速增長導致國內農產品供給十分緊張，國家不得不採用配給制的方法來保證糧食和其他農副產品的供應，農民生活水準停滯不前。1958—1978年的20年間，「農民純收入由87.6元增加到133.6元，

---

[1]　黃宗智. 長江三角洲小農家庭與鄉村發展 [M]. 北京：中華書局，2000：11.
[2]　國家統計局. 中國統計年鑒 [M]. 北京：中國統計出版社，1983：103.

第三章　人民公社時期的農業經營制度

年平均增長不到 3 元，而且幾乎全面來自集體分配收入」[1]，農村居民年平均消費水準從 83 元增加到 132 元，年平均增長只有 2.45 元。1952—1958 年，全民所有制各部門職工平均工資從 446 元增加到 550 元，6 年間增加了 104 元，年均增加 17.33 元，而 1958—1978 年的 20 年間，全民所有制各部門職工平均工資只增加了 94 元，年均只增加 4.7 元。[2] 以 1950 年價格為 100 來算，1958 年全國零售物價總指數為 121.6，1978 年為 135.9，[3] 上漲了 11.76%。平減掉物價指數後，農民純收入、農村居民平均消費水準、全民所有制各部門職工平均工資等指標增加得更少甚至為負數。到 20 世紀 70 年代後期，農業已經成為國民經濟中最薄弱的環節，全國有近 1/4 的生產隊年人均分配在 40 元以下，有 2.5 億人吃不飽飯。1977 年，平均一個大隊的公積金不到 1 萬元，買不上一部中型拖拉機，連簡單的再生產都難以維持。[4] 農村經濟發展的這種狀況，是大多數農民無法忍受的。

　　20 年農村經濟的停滯，充分證明了人民公社制度不能促進農業生產的發展。究其根本原因，主要是這種農業經營制度不符合農業生產力發展的要求。雖然人民公社體制經過多次調整，但事實證明，「三級所有，隊為基礎」的人民公社體制，仍然無法從根本上解決制約農業生產力發展的制度性因素，抑制了農民的生產積極性，嚴重阻礙了農村經濟的發展。要想使被長期壓抑的農村經濟釋放出巨大的活力，急需對農業基本經營制度進行根本性變革。

---

[1] 中華人民共和國農業部政策法規司，中華人民共和國國家統計局農村司. 中國農村 40 年 [M]. 鄭州：中原農民出版社，1989：131.
[2] 國家統計局. 中國統計年鑒 [M]. 中國統計出版社，1983：484.
[3] 同②455.
[4] 武力，鄭有貴. 解決「三農」問題之路 [M]. 北京：中國經濟出版社，2004：278，347. 轉引自張爭明. 建國以來中國共產黨農民土地政策的流變與啟示 [J]. 江西行政學院學報，2011（4）：27-29.

# 1949年後中國農業經營制度變遷

第四章
農村改革與家庭聯產承包責任制的確立

1976年粉碎「江青集團」以後,「左」傾錯誤還沒有得到糾正,在農業方面仍然繼續推廣「學大寨」運動,農業生產發展緩慢,人口增長快,農村的大多數地區仍處於貧困狀態,中國農村經濟形勢十分嚴峻。人民公社制度對農村經濟發展的障礙作用日益明顯,中國農村已經到了非改不可的地步。正如鄧小平在黨的十一屆三中全會前夕說過的:「如果現在再不實行改革,我們的現代化事業和社會主義事業就會被葬送。」[1]農民迫切盼望對嚴重束縛他們手腳的農業經營制度進行徹底的改革,改變貧困落後的現狀成為家庭聯產承包責任制[2]誕生的主要動力。

---

[1] 鄧小平文選:第二卷 [M]. 北京:人民出版社,1993:150.
[2] 改革初期稱為「家庭聯產承包責任制」,1998年中國共產黨十五屆三中全會將其正式定名為「家庭承包經營」。

1978年5月11日，《光明日報》發表題為《實踐是檢驗真理的唯一標準》的特約評論員文章①。新華社將此文向全國新聞界發了通稿，5月12日，《人民日報》和《解放軍報》同時轉載了該文。隨後，各省、區、市報紙開始陸續轉載此文，由此引發了一場關於真理標準問題的大討論，形成了以理論界為主力，波及全國，影響各界的討論熱潮。② 這次真理標準的討論最終衝破「左」傾思潮和「兩個凡是」③的束縛，重新確立了實踐是檢驗真理的唯一標準，成為判斷理論與實踐是非的銳利思想武器，為大規模撥亂反正、解決歷史遺留問題創造了條件。1978年12月13日，在中央工作會議閉幕會上，鄧小平發表《解放思想，實事求是，團結一致向前看》的講話，強調將解放思想作為開啓改革開放徵程的首要任務。人們開始對多年的「左」傾錯誤進行深入的反思和批判。以「真理標準」大討論為標誌的思想解放為家庭聯產承包責任制的誕生和發展提供了一個開放、積極的社會環境。

　　20世紀70年代末，安徽、四川、貴州等部分地區搞起了「包產到組、聯產計酬」「雙包到組」「定產到組」等農業聯產承包責任制，開始了衝破人民公社經營制度的初步嘗試。包產到組使農業生產責任制發展為聯繫產量的責任制，產生了明顯的增產效果，但由於包產到組未能克服組內成員之間在分配上的平均主義，包產到組進而又發展為包產到戶。包產到戶是在集體經濟組織統一領導和安排下，農戶承包一季或全年的生產任務，在規定的費用限度內完成生產任務，並達到規定的產量指標後，即可按承包合同獲得規定數量的勞動工分。產品中的包產部分歸集體統一分配，超產部分按適當比例分給承包戶作為獎勵。包產到戶使農業生產隊基本核算單位由勞動群體改為單個農戶，基本克服了平均主義。與「包產到戶」同時出現的還有安徽鳳陽縣小崗村農民搞的「包干到戶」。1978年11月安徽省鳳陽縣小崗村首創「包干到戶」是中國農村改革的一個標誌性事件，它打破了「左」的思想禁錮，對

---

① 這篇文章由南京大學哲學系教師胡福明撰寫原稿，後來經過修改以《光明日報》特約評論員名義發表。
② 馬立誠，凌志軍.交鋒——當代中國三次思想解放實錄[M].北京：今日中國出版社，1998：67.
③ 即「凡是毛主席做出的決策，我們都堅決維護；凡是毛主席的指示，我們都始終不渝地遵循」。

第四章　農村改革與家庭聯產承包責任制的確立

當時中國農業的發展方向以及政策制定產生了巨大的影響。由於責任最明確、利益最直接、方法最簡便、生產更靈活，包干到戶受到農民熱烈的擁護，成為家庭聯產承包責任制最主要的形式。

包產到組、包產到戶、包干到戶的改革過程也就是同「左」傾錯誤鬥爭的過程，在這一過程中，圍繞中國農業能否實行生產責任制、怎樣實行生產責任制等問題，廣大黨員幹部、理論工作者和群眾展開了激烈的爭論，聯產承包責任制的相關政策也在適時調整。對農民自發搞的包產到戶，中央經歷了從不允許、允許例外、小範圍允許到全面推廣的過程。黨的政策對於家庭聯產承包責任制的確立和推廣起到了難以估量的作用。1983年中央一號文件統一了全黨對家庭聯產承包責任制的認識，以家庭聯產承包為主的責任制成為中國農村集體經濟組織中普遍實行的一種最基本的經營形式。到1984年，家庭聯產承包責任制已在全國範圍普及推行。家庭聯產承包責任制的實行和推廣調動了農民生產的積極性，解放了農村生產力，提高了農民的生活水準，推動了農村經濟的發展。

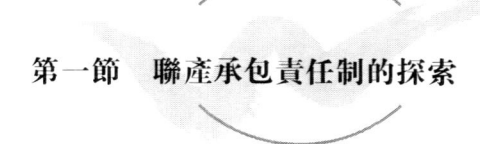

第一節　聯產承包責任制的探索

農業生產責任制改革經歷了從不聯產到聯產、從包產到組到包產到戶、從包產到戶到包干到戶的發展過程。包產到組使農業生產責任制發展為聯繫產量的責任制，產生了明顯的增產效果，但由於包產到組未能克服組內成員之間分配上平均主義的矛盾，於是包產到組進而又發展為包產到戶。包產到戶使農業生產隊基本核算單位由勞動群體改為單個農戶，基本克服了平均主義。同樣是包產，包產到組和包產到戶的區別在於「到組（作業組）」和「到戶（農民家庭）」。「包干到戶」與「包產到戶」幾乎同時出現，兩者最大的區別在於「包干到戶」使農民獲得了生產經營的自主權和生產成果的支

配權，徹底克服了分配上的平均主義，因而受到農民最熱烈的擁護，成為家庭聯產承包責任制的主要形式。

一、包產到組、聯產計酬責任制的嘗試

20世紀70年代末，安徽、四川、貴州等部分地區搞起了「包產到組、聯產計酬」「雙包到組」「定產到組」等農業聯產承包責任制改革，強化了生產隊的生產經營自主性，提高了社員生產勞動的積極性，農業產量顯著提高，開始了衝破人民公社經營制度的初步嘗試。1979年比較普遍的聯產計酬責任制形式是包產到組、聯產計酬。包產到組、聯產計酬責任制（又叫「三包一獎」或「五定一獎」制）即在生產隊統一領導、統一計劃、統一核算、統一分配的前提下，將生產隊劃分為若干作業組（幾戶社員），分組承包生產任務。[1] 作業組向生產隊承包工分（投工量）、成本（投資）和產量（或產值），超產有獎，減產受罰；再由作業組在其成員中按工分進行分配。[2] 到1979年年底，全國約有1/4的生產隊實行了包產到組、聯產計酬責任制，尤其是安徽、四川、貴州三省中，實行包產到組、聯產計酬責任制的分別占到了生產隊總數的61.6%、57.6%、52%。[3]

（一）安徽聯產承包責任制的產生

1. 安徽「省委六條」的出抬

粉碎「江青集團」後，安徽省廣大幹部群眾要求解放農業生產力、還農民以生產自主權和制定新的農村政策。1977年春，滁縣地委組織394名幹部，分成115個小組，對全區落實黨的農村政策情況進行全面調查，並將調查報告上報省委，但調查報告沒有引起省委的重視。1977年6月，萬里任中共安徽省委第一書記。萬里來到安徽後，看到滁縣地委上報的《關於落實黨的農村經濟政策的調查情況和今後意見》後，當即做出批示：「滁縣地區組織力量

---

[1] 劉緒茂. 中國農村現行的幾種主要生產責任制簡介 [J]. 經濟管理，1981（9）：12-14.
[2] 於光遠. 經濟大辭典：上冊 [M]. 上海：上海辭書出版社，1992：945-946.
[3] 周太和. 當代中國的經濟體制改革 [M]. 北京：中國社會科學出版社，1984：173.

第四章　農村改革與家庭聯產承包責任制的確立

深入群眾，對農村經濟政策認真進行調查研究，這是個好的開端。這個問題很值得引起各地重視。報告中所提的意見，可供各地參考。」① 隨即將這份報告批轉全國各地、市參考。8月下旬，周曰禮（時任安徽省農委政策研究室主任）向萬里做了全省農村情況的專門匯報，包括安徽農村落後的生產力水準狀況、農民生活艱難情況、人民公社體制的種種弊端、「農業學大寨」運動出現的問題等。萬里指示省農委要進一步調查研究，盡快拿出政策性意見。在萬里的指示下，周曰禮率領省農委政策研究室調查組到滁縣地區做進一步調查，並多次召開有關農村工作部門人員參加的座談會。9月下旬，調查組起草了《關於當前農村經濟政策幾個問題的規定（試行草案）》。

1977年11月15日至21日，中共安徽省委召開了由各地、市、縣委書記和省直各部門負責人參加的全省農村工作會議。會議的中心議題是研究當前農村迫切需要解決的經濟政策問題。會議最後通過了經過修改的《關於當前農村經濟政策幾個問題的規定（試行草案）》（簡稱「省委六條」）。1977年11月28日，「省委六條」下發全省各地貫徹執行。

「省委六條」對原有的農村政策做了重大的突破和調整，其基本內容包括：①搞好農村的經營管理，允許生產隊根據自身的情況組織生產，可以根據農活的不一建立不同形式的生產責任制，可以在生產隊之下組織作業組，只需個別人完成的農活也可以責任到人；②尊重生產隊的自主權（包括生產的自主權、分配的自主權、勞動力支配的自主權等）；③減輕自生產隊和社員負擔；④落實按勞分配政策；⑤糧食分配兼顧國家、集體和個人利益；⑥允許和鼓勵社員經營自留地、家庭副業，開放集市貿易。② 在生產管理方面，「省委六條」規定：「根據不同的農活，生產隊可以組織臨時的或固定的作業組，定任務、定質量、定時間、定工分；生產隊有權因地制宜、因時制宜地安排作物茬口，決定增產措施。」在分配方面，「省委六條」規定：「大力發展多種經營，使生產隊有現金分配，使更多的社員能多分到一點現金。」在對

---

① 張廣友. 改革風雲中的萬里 [M]. 北京：人民出版社，1995：151.
② 陳大斌. 饑餓引發的變革——一個資深記者的親身經歷與思考 [M]. 北京：中共黨史出版社，1998：64.

待個體生產方面,「省委六條」規定:「自留地種什麼作物,由社員根據自己的生活需要來決定;允許和鼓勵社員經營正當的家庭副業;社員自留地和家庭副業的產品,可以拿到集市上出售。」① 「尊重生產隊的自主權;生產隊實行責任制,只需個別人完成的農活可以責任到人;允許和鼓勵農民經營正當的家庭副業,產品可以到集市上出售」這些內容反應了廣大農民的迫切願望和要求,但在當時卻涉及許多「原則問題」,甚至屬於「禁區」。「省委六條」還明確指出:「新的政策是對全省的一般性規定,各地應根據黨的政策、原則,聯繫本地實際,經過群眾充分討論,具體貫徹落實。省委、省革委會過去發的文件,如有同這個文件抵觸的,一律以這個文件為準。」②

1977年安徽率先衝破「左」傾錯誤的影響,實事求是地調整了農村政策,成為農村改革的先鋒。安徽「省委六條」下達後,生產隊掌握了自主權,調動了農民的積極性,安徽農業生產責任制迅速發展,從不聯產到聯繫產量,許多地方搞起了包產到組,還有些地方搞起了包干到組。1978年3月,新華社向全國發佈了安徽「省委六條」的通稿,後由《人民日報》和各省、區、市報紙先後爭相轉載,一時間轟動全國。③ 安徽「省委六條」是衝破十幾年農村「左」傾政策的第一炮,也是粉碎「江青集團」後全國出現的第一份有關農村政策的突破性文件④,正式拉開了安徽農村改革的序幕,它的出抬為安徽農村經濟的恢復提供了一個相對良好的政治環境。

2. 安徽鳳陽馬湖公社「包產到組、聯產計酬」的嘗試

安徽鳳陽縣農村改革最初出現的形式是馬湖公社的聯產計酬。馬湖公社位於鳳陽縣西南邊界,地方偏僻,生產落後,年年吃國家返銷糧,因農民的主食是山芋,被稱為「芋頭鄉」。馬湖公社書記詹紹周上任後來到公社中最「難纏」的前倪生產隊,先是成立評分小組,實行評工記分,但因為矛盾難以

---

① 李小群. 安徽農村改革 [M]. 合肥:安徽文藝出版社,2011:49.
② 崔海燕. 改革開放三十年重要檔案文獻·安徽——安徽農村改革開放三十年 [M]. 北京:中國檔案出版社,2008:47.
③ 王立新. 要吃米,找萬里:安徽農村改革實錄 [M]. 北京:北京圖書館出版社,2000:69.
④ 杜潤生. 中國農村改革決策紀事 [M]. 北京:中央文獻出版社,1999:202.

第四章　農村改革與家庭聯產承包責任制的確立

解決，評分小組解散。之後實行定額包工的辦法，將農活分到作業組，根據農活量記工分。實行這個辦法後，又出現了農民片面追求數量忽視質量的問題，也沒有成功。1975年年春，詹紹周在社員建議下決定對菸葉實行「包產到組，以產記工」的管理方法，後因為菸葉質量問題，決定實行「聯產聯質記工法」，不同質量和數量的菸葉記不同的工分數，解決了質量和數量的矛盾。同年秋，這種方法遭到上級領導的批評，被要求更正，但是在詹紹周的帶領下，前倪生產隊仍然偷偷堅持到1977年年底。1978年3月，馬湖公社黨委在群眾的要求下，決定將「包產到組，聯產聯質記工」方法推廣到糧食作物上①，實行「聯產計酬」生產責任制，即在生產隊統一領導、統一經營、統一分配下，實行分組作業②，定產到組，以產記工，超產獎勵，減產賠償，費用包干，節約歸組的三定（定產、定工分、定費用）一獎制度。實行「聯產計酬」好處很多：出勤出力，避免了「大呼隆」；人人出點子，人人關心生產；以前社員干活只想千分（工）、不想千斤（糧），現在干活先想怎樣收千斤（糧）、後想怎樣干千分（工）；干活既注重數量，也注重質量；小組人少，開會方便，干活靈活；等等。③對馬湖公社推行聯產計酬當時有不少非議，但是鳳陽縣委採取「不宣傳、不制止、不推廣」的方式支持他們，隨後馬湖公社有一半以上的生產隊搞起了聯產計酬。1978年7月，安徽省委和中央政策研究部門先後派人來馬湖調查，經過詳細的調查，調查組的同志對馬湖公社的做法給予了肯定和支持。1978年年底，因大旱全縣糧食大減產，但馬湖公社基本上平產，實行聯產計酬的生產隊，有的平產，有的增產，沒有一個減產。

3. 安徽滁縣地區「雙包到組」的興起

20世紀70年代末，滁縣地區農村人均口糧只有500斤左右，社員集體分

---

① 當時生產隊隊長詹紹周決定不動磙子的作物都包產到組，按產按質記工。馬湖公社的農作物中，不動磙子（除小麥、水稻）的占80%以上，整個前倪隊近500畝的土地中，只有20畝種水稻，其餘都是不動磙子的作物。
② 分組原則上按照大家庭、親戚來劃分，例如，將弟兄、父子近房劃分成組，遇到哪個家庭不和時，就把他們劃到別的組裡，如果別的組不要，劃不下去，就把他們的戶頭留在組裡，將田分給他們單干。
③ 安徽省委黨史研究室. 安徽農村改革口述史 [M]. 北京：中共黨史出版社, 2006: 153.

配的人均年收入只有70元左右，一些地方合作化以後20多年的集體累積折價還不夠抵償國家銀行貸款。每到冬春季，全地區有大批農民逃荒要飯。在這種情況下，滁縣地區一些地方偷偷搞起了聯繫產量責任制，還有一些地方劃小了核算單位，搞起了包產到組，其中有三個典型。第一個典型是來安縣菼陳公社楊渡大隊魏郢生產隊的「定產到組，以產計工」的生產責任制。1978年春天，魏郢生產隊把生產隊分成兩個生產作業組，制訂了「分組作業，定產到組，以產計工，統一分配」的辦法，稱之為「包產到組」。包產到組的具體做法是：實行「六定到組」和「八個統一」。「六定」是指定勞力、定土地、定產量、定工分、定獎懲、定領導；「八個統一」是指生產計劃和茬口安排統一，耕牛、農具、機械使用統一，種子和生產費用統一，用水統一，農田基本建設、技術活和雜工安排統一，規章制度統一，經濟核算和收益分配統一，領導統一。① 實踐證明這種辦法可以有效地調動農民的生產積極性。1978年來安縣遭受了百年未遇的大旱，糧食減產3.7%。而魏郢生產隊的糧食總產量卻由1977年的4.4萬公斤增加到6.25萬公斤，增長了42%，超額完成了糧食徵購任務；油料總產量達到8,400多斤，糧油都超過歷史最高水準；社員平均口糧350公斤；留足種子、飼料後，儲備糧7,000多公斤；人均收入79.8元，比1977年增長30%。② 第二個典型是天長縣新街公社的「六定一獎」責任制。新街公社是天長縣產棉區的一個公社，但是因為棉花產量低，社員普遍不願意種棉花。1978年春，由於大旱，棉花苗面臨枯死的危險，公社決定對棉花生產實行聯產計酬、責任到人（實際上是責任到戶）的產量責任制。具體做法是：實行「六定（有的是五定、四定）、一獎、三統一（有的是兩統一）」。「六定」是指定人員、定任務、定產量、定報酬、定費用、定技術管理；「三統一」是指統一計劃種植、統一管理技術要求、統一使用耕

---

① 丁龍嘉. 改革從這裡起步——中國農村改革 [M]. 合肥：安徽人民出版社，1998：22.
② 中共安徽省委黨史研究室. 中國新時期農村的變革（安徽卷）[M]. 北京：中共黨史出版社，1999：312-313.

第四章　農村改革與家庭聯產承包責任制的確立

畜農具和水肥。① 新街公社對棉花生產實行的聯產計酬、責任到人的產量責任制調動了社員的生產積極性。1978年（大旱之年）棉花生產大增產，棉花總產達2,913萬斤，比1977年將近翻了一番，平均畝產皮棉由1977年的29斤增加到1978年的55斤，增產89%，超過了歷史最高水準。② 第三個典型是來安縣廣大公社實行幹部獎勵制度，將大隊和生產隊幹部的報酬與產量直接掛勾，增產發獎金，以此調動幹部的工作積極性。1978年（大旱之年）廣大公社糧食、油料總產與上一年相比，分別增加了12%和17%，均超額完成了國家徵購任務。③ 這些辦法在當時都是被禁止的，只能在暗中實行，被稱為「三個秘密武器」。

1978年9月，滁縣地委召開地、縣、區、公社四級幹部會，布置生產自救和秋耕秋種。來安縣和天長縣一些公社介紹了他們試行的「定產到組、以產計工」「聯產計酬、責任到人」以及對基層幹部按工作實績進行獎勵等行之有效的辦法，在會上引起強烈的反響。會後，地委書記王鬱昭向安徽省委做了匯報，得到省委的支持。滁縣地委下發文件要求各縣先在一個大隊或一個公社進行包產到組的試點，待取得經驗後再逐步推廣。文件下達後，許多縣紛紛要求擴大試點範圍，各社隊都爭當試點。隨後，一些不是試點的社隊也自發地搞起了包產到組。④

在試點中，鳳陽縣有的地方還搞了包干到組。最早搞包干到組的是鳳陽縣城南公社岳林大隊岳北生產隊。岳北生產隊分小組（當時分成4個作業組）承包生產隊的土地。年終，小組在完成了國家糧、油、棉、菸（菸）徵購任務和集體的公共提留後，其餘收入由作業組自行分配，社員積極性很高。由於群眾積極性很高，到1979年3月底，滁縣地區68.3%的生產隊實行了包產

---

① 陳大斌. 饑餓引發的變革——一個資深記者的親身經歷與思考 [M]. 北京：中共黨史出版社，1998：249.
② 陸子修. 農村改革哲學思考 [M]. 上海：上海人民出版社，1986：21.
③ 同②.
④ 王鬱昭. 大包干是億萬農民的自覺選擇——紀念中國農村改革20週年 [J]. 黨的文獻，1998（6）：37-42.

到組、聯產計酬和包干到組。① 「雙包到組」的推行，其意義不僅在於這種責任制形式實現了由不聯產向聯產的轉變，更重要的是它為「包干到組」和後來「包產到戶」「包干到戶」的興起開闢了道路。②

(二) 四川廣漢縣金魚公社「包產到組」的嘗試

廣漢縣位於川西平原，屬於四川省內交通發達、地勢平坦、土地肥沃、灌溉便利的經濟富庶地區。但在人民公社時期，廣漢縣的農民卻常常吃不飽飯。1977年廣漢縣委書記常光南下鄉調研時，看到農民群眾生活困難，萌發了搞「包產到組」的想法。但在當時的政治形勢下，搞「包產」觸動人民公社體制，是一個十分嚴重的政治路線問題，因此在1977年（秋收以後小春播種之前）召開的廣漢全縣公社黨委書記會議上，與會者圍繞是否實行「包產到組」改革展開了激烈的討論。有的領導同志聽到「包產」二字，便連連搖頭說「不能搞」。事情匯報到省委後，省委領導同意先在一個公社試行，於是廣漢縣委便選擇在金魚公社搞試點。1978年實行「分組作業、定產定工、聯產計酬、超產獎勵」的「包產到組」改革的金魚公社，在品種和種植技術都沒有改變的情況下，全公社116個生產隊，隊隊增產，全公社糧食總產量達到250萬公斤，比1977年增產22.5%，畝產糧食達750公斤，每畝平均增產糧食近150公斤。③ 在四川省委的支持下，金魚公社「包產到組、聯產計酬」的改革經驗逐漸在四川農村推廣開來。到1979年5月，四川全省已有30萬個生產隊（占生產隊總數的57.6%）實行了「包產到組」的生產責任制。④

(三) 貴州關嶺縣頂雲公社試行「定產到組、超產獎勵」

20世紀70年代，貴州關嶺縣頂雲公社28個生產隊以「生產隊大集體」的方式經營管理土地，生產落後，群眾吃糧難，每年有幾個月靠國家救濟糧過日子。為了解決老百姓吃糧問題，1976年春天，頂雲陶家寨生產隊隊長陳高忠決定將生產隊的田地、勞動力、耕牛和所有農具分成三個組，重新建立

---

① 安徽省委黨史研究室. 安徽農村改革口述史 [M]. 北京：中共黨史出版社，2006：111.
② 陳大斌. 中國農村改革紀事 [M]. 成都：四川人民出版社，2008：169.
③ 王能典，陳文書. 農村改革逐浪高 [M]. 成都：四川人民出版社，1999：122-127.
④ 段志洪，徐學初. 四川農村60年經濟結構之變遷 [M]. 成都：巴蜀書社，2009：159.

第四章　農村改革與家庭聯產承包責任制的確立

新帳，偷偷地搞「包產到組」。具體做法是：定組和定各組組長，定土地定產量，定人口定勞動力，定耕牛和分農具。① 1977 年，陶家寨糧食產量比往年增加了兩倍多，人均口糧從原來的 106 公斤增加到 252 公斤，人均收入從原來的幾十元增加到 200 多元。「定產到組、超產獎勵」增加了糧食產量，提高了生產力，讓村民吃上了飽飯。由於全村保守秘密，陶家寨的「包產到組」沒有被公社發現。1977 年頂雲公社的雲樂與常家寨等幾個生產隊紛紛效仿陶家寨生產隊「包產到組」的做法，糧食都增了產。到 1978 年春，頂雲公社 28 個生產隊有近 10 個隊都搞了「包產到組」。1978 年 2 月，八角岩生產隊②的副隊長伍正才分別給貴州省委書記、安順地委書記和關嶺縣委書記寫信，公開提出：八角岩要搞「包產到組」，定產量，獎勤罰懶，調動群眾的生產積極性，統收統分不變。伍正才認為：「既然包產到組做法是正確的，就要光明正大地搞，邊幹邊向上面匯報情況。」③

1978 年 4 月，關嶺縣委工作隊和公社黨委召開會議討論「包產到組」，決定在頂雲公社的 16 個生產隊試行「定產到組、超產獎勵」的生產責任制。即在「五統一」的前提下，把生產隊劃分成若干作業組，生產隊對作業組實行「五定一獎懲」。「五統一」是指主要生產資料歸生產隊所有，由隊統一調配，生產計劃、經營範圍和增產措施由隊統一制定，種子、肥料等生產費用由隊統一計劃開支，勞動定額由隊統一制定，糧食農副產品和現金由隊統收統分；「五定」是指定勞動力，定生產資料（包括土地、耕牛、農機具），定當年生產投資，定各種作物產量指標，定工分報酬；「獎懲」是指超產獎勵工分等，減產扣減。④ 1978 年實行「定產到組」的生產隊糧食產量比 1977 年平均增產 30%，受到了廣大幹部和社員的熱烈歡迎。1978 年 11 月 11 日，《貴州日報》以整版篇幅加編者按發表的《定產到組姓「社」不姓「資」》和《定

---

① 蘇丹，陳俊. 頂雲經驗：中國農村改革第一鄉 [M]. 貴陽：貴州人民出版社，2008：67.
② 八角岩是頂雲公社比較大的一個隊，全隊有 60 多戶人家，320 多人，缺糧的占多數。
③ 同①80.
④ 王猛舟. 中國農村改革第一鄉：讓歷史見證貴州關嶺「頂雲經驗」三十年 [M]. 貴陽：貴州人民出版社，2008：11.

產到組、超產獎勵行之有效》兩篇報導，介紹了關嶺縣頂雲公社實行定產到組的經過。1979年頂雲公社率先全面實行「定產到組」，全公社糧食總產量達157.5萬公斤，比1978年增產9.68%。

　　以上這些事例是20世紀70年代末農民對包產到組、聯產計酬責任制形式的嘗試和探索。包產到組使農業生產責任制發展為聯繫產量（包產）的責任制。由於包產到組劃小了核算單位，生產好壞看得見，促使社員關心集體生產，在一定程度上調動了農民的勞動積極性，產生了明顯的增產效果，受到廣大農民的歡迎。包產到組推廣得很快，在一些省份（如四川省）包產到組推廣的面還比較大。但是實行包產到組，農民的個人所得還是要通過生產隊統一計算分配，過程繁瑣，操作麻煩，由於個人責任不明確，作業組內部仍會出現分配上的平均主義，使「大鍋飯」變成「二鍋飯」，「大呼隆」變成「小呼隆」。

二、「包產到戶」的重新興起

　　20世紀五六十年代，以「包產到戶」為特徵的農業生產責任制在中國農村興起過三次①，但在當時的情況下，家庭聯產承包責任制的這些萌芽被認為是「單干」，都被以「走資本主義道路」為由而打壓下去。但是由於它具備生產管理和激勵上的有效性，農民對於集體土地上搞「包產到戶」獲得明顯效益的記憶是深刻的，三次「包產到戶」的實踐為後來家庭聯產承包責任制的形成提供了經驗累積。因此，20世紀70年代農村政策稍有放寬，農民就自然而然地再次選擇了「包產到戶」。

　　包產到戶是在集體經濟組織統一領導和安排下，農戶承包一季或全年的生產任務，實行包工、包產、包費用。承包戶在規定的費用限度內完成生產任務，並達到規定的產量指標後，即可按承包合同獲得規定數量的勞動工分。

---

① 「包產到戶」第一次出現於1956年左右，最具有代表性和典型意義的是浙江省永嘉縣；第二次出現於20世紀50年代末，在湖南、甘肅、河南、安徽、四川、浙江等省，包產到戶以不同形式出現；第三次出現於20世紀60年代初，安徽省試驗的「包產到組，責任到人」的責任田最為典型。

第四章　農村改革與家庭聯產承包責任制的確立

產品中的包產部分，歸集體統一分配；超產部分按適當比例分給承包戶作為獎勵。[1] 包產到戶使生產隊的經營權分散到農戶手中，分配上的平均主義也基本得到克服，但農村經濟的基本核算單位仍然是生產隊，農民沒有成為真正的經營主體，對產品沒有支配權。包產到戶與包產到組的區別在於「到組」和「到戶」，即承包主體由勞動群體改為單個農戶。「到組」是按作業組承包生產任務，不少社隊在實行聯產到組以後，仍然存在組內的平均主義；「到戶」意味著按各戶的人口數承包生產任務。由於包產到組未能克服組內成員之間分配上平均主義的矛盾，於是包產到組進而又發展為包產到戶。這種於20世紀70年代在四川、安徽、貴州等少數地區出現的家庭聯產承包責任制的萌芽形式，從1980年開始在全國範圍內推廣開來。

（一）四川隆昌縣界市公社「包產到戶」嘗試

20世紀70年代初，界市公社共有11個大隊，112個生產隊，集體耕地9,245畝，人均0.58畝，全社人均口糧在150公斤左右。1975年9月，四川隆昌縣界市公社四大隊八生產隊將土質較差的田坎、坡地、窪地作為口糧地，按人頭就近劃給社員，人均0.073畝，誰種誰收。1976年收了一季小麥，人均比往年多收了20多公斤。1976年8月，生產隊又將田坎全部劃到戶，同時每人增劃田和土0.36畝，規定每人每年向集體交糧25公斤，超產自得。1977年全隊糧食增產33%。1978年，在八生產隊的影響下，四大隊除兩個生產隊外，各生產隊都將田和土全部劃分到了戶，實行包產到戶，規定每畝地交糧150公斤。[2] 1978年小春作物播種時，公社知道八生產隊實行包產到戶後，黨委內部產生了意見分歧：有的認為，四大隊的做法已經超出了中央政策規定的範圍，上面追究起來不好交代，要糾正；公社革委會副主任文忠海和公社黨委書記李明章認為，衡量農業生產發展的標準是糧食產量，八隊的做法使糧食增了產，公社不要去干預他們。在1979年小春作物技術培訓會上，李明章大膽地宣布：「搞什麼樣的責任制，各大隊自行決定。四大隊包產到戶的做

---

[1] 於光遠. 經濟大辭典：上冊 [M]. 上海：上海辭書出版社，1992：540.
[2] 王能典，陳文書. 農村改革逐浪高 [M]. 成都：四川人民出版社，1999：93-94.

法我們不反對，也不作為經驗推廣。」會議結束後，各生產隊長自發地參觀了四大隊的生產，瞭解包產到戶的具體做法，回去後，除少數生產隊實行包產到組外，大部分的生產隊實行了包產到戶。1979年界市公社糧食總產量達5,305噸，比1978年增長11%，人均口糧上升到275公斤。① 不久，這種做法被走親訪友的群眾知道了，迅速地傳開，於是，周圍的公社也紛紛搞起包產到戶，影響面不斷擴大。

（二）安徽「包產到戶」改革

1. 借地度荒——包產到戶的前奏

1978年夏秋，安徽遭遇了嚴重干旱，全省大部分地區連續10個月沒有下透雨，6,000多萬畝農田受災，400多萬人口和20多萬頭牲畜飲水困難。一些受旱嚴重的地區，上半年新栽的幼苗、新長的幼竹幾乎全部旱死。1978年全省糧食總產量1,482萬噸，比1976年減產200萬噸，人均產糧314公斤，比1976年減少55公斤。② 除去上繳、集體提留和留作種子外，農民的口糧所剩無幾，有些地方的農民再次被迫外出討飯以度荒年。旱情在入秋以後更趨嚴重，秋種無法進行。面對這一嚴峻形勢，安徽省委一方面組織人力、物力、財力，全力以赴投入抗旱；另一方面積極研究制訂減災度荒、擺脫困境的辦法。1978年9月1日，萬里主持召開省委常委緊急會議研究對策，在會上提出：「必須盡一切力量，千方百計地搞好秋種，爭取明年夏季有個好收成。」「我們不能眼看著農村大片土地撂荒，那樣明年的生活會更困難。與其拋荒，倒不如劃出一定數量耕地借給農民個人耕種。要千方百計把小麥種好，還要多種菜，種胡蘿蔔，度過荒年。……在嚴重干旱的非常時期，必須打破常規，採取特殊政策戰勝災難！」③ 經過常委們討論，這次會議形成了「借地度荒」的大膽決定：凡集體無法耕種的土地，可單獨劃出借給農民耕種，超過計劃擴種部分，收穫時不計徵購，由生產隊自己分配；放手發動群眾，鼓勵農民利用「四旁」（村旁、宅旁、路旁、水旁）空閒地和開荒地多種糧食蔬菜

---

① 王能典，陳文書. 農村改革逐浪高 [M]. 成都：四川人民出版社，1999：95.
② 李小群. 安徽農村改革 [M]. 合肥：安徽文藝出版社，2011：51.
③ 張廣友. 風雲萬里 [M]. 北京：新華出版社，2007：148.

第四章　農村改革與家庭聯產承包責任制的確立

（規定每人可借兩到三分地種菜，當時叫「保命菜」），誰種誰收誰有，不用上繳國家。①「借地度荒」充分調動了廣大農民生產自救的積極性，大部分的邊地也都種上了油菜、蠶豆和小麥，超額完成了當年的秋種任務。據估計，僅這一措施，全省增加秋種面積達 1,000 多萬畝。1979 年夏收之後，旱災形勢迅速扭轉，這與安徽省委「借地度荒」的決策是分不開的。② 特別是這一「借」，直接推動了「包產到戶」的改革浪潮。

2. 安徽省肥西縣山南公社試點「包產到戶」

安徽農村的包產到戶改革是從肥西縣山南區開始的。安徽省委「借地度荒」的重大決策傳達到山南區後，不少生產隊偷偷地把全部麥子、油菜包到戶去種，少數生產隊把所有耕地都劃到戶去包產。1978 年 9 月 15 日，山南區委書記湯茂林在柿樹公社黃花大隊召開全體黨員大會，討論落實「借地度荒」的辦法，決定實行「四定一獎」的辦法，即定任務（每人承包一畝地麥、半畝地油菜）、定上繳（麥子每畝上繳 200 斤）、定工分（每畝耕地記 200 個工分）、定成本（每畝地生產成本 5 元）；超產全獎，減產全賠。③「四定一獎」辦法宣布後，黃花大隊 1,690 畝耕地中除 100 畝不宜秋種的土地外，其餘耕地按人均 1.5 畝全部借給社員個人耕種。「四定一獎」辦法在社員群眾中引起強烈反響，其他公社、大隊幹部紛紛要求實施「借地」辦法。最後，區委決定在全山南區實行「借地度荒」。到 1978 年 11 月上旬，山南全區播種小麥 8 萬餘畝、油菜 5 萬畝、大麥 2 萬畝，比計劃多播種 9 萬畝，比正常年份多播種 7 萬畝，超額完成當年秋種任務。④

1979 年 2 月 6 日，萬里在省委常委會上公開表態：「包產到戶問題，過去批了十幾年，許多幹部批怕了，一講到包產到戶，就心有餘悸，談『包』色變。但是，過去批判過的東西，有的可能是批對了，有的也可能本來是正確的東西，卻被當作錯誤的東西來批評。必須在實踐中加以檢驗。我主張應當

---

① 黃書元. 起點——中國農村改革發端紀實 [M]. 合肥：安徽教育出版社，1997：18.
② 張廣友，丁龍嘉. 萬里 [M]. 北京：中共黨史出版社，2006：173.
③ 李小群. 安徽農村改革 [M]. 合肥：安徽文藝出版社，2011：54.
④ 同③54.

讓山南公社進行包產到戶的試驗。」① 省常委會最後決定在山南公社進行包產到戶試驗。山南公社迅速將全部土地劃分到戶，徹底實行包產到戶，成了全國第一個公開實行包產到戶的公社。僅半個月時間，全社206個生產隊就有200.5個生產隊實行了包產到戶。不久，剩下的5.5個生產隊也將田地包到了戶。山南公社周邊的其他社、隊紛紛效仿，實行包產到戶，包產到戶迅速傳播到整個肥西縣。1979年年春耕時實行包產到戶的生產隊占肥西縣生產隊總數的23%，夏種時達到37%，秋種時達到50%以上。②

1979年年底已全部包產到戶的山南區，糧食總產達11,530萬斤，比1978年增產2,753萬斤，比歷史最高水準的1976年增加453萬斤；1979年全區人均收入110元，比歷史最高水準的1976年人均增加37.6元，全區向國家上交糧食4,170萬斤，比1976年增加1,252萬斤。1979年，肥西縣雖然遭受春旱、夏旱、雹、蟲、澇等自然災害，但由於包產到戶充分調動了農民積極性，全縣糧食總產達75,457萬斤，比1978年增長13.6%；油料總產達2,478萬斤，比1978年增長1.1%；全縣向國家交售糧食25,383萬斤，比1978年增長近3倍。③ 到1980年春，肥西縣已有8,199個生產隊搞包產到戶，占生產隊總數的97%。④

與此同時，四川、貴州、甘肅、內蒙古、河南等省（區）的一些貧困地區農民群眾，也先後衝破禁錮，公開或隱蔽地搞起了包產到戶，但是這些改革（如四川隆昌縣界市公社「包產到戶」改革）大多未能得到上級黨委的認可，甚至受到嚴厲的批評，只是一種暗地裡搞的自發改革，影響較小，尚未形成典型示範的效果。而包產到戶在安徽的重新出現，雖然招致了比包產到組更加強烈的反對和爭論，但實際上得到了安徽省委的默許和支持，從而得到了迅速發展。1978年安徽省實行了「包產到戶」的生產隊達到1,200個，

---

① 張廣友，丁龍嘉. 萬里 [M]. 北京：中央黨史出版社，2006：179-180.
② 李小群. 安徽農村改革 [M]. 合肥：安徽文藝出版社，2011：56.
③ 《中國農業全書》總編輯委員會，《中國農業全書·安徽卷》編輯委員會. 中國農業全書·安徽卷 [M]. 北京：中國農業出版社，2000：263.
④ 黃道霞. 建國以來農業合作化史料匯編 [M]. 北京：中共黨史出版社，1992：981.

第四章　農村改革與家庭聯產承包責任制的確立

1979 年發展為 38,000 個，約占全省生產隊總數的 10%。[①] 後來，四川、甘肅、遼寧、廣東、江西等省也都結合本省實際，制定和公布了本省有關落實農村政策的規定，包產到戶在全國迅速發展起來。

三、「包干到戶」的興起與發展

20 世紀 70 年代末，安徽省的農村改革一直走在全國各地的前列，當絕大多數地方都在奮力爭取實行「包產到戶」時，安徽省鳳陽縣梨園公社的小崗村生產隊卻搞起了「包干到戶」。

包干到戶是在堅持基本生產資料公有制的前提下，生產隊把耕地承包到戶，牲畜、農具固定到戶管理使用，實行農民分戶經營；農戶按合同上繳國家的徵購任務，交足集體的提留，剩下的無論有多少都屬於承包農戶所有。用農民的話說，「大包干、大包干，直來直去不拐彎，上交國家的，留夠集體的，剩下都是自己的。」[②] 「包產到戶」和「包干到戶」都是聯產承包，都是「包到戶」，生產過程上都是把土地包下去，分戶經營，但是在分配形式上兩者卻有很大的差別。「包產」是以產量定工分，按工分分配；「包干」則略去工分這個環節，由產量直接決定承包收入，即包干到戶不包工，不包費，一切生產活動由社員自行安排，完成生產任務後，產品除上繳國家的徵購任務，交足集體的提留，剩餘產品全歸承包戶所有和支配。[③] 因此，「包干到戶」和「包產到戶」最大的區別在於「包干到戶」打破了生產隊統一支配產品、統一經營核算，使農戶成為農業和農村經濟的經營主體，農戶獲得充分的自主權，取得了對農產品的實際支配權，社員的經濟利益比包產到戶更加直接，徹底克服了分配上的平均主義。由於責任明確，利益直接，方法簡便，適合中國農村的生產力水準，包干到戶受到農民最熱烈的擁護，使其在較短的時

---

① 陳錫文，趙陽，陳劍波，等. 中國農村制度變遷 60 年 [M]. 北京：人民出版社，2009：27.
② 黃偉. 為農業「大包干」報戶口——訪安徽省原省長王鬱昭 [J]. 百年潮，2008（7）：63-67.
③ 杜潤生. 中國農村改革決策紀事 [M]. 北京：中央文獻出版社，1999：148-150.

間內演變為家庭聯產承包責任制最主要的形式。

（一）「包干到戶」的興起

小崗村是農村改革的主要發源地，小崗村包干到戶的嘗試是中國改革的一個標誌性事件，它打破了「左」的思想禁錮，對當時中國農業經營體制改革產生了巨大的影響。

1. 安徽鳳陽縣小崗村首創「包干到戶」

鳳陽縣是安徽省的落後縣，梨園公社是鳳陽縣最窮的公社，小崗生產隊又是這個窮公社中有名的「三靠隊」（吃糧靠返銷、用錢靠救濟、生產靠貸款）。1956年小崗村進入高級社，只在入社的第一年賣給國家4萬多斤糧食，此後23年沒有向國家賣過糧食。「文化大革命」期間，小崗生產隊全年人均口糧只有100~200斤，人均分配收入只有15~30元，每年有5~7個月吃國家供應糧，群眾生活十分窮困。1966—1978年，國家向小崗村提供了1.6萬多元的貸款，小崗村吃國家供應糧22.8萬斤，占這13年糧食總產量的65%，即使這樣，小崗村的農民還是無法維持最基本的生活。[1] 20世紀70年代的鳳陽縣因以逃荒要飯人多而出名，小崗村更是窮得叮噹響，成了遠近聞名的「討飯村」，生產隊20戶人家，115口人，人均年收入只有22元，村民的生活十分艱苦。在此背景下，小崗生產隊搞起包產到組、聯產計酬責任制，將20戶人家從兩個大組分成八個小組，每個組只有二三戶，基本形成了以父子組、兄弟組的形式發展生產。但是這樣沒干幾天，妯娌吵架、兄弟反目的情況不斷，包產到組、聯繫產量計算報酬的措施在小崗村的效果並不明顯。

1978年10月，梨園公社任命嚴俊昌為生產隊長，嚴宏昌為副隊長，嚴立學為生產隊會計。受長期僵化思想的影響，人們談私色變，一旦觸碰分和包，就容易被戴上「開社會主義倒車，走資本主義道路」的帽子。1978年11月24日晚上，小崗村十八戶的當家人[2]在嚴宏昌的主持下，召開秘密會議，全村村民一致同意實行「單干」，立下了一紙契約。契約中寫道：「時間：1978

---

[1] 童青林. 回首1978——歷史在這裡轉折 [M]. 北京：人民出版社，2008：327.
[2] 小崗村共20戶人家，除嚴國昌、關有德兩戶外出討飯聯繫不上，其餘18戶全部到齊。

第四章　農村改革與家庭聯產承包責任制的確立

年 12 月　地點：嚴立華家　我們分田到戶，每戶戶主簽字蓋章，如此後能幹，每戶保證完成全年上交的公糧，不在（再）向國家伸手要錢要糧。如不成我們幹部作（坐）牢殺頭也干（甘）心，大家社員們也保證把我們的小孩養活到 18 歲。」[①] 大家保證嚴守秘密。第二天小崗人就悄悄開始分地了。小崗人採用抓鬮的辦法將全生產隊的耕地、牲口、農具按人口分配給各戶，農民可以在承包的土地上自由耕種，不再由生產隊記工分，糧食在完成國家徵購和集體提留外，其餘歸農戶自己支配。自此，小崗村的「大鍋飯」被徹底打破，一種與安徽省所有聯產責任制都不同的「大包干」誕生了。這份契約的誕生，實際上宣布了一種比「包產到組」「包產到戶」改革方式更徹底的新生產關係悄悄降臨。[②] 自此，小崗人開始了「包干到戶」。

2. 小崗村「包干到戶」帶來的成效

在小崗村實行的包干到戶生產責任制，責任最明確、利益最直接、方法最簡便、生產更靈活，一經出現就受到農民的熱烈歡迎。有了土地的經營權，小崗生產隊的每一個人都迸發出了從未有過的生產熱情。實行包干到戶的小崗村 1979 年實現了大豐收：全隊糧食總產 132,370 斤，相當於 1966—1970 年五年糧食產量的總和；油料總產 35,200 斤，是過去 20 多年油料產量的總和；家庭副業也有很大發展，生豬飼養量達 135 頭，超過歷史上任何一年；完成油料統購任務 300 斤（過去統計表上這一欄從來都是空白），交售給國家花生、芝麻共 24,933 斤，超過定購任務 80 多倍；首次向國家上繳公糧 6 萬多斤，超額 6 倍完成上繳任務，第一次歸還了國家貸款 800 元；全隊還留儲備糧 1,000 多斤，留公積金 150 多元。由於生產發展，社員收入大大增加。據初步統計，1979 年全隊農副業總收入 4.7 萬多元，平均每人 400 多元（毛收入）。最好的戶總收入可達 6,000 元，平均每人 700 多元，最差的戶平均每人收入也在 250 元左右。全隊 20 戶，向國家出售農副產品得款 2,000 元以上的

[①] 楊繼繩. 鄧小平時代：中國改革開放二十年紀實（上卷）[M]. 北京：中央編譯出版社，1998：178.
[②] 童青林. 回首 1978——歷史在這裡轉折 [M]. 北京：人民出版社，2008：329-331.

2 戶，1,000 元以上的 10 戶。①

(二)「包干到戶」的發展

1. 安徽鳳陽縣包干到戶

1979 年 8 月 16 日至 21 日，安徽鳳陽縣委召開了區委書記會議，討論鞏固提高和完善大包干的措施。會上各區委書記反應社員普遍要求「包干到戶」。造成社員普遍要求單干的原因主要是大包干到組這一生產責任制的自身原因（作業組雖小，但它仍像一個小生產隊，生產「小呼隆」，分配上吃「小鍋飯」仍然存在），其次是受小崗生產隊實行包干到戶和零星的包干到戶的影響。1979 年 10 月，滁縣地委在鳳陽縣召開縣、社、大隊三級幹部會，總結完善大包干到組的責任制，布置年終分配和冬季農田基本建設等任務。會議決定「允許小崗先干三年，繼續試驗，在實踐中不斷完善提高」。② 地區「三干會」後，小崗包干到戶責任制影響越來越大，在鳳陽全縣不推自廣。1979 年秋收以後，包干到戶在鳳陽縣得到迅速發展。1980 年 9 月 1 日，鳳陽縣委正式頒布了《關於農業生產包干到戶的管理辦法（初稿）》，包干到戶在鳳陽縣正式落了「戶」並進入不斷完善的新階段。到 1980 年年末，全縣 90%以上的生產隊實行了包干到戶，1980 年鳳陽縣雖遭遇各種自然災害（麥收前後連續兩個多月的陰雨天，七八月發生多年未遇的洪澇災害，中晚稻又出現嚴重的蟲害等），但仍獲得農業豐收。1980 年全縣糧食總產達 50,247 萬斤，比 1979 年增長 14.2%；人均生產糧食 1,069 斤，比 1979 年增長 18%；油料總產 2,063.8 萬斤，比 1979 年增長 65%；生豬飼養量達 24.97 萬頭，比 1979 年增長 9%；社隊企業總收入 1,300 多萬元，比 1979 年增長 10%。1980 年全縣向國家交售糧食 11,063 萬斤，超過徵購任務的一倍多，比 1979 年增長 27.2%；農副產品收購總額 5,000 萬元，比 1979 年增長 23%。社員生活水準普遍提高。1980 年全縣農副業總收入達 10,310 萬元，比 1979 年增長 14%；

---

① 黃道霞. 建國以來農業合作化史料匯編 [M]. 北京：中共黨史出版社，1992：988-989.
② 安徽省委黨史研究室. 安徽農村改革口述史 [M]. 北京：中共黨史出版社，2006：118-119.

第四章　農村改革與家庭聯產承包責任制的確立

人均收入比 1979 年增長 20%；人均口糧由 1979 年的 650 斤增加到 750 斤。[1]有一大批社員首先富裕了起來，成為「冒尖戶」。1980 年鳳陽縣家有萬斤糧食的社員達 1 萬多戶，占總農戶的 10.5%；2,400 多戶人均生產糧食超過 2,000 斤，同時還出現了一些向國家交售萬斤糧的社員戶。實踐充分證明了包干到戶更能調動廣大社員的積極性，促進生產的發展。

2. 山東東明縣包干到戶

黨的十一屆三中全會後，各種形式的農業生產責任制在山東興起。東明縣是山東省有名的窮縣，也是菏澤地區進行農村改革最早的縣。1978 年年初，東明縣把 10 萬畝摞荒地分給了社員自種自收。1979 年春，有些缺牲畜、種子、化肥和勞動力外流的生產隊，把集體耕地包給各戶自己耕種。有的隊規定收入分配交集體一部分；有的隊則規定收入分配全部歸個人；有的隊把一部分地分給社員作為「口糧田」，生產隊不再分口糧，把另一部分地定產定工包給社員作為「責任田」，定產部分交生產隊，由集體按工分分配，超產部分歸自己；社員承包土地種植經濟作物，按規定產量交集體，剩餘的全部歸社員自己所有。這就是山東東明縣「包干到戶」的雛形。凡是已實行包干到戶的社隊，糧棉大幅度增產，農民收入成倍增長。農民反應說，「只要把土地包到戶，保證一年後不再向國家要統銷糧和救濟款」。[2] 從此，「包干到戶」責任制在菏澤、聊城及魯西北地區逐步蔓延，菏澤地區最先普及。

3. 四川大邑縣五龍公社包干到戶

1979 年大邑縣五龍公社三大隊九隊有農戶 33 戶 150 人，集體耕地 105 畝，自留地 9 畝，社員生活非常困難。為了調動社員的生產積極性，擺脫貧困，1979 年秋全公社率先將胡豆秧包干到戶：飼料田和田坎劃到戶，歸社員種植，實行自種、自管、自收。由於分到戶後用肥足，管理好，胡豆秧長勢很好，產量大增，比集體種植時畝產平均增長一倍以上，從而滿足了豬用飼料，

---

[1] 陳懷仁，夏玉潤. 起源：鳳陽大包干實錄 [M]. 合肥：黃山書社，1998：385-386.
[2] 陳希玉，傅汝仁. 山東農村改革發展二十年回顧與展望 [M]. 濟南：山東人民出版社，1998：55-56.

增加了農戶收入。1980年秋實行小春①作物包干到戶,採用的辦法是把全隊土地按上中下三等分田塊編號,抽籤落實到人,一次劃撥,誰種誰收。通過精耕細管,小春作物產量大幅度增加。集體種植時小麥畝產只有150多公斤,油菜畝產只有50多公斤,1981年小麥和油菜畝產分別上升到250多公斤和100多公斤。②由於小春作物包干到戶後長勢好,與外隊生產形成鮮明對比,公社黨委書記梁恩玉來該隊總結經驗,並召開全公社隊長以上幹部現場會,提倡全社學習該隊經驗。1981年大春生產,全縣幾乎都實行了包干到戶。

20世紀70年代末,生存的需要迫使農民自發進行了不同形式生產責任制的嘗試和探索,農民對生產責任制形式的選擇是多樣化的,多種聯產責任制都得到了發展。許多農村地區湧現出多種多樣的聯繫產量的責任制,主要有專業承包③、聯產到勞④、包產到組、包產到戶和包干到戶,而包產到組、包產到戶和包干到戶是三種最主要的形式。包產到組是幾戶社員結合組成一個組,共同耕種一部分土地,收穫分配權在生產隊;包產到戶是單戶農民耕種一份土地,收穫分配權在生產隊;包干到戶是「完成國家的,交夠集體的,剩下全是自己的」,農戶可以自由支配產品。從包產到組到包產到戶,再到包干到戶,是一步更進一步地把權力下放給農民。總的來說,農業生產責任制的多種形式,經歷了從不聯產到聯產,從包工到包產再到包干,從包產到組到包產到戶再發展為包干到戶的演變過程。農業生產責任制形式演變的總趨

---

① 農民將春種秋收稱為大春,一般指種植水稻的時期,即5月到9月左右;秋種春收稱為小春,小春是種油菜、小麥的時期,即10月到第二年4月左右。
② 王能典,陳文書. 農村改革逐浪高[M]. 成都:四川人民出版社,1999:187-192.
③ 專業承包、聯產計酬,又叫「四專一聯」,即生產隊根據本地自然資源、勞力資源、技術條件和生產發展情況,按照統一經營、分工協作的原則,因地制宜,把農、林、牧、副、漁、工、商各業分別承包到專業隊、專業組、專業戶、專業人,聯繫產量計算報酬。它的基本特點是按專業分工、按勞動者專長分業承包。
④ 聯產到勞的具體做法是:在堅持「三不變」的前提下,生產隊實行「四統一」「五定獎賠」到勞力。「三不變」就是生產資料集體所有制不變,按勞分配原則不變,基本核算單位不變;「四統一」就是統一種植計劃,統一管理使用集體耕畜和大中型農機具,統一管水和抗災,統一核算與分配;「五定獎賠」就是定勞力、定地段、定費用、定產量、定工分,超產獎勵、減產賠償。詳見劉緒茂. 中國農村現行的幾種主要生產責任制簡介[J]. 經濟管理,1981(9):12-14.

第四章　農村改革與家庭聯產承包責任制的確立

勢是：實行小段包工、定額計酬責任制①的生產隊逐步減少，實行聯產責任制的生產隊逐步增加；在聯產責任制中，實行包產到戶和包干到戶的生產隊不斷增加，而實行包產到組的生產隊則不斷減少。

　　由於長期以來「左」傾思想的禁錮，20世紀70年代農民自發進行的生產責任制的嘗試和探索都是偷偷進行的。1978年11月安徽省鳳陽縣小崗村首創「包干到戶」，同時期，四川、山東等省、市、區也都出現了「包干到戶」的探索和嘗試，這些探索和嘗試並非只是根據小崗村的經驗而模仿，說明包干到戶適合農業生產的特點和農村生產力發展要求，是一種客觀規律。小崗村實行的「包干到戶」之所以成為中國農業發展史上的一個典型代表，是因為安徽省的包干到戶改革得到了上級領導的支持而得以迅速推進，對當時中國農業經營制度改革產生了巨大的影響。後來的實踐證明了「包干到戶」的優越性，其他地區的地方政府開始支持和積極推廣，農業生產因此取得更大的發展。1981年《人民日報》所刊載的有關農村生產責任制的文章中，大部分都是從正面來報導包產到戶和包干到戶。

第二節　聯產承包責任制的爭論與農業政策調整

　　20世紀70年代，廣大幹部、理論工作者和群眾圍繞中國農業能否實行生產責任制、怎樣實行生產責任制等問題展開了激烈的爭論，對於農民自發搞出來的「家庭聯產承包制」重新給予了符合客觀實際的認識，但這個認識的

---

① 小段（或季節）包工、定額計酬，是一種包工不包產，按照勞動的數量和質量計算報酬的生產責任制。它的具體做法是：生產隊在制定農活勞動定額的基礎上，根據生產計劃要求，把一段作業或某項作業任務，包工到組、到勞、到戶，實行定人員、定數量、定質量、定時間、定工分。按時完成作業任務後，由生產隊組織檢查驗收，符合質量要求的，付給原來包定的工分，不符合質量要求的，返工重做，或者相應扣減工分。

轉變過程並非一帆風順的,經歷了很多波折。

一、關於農業生產責任制的爭論與農業政策調整

(一) 爭論的經過

1978年2月3日,《人民日報》在頭版顯要位置刊登題為《一份省委文件的誕生》的文章,詳細介紹了安徽「省委六條」的誕生經過和主要內容,對安徽省委認真落實黨的農村經濟政策給予了肯定,在全國產生了較大的反響。1978年2月16日《人民日報》刊登《尊重生產隊的自主權》的文章,指出「不同地區對待農業問題,應當根據實際情況,尊重生產隊幹部和社員群眾的意見」。① 不久,《人民日報》又先後發表張廣友、陸子修等撰寫的《滁縣地區落實黨的農村政策》《生產隊有了自主權農業必增產——安徽定遠縣改變農業生產落後狀況的調查》《政策調動千軍萬馬——安徽省滁縣和六安地區農村見聞》等文章,對新出現的農業生產責任制進行了大量報導。1978年3月,中共中央主辦的理論刊物《紅旗》雜誌發表了萬里的長篇文章《認真落實黨的農村經濟政策》,新華社及時予以轉發。這些報導不僅對剛剛興起的安徽農村改革給予了有力的支持,也使得安徽開始成為全國關注的一個焦點。

然而,農業生產責任制的出現也引起一些人的反對。1978年4—5月,《山西日報》刊出《昔陽調動農民社會主義積極性的經驗好》《真學大寨就有農業發展的高速度》等文章,批評農業生產責任制。1978年7月《人民日報》刊載了《落實黨的政策非批假左真右不可——安徽滁縣地區落實農村經濟政策的一條重要經驗》等文章②,從實行農業生產責任制不會出現兩極分化、助長資本主義傾向等方面給予了針鋒相對的辯駁。③

---

① 尊重生產隊的自主權 [N]. 人民日報, 1978-02-16 (1).
② 南振中, 沈祖潤, 張廣友. 落實黨的政策非批假左真右不可——安徽滁縣地區落實農村經濟政策的一條重要經驗 [N]. 人民日報, 1978-07-06 (2).
③ 郭宇, 高正禮. 歷史轉折時期農業生產責任制之爭與馬克思主義中國化 [J]. 馬克思主義理論學科研究, 2017 (3): 115-123.

第四章　農村改革與家庭聯產承包責任制的確立

1978年七八月間，國務院召開全國農田基本建設會議，會議的核心思想依然是堅持農業的發展必須走「農業學大寨」的道路。會議強調：「農業要搞上去最根本的還是要靠學大寨」「全國許許多多高產的縣、社、隊，都是大寨式的典型，或者是學大寨的先進單位」「所有這些實踐，都一再證明了農業學大寨的正確性。大寨精神我們永遠不能丟」①。陳永貴極力提倡「農業學大寨」，他一直希望能夠通過運動的形式將大寨經驗向全國普及。

1978年9月16日，鄧小平在聽取王恩茂（時任中共吉林省委第一書記）等匯報農業問題時指出：「學大慶、學大寨要實事求是，學它們的基本經驗，如大寨的苦干精神、科學態度。大寨有些東西不能學，也不可能學。」「要鼓勵生產隊根據自己的條件思考怎樣提高單位面積產量，提高總產量……這樣，發展就快了。」「總之，實事求是，從實際出發，因地制宜。」② 鄧小平清楚地看到了「農業學大寨」的弊病，堅持實事求是，支持立足實際的探索和嘗試。萬里也明確表示堅決抵制「農業學大寨」：「我們沒有大寨那樣的條件。你走你的『陽關道』，我走我的『獨木橋』，我沒有『陽關道』可走，只好走『獨木橋』。你們不要強加於我們，我們也不強加於你們，誰是誰非，實踐會做出公正結論來的。」③

（二）農業政策調整：放寬政策，建立農業生產責任制

1978年11月10日至12月15日④，中共中央工作會議在北京京西賓館召開，中央及各部門、各省區市、各大軍區的負責人出席了會議，會議的議題是經濟問題。1978年11月12日陳雲在中央工作會議中發言指出：「對於有些遺留的問題，影響大或者涉及面很廣的問題（『文化大革命』以及『左』傾錯誤的重大問題），需要中央考慮和做出決定。」陳雲的發言得到多數同志的熱烈擁護。結果，中央工作會議變成瞭解決「文化大革命」乃至中華人民共

---

① 陳大斌. 饑餓引發的變革——一個資深記者的親身經歷與思考 [M]. 北京：中共黨史出版社，1998：145.
② 冷溶，汪作玲. 鄧小平年譜（一九七五—一九九七）：上冊 [M]. 北京：中央文獻出版社，2004：376-378.
③ 同①80.
④ 會期36天，一個工作會議會期如此之長，在中國共產黨的歷史上是絕無僅有的。

和國成立以來若干重大理論問題和歷史問題的會議。[1] 在中央工作會議上，陳雲強調，「要取得發展，首先就要保障農民的根本利益。只有穩定農民群眾，才能穩定農業生產，進而促進社會發展。穩定農民群眾在當時最首要的問題就是要解決好農民群眾的吃飯問題，在當時的情況下，就要先解決好農民的土地問題，對農村的土地措施做出改變，通過土地措施的改變來積極促進農業的發展。」[2] 在這次中央工作會議中，有不少中央領導同志提出了自己的看法：「現在全國有近兩億人每年口糧在 300 斤以下，吃不飽肚子。造成這種局面，主要是過去在政策上對農民卡得太死，動不動就割『資本主義尾巴』，農業上不去，主要是『左』傾錯誤作怪。」「不要怕農民富，如果認為農民富了就會產生資本主義，那我們只有世世代代窮下去，那我們還幹什麼革命呢？」[3] 可見當時中央的許多領導同志對於農業問題有著清醒的認識。

1978 年 12 月 13 日，在中央工作會議閉幕會上，鄧小平做了題為《解放思想，實事求是，團結一致向前看》的重要講話，強調「不打破思想僵化，不大大解放幹部和群眾的思想，四個現代化就沒有希望」[4]。鄧小平在講話中提出的「解放思想，開動腦筋，實事求是，團結一致向前看」的口號，成為十一屆三中全會乃至以後黨的各項工作的根本指導方針。[5] 這次工作會議討論和解決了許多有關黨和國家命運的重大問題，是在重大的理論和實踐問題上解放思想、撥亂反正的會議，為十一屆三中全會的順利舉行準備了充分的條件。[6]

1978 年 12 月 18 日至 22 日，黨的十一屆三中全會在北京召開。這次會議批判了「兩個凡是」的錯誤方針，高度評價了關於真理標準問題的討論，確定了「解放思想，開動腦筋，實事求是，團結一致向前看」的指導方針；做

---

[1] 馬立誠，凌志軍．一次至關重要的中共中央工作會議 [J]．黨史天地，1998（5）：11-15．
[2] 陳雲．陳雲文選：第 3 卷 [M]．北京：人民出版社，1995：236．
[3] 中共中央黨史研究室．中國共產黨歷史第二卷（1949—1978）：下冊 [M]．北京：中共黨史出版社，2011：1057．
[4] 鄧小平文選：第二卷 [M]．北京：人民出版社，1994：140-143．
[5] 同[1]．
[6] 馬立誠，凌志軍．交鋒——當代中國三次思想解放實錄 [M]．北京：今日中國出版社，1998：72．

第四章　農村改革與家庭聯產承包責任制的確立

出了把全黨工作重點轉移到社會主義現代化建設上來的戰略決策。十一屆三中全會原則通過了《中共中央關於加快農業發展若干問題的決定（草案）》（以下簡稱《決定（草案）》）。《決定（草案）》初步總結了黨領導農業的7條經驗教訓，提出了發展農業生產的25項政策和措施，強調要端正指導思想，糾正「左」傾錯誤，充分發揮中國農民的積極性，通過加強經營管理和落實按勞分配的原則來解決農村集體經濟存在的問題。在分配方面規定「按勞分配，多勞多得，少勞少得，男女同工同酬的原則，加強定額管理，按照勞動的數量和質量付給報酬，建立必要的獎勵制度，堅決糾正平均主義」，提出「可以按定額記工分，可以按時記工分加評議，也可以在生產隊統一核算和分配的前提下，包工到作業組，聯繫產量計算勞動報酬，實行超額獎勵」。對農民在集體生產中如何計算勞動報酬問題所提出的「可以、可以、也可以」，被認為是思想解放、政策放寬的重要標誌，這是農業生產經營管理體制的一個重大突破。《決定（草案）》又強調要「保護生產隊的所有權和自主權，任何單位和個人，絕對不允許無償調用和佔有生產隊的勞力、土地、牲畜、機械、資金、產品和物資」。[1]「恢復社員的自留地、自留畜、家庭副業和農村集市貿易，鼓勵和支持農民經營家庭副業，增加個人收入」，這些措施都立足於實事求是，改變了過去不注重實際的做法。

　　黨的十一屆三中全會強調放寬農業政策，建立農業生產責任制，允許「包工到作業組，聯繫產量計算報酬，實行超產獎勵」，這些決定開啓了中國農村的偉大變革。正是在這一方針政策指導下，各地農業生產責任制得到了恢復和發展。但同時，《決定（草案）》又規定了「不許包產到戶，不許分田單幹」。這種把「包產到戶」與「分田單幹」等同起來，都當作不符合社會主義方向的規定，反應了在傳統社會主義教條的束縛下，思想解放仍然是一個艱難的過程。

---

[1] 中共中央文獻研究室. 三中全會以來重要文獻匯編：上冊 [M]. 北京：人民出版社，2011：161-162.

二、關於「包產到組」的爭論與農業政策調整

黨的十一屆三中全會之後，不少地方積極試驗和推廣包產到組、聯產計酬責任制，還有一些地方，如安徽省的步子更大，實行了「包干到組」，在全國引起了激烈的爭論。

（一）爭論的經過

1979 年 3 月 12 日至 24 日，國家農業委員會（國家農委）[①] 召開七省三縣農村工作座談會[②]，這是一次專門討論生產責任制的會議，討論主要集中在「包產到組」和「包產到戶」上。有些人對「包產到組」持否定或謹慎的態度，理由是現在生產隊戶數並不多，不宜提倡再去分組，即使要分組作業，也不能包產，只能包工，由作業組把工分「活評到人」。另一種意見是劃分小組易於互相監督，聯產計酬最能體現按勞取酬的原則，可以激發勞動積極性。會上爭論最多的是所謂的「四統一」「四固定」。「四統一」是指生產隊統一計劃、統一安排勞力、統一核算、統一分配；「四固定」是指生產隊把勞力、農具、土地、牲畜固定到組。關於「四統一」，有些人強調生產隊是生產經營的主體，搞聯產到組的生產責任制，也必須保持「四統一」，應當允許「四固定」到組；另一種意見是不必規定過多的「統一」，土地、耕畜、大農具還是生產隊所有，不否定生產隊的統一經營支配權。關於「四固定」，有的認為不能「四固定」到組，認為把勞力、農具、土地、牲畜固定到組就是分隊，是「三級所有」變成「四級所有」；有的主張要聯繫產量必須固定到組。[③] 會上有人建議對「包產到戶」也要有個態度。廣東、吉林主張「開個口子」，允許邊遠山區或經濟落後、生活困難的少數地方實行「包產到戶」。而四川、湖南的同志不贊成，說這個口子不開為好，一開口子就難以控制。安徽省農委

[①] 國家農委作為國務院指導農業建設的職能機構，同時兼理黨中央委託的農村工作任務，並指導各省、市、自治區、直轄市農業委員會和中央相關部門的工作。

[②] 參加會議的有廣東、湖南、江蘇、安徽、四川、河北、吉林省農村工作部門負責人和廣東博羅、安徽全椒、四川廣漢的縣委負責人。會議經過了三個階段，前期是各省匯報農村情況，然後是集中討論生產責任制，最後討論修改紀要初稿。

[③] 杜潤生. 杜潤生自述：中國農村體制變革重大決策紀實 [M]. 北京：人民出版社，2005：104.

第四章　農村改革與家庭聯產承包責任制的確立

副主任周曰禮在會議上做了長篇發言，介紹了安徽推行聯產承包制的情況，認為包產到組是責任制的一種形式，符合黨的十一屆三中全會精神，採用哪一種形式的責任制應該由群眾選擇。他在發言中用大量實例來證明「包產到戶」的優越性，主張實行責任制不搞一刀切，允許由群眾決定，領導不去過多干涉。會議討論的分歧，集中在「包產到組」允不允許「四固定」和對「包產到戶」應不應該「開個口子」上。[1]

就在這次會議期間，1979年3月15日《人民日報》頭版發表了一封署名為「張浩」的讀者來信，題為《「三級所有，隊為基礎」應該穩定》。來信認為「現在實行三級所有、隊為基礎的體制，適合當前農村的情況，應當穩定，不能隨便變更。輕易地以隊為基礎退回去，搞分田到組、包產到組，是脫離群眾的，是不得人心的，同樣會搞亂三級所有、隊為基礎的體制，搞亂幹部群眾的思想，挫傷群眾積極性，給生產帶來危害」。「建議中央予以糾正」。[2]《人民日報》為這篇文章加了編者按，指出：「已經出現『分田到組』『包產到組』的地方，應當認真學習三中全會原則通過的《中共中央關於加快農業發展的若干問題的決議（草案）》，正確貫徹執行黨的政策，堅決糾正錯誤做法。」[3]

「張浩來信」和《人民日報》的「編者按」，在全國農村引起強烈震動，對剛剛興起的中國農村改革產生了消極的影響，其中安徽省的反應最為強烈。當時安徽省不少地方已經實行了「包產到組」，「張浩來信」和《人民日報》的「編者按」使幹部群眾思想波動，普遍擔心被「糾正」。安徽省滁縣地委在聽到「張浩來信」的廣播後，及時向各縣發出電話通知，明確指出：「春耕大忙季節已經開始，一切責任制都要穩定，不能變來變去；如果今後由於實行聯產責任制出了問題，一切後果由地委負責；各種形式的責任制都要完善，以搞好生產和尊重農民意見為準；農時不可誤，各級幹部都要深入社隊抓春

---

[1] 杜潤生. 中國農村改革決策紀事 [M]. 北京：中央文獻出版社，1999：83-86.
[2] 張浩.「三級所有，隊為基礎」應該穩定 [N]. 人民日報，1979-03-15（1）.
[3] 安徽省委黨史研究室. 安徽農村改革口述史 [M]. 北京：中共黨史出版社，2006：112.

播,認真解決問題。」① 針對張浩的來信,萬里認為:「究竟什麼意見符合人民的根本利益和長遠利益,靠實踐來檢驗,決不能讀了一封讀者來信和編者按,就打退堂鼓。」他還說:「地委做得對,及時發通知,已經實行的各種責任制一律不動,只要今年大豐收,增了產,社會財富多了,群眾生活改善了,你們的辦法明年可以干,後年還可以干,可以一直干下去。」② 接著,萬里以中共安徽省委的名義向各地、市發出了八條緊急代電,內容主要包括:必須把宣傳貫徹中共中央、國務院《關於進一步加強全國安定團結的通知》(即中央12號文件),當成大事來抓,做到家喻戶曉;嚴肅對待,及時、果斷地處理有些地方出現的聚眾鬧事;認真加強群眾來信來訪工作;糾正冤錯假案不能影響春播和生產;平反冤錯假案工作必須嚴格按照中央和國務院規定的有關政策辦事;生產隊已經決定實行包工到組,聯繫產量計酬的,必須在春耕前抓緊落實,認真搞好,還沒有實行的,現在就不要再搞了,以免影響春耕生產;對目前有的地方出現的賭博、搞封建迷信活動,以及投機倒把等違法行為,應堅決予以制止;妥善處理好敵我矛盾與人民內部矛盾,克服某些同志束手束腳,不敢堅持原則,不敢領導的現象。③ 這樣安徽省絕大多數地方幹部群眾的思想情緒穩定了下來,沒有造成更大損失。但也有極少數地方出現反復,由聯產責任制退到不聯產責任制。其中最突出的是霍邱縣,由於「張浩來信」的影響,全縣有1/3的生產隊由聯產退回到不聯產。1979年周圍各縣普遍增產,但是霍邱縣糧食總產比1978年減產20%。④ 在河南、四川、山東等省,「張浩來信」和「編者按」引起幹部群眾思想波動,一些準備開始實行包產到組的社隊,不敢搞了,有些已經實行了包產到組的社隊開始糾正包產到組的「錯誤」。

「張浩來信」和「編者按」發表之後的強烈反響,農業主管部門的決策

---

① 安徽省委黨史研究室.安徽農村改革口述史[M].北京:中共黨史出版社,2006:145.
② 杜潤生.中國農村改革決策紀事[M].北京:中央文獻出版社,1999:207.
③ 崔海燕.改革開放三十年重要檔案文獻·安徽——安徽農村改革開放三十年[M].北京:中國檔案出版社,2008:52-54.
④ 張廣友,丁龍嘉.萬里[M].北京:中共黨史出版社,2006:197.

第四章　農村改革與家庭聯產承包責任制的確立

者們也始料未及。兩週之後，1979年3月30日《人民日報》又發表了兩封來信，第一封信是安徽省辛生、盧家豐的來信《正確看待聯繫產量的責任制》，這封信批評「張浩來信」和「編者按」在農村「造成了混亂」，認為包產到組「既不改變所有制性質，也不改變生產隊基本核算單位，又不違背黨的政策原則」①。第二封信是河南省蘭考縣張君墓公社黨委書記魯獻君寫的，這封信讚揚「張浩來信」和「編者按」，認為它「對於當前正確貫徹黨的政策、鞏固農村集體經濟，有一定的意義」。《人民日報》還寫了一篇題為《發揮集體經濟優越性，因地制宜實行計酬方法》的編者按，按語中說道：「本報3月15日發表張浩同志的《『三級所有、隊為基礎』應該穩定》的來信，並加了編者按，目的是對一些地方出現的分隊現象（指當時一些地方出現的『分田到組』『包產到組』現象）和影響春耕生產的不正確做法加以制止。其中有些提法不夠準確，今後應當注意改正，有不同意見可以繼續討論。」② 發生在《人民日報》上的爭論，說明當時中央領導對「包產到組」的看法也是不一致的。經過大量的努力，這場關於「包產到組」爭論的風波暫時得到了平息。

（二）農業政策調整：肯定「包產到組」

1979年七省三縣農村工作座談會最終形成文件《關於農村工作座談會紀要》報送中央。1979年4月3日，中共中央批轉國家農委黨組報送的《關於農村工作問題座談會紀要》的通知（中發〔1979〕31號），這是黨的十一屆三中全會後由中央轉發的第一個講生產責任制的文件，文件強調了「在堅持生產資料集體所有，堅持勞動力統一使用，堅持生產隊統一核算，統一分配的前提下，實行生產責任制的具體辦法，應當按照本地具體條件，由社員民主討論決定……生產責任制的形式，必然是多種多樣」「只要群眾擁護，都可以試行」，這樣就確定了對包產到組的共識。另外，文件重申了「不論實行哪一種辦法，除特殊情況經縣委批准者以外，都不許包產到戶，不許劃小核算

---

① 辛生，盧家豐. 正確看待聯繫產量的責任制 [N]. 人民日報，1979-03-30（1）.
② 陳大斌. 中國農村改革紀事 [M]. 成都：四川人民出版社，2008：179.

單位，一律不許分田單干」。①

1979年9月28日，黨的十一屆四中全會正式通過了《中共中央關於加快農業發展若干問題的決定》。與十一屆三中全會通過的《決定（草案）》相比有一個重大改動：把「不許分田單干，不許包產到戶」改為「不許分田單干。除某些副業生產的特殊需要和邊遠山區、交通不便的單家獨戶外，也不要包產到戶」。② 對「包產到戶」，由「不許」改為「不要」，而且允許某些例外，這就為不少地區農民群眾暗中自發搞的包產到戶開了一個小小的口子，以「包工到組、聯產計酬」為突破口，廣大農民進行了「包產到戶」的探索和嘗試。

三、關於「包產到戶」的爭論與農業政策調整

1980年全國各地農村改革浪潮日益高漲，各種聯產責任制的實行，衝擊了「三級所有，隊為基礎」的人民公社體制，特別是搞包產到戶的生產隊數量大增。包產到戶使原來生產隊過分集中的經營權部分地分散到農戶手中，社員之間分配上的平均主義也得到較多的克服，但由於仍然存在統一分配和分散經營的矛盾，做法也比較繁瑣，不易為農民所掌握，包產到戶進而發展為包干到戶。③ 在當時的條件下，包干到戶被認為是分田單干，是資本主義性質的，是絕對不允許的，因此爭論就集中到「包產到戶」上。

（一）爭論的經過

1980年1月，中共安徽省委召開擴大會議，滁縣地委書記王鬱昭向省委提出要求，正式承認「包產到戶」是社會主義生產責任制的一種形式。萬里在會議總結中指出，「包產到戶不同於分田單干，單干不等於資本主義。如果說分田單干意味著集體經濟瓦解，退到農民個體所有和個體經營的狀況，那

---

① 國家體改委辦公廳．十一屆三中全會以來經濟體制改革重要文件匯編（上）［M］．北京：改革出版社，1993：88．
② 中共中央文獻研究室．三中全會以來重要文獻匯編：上冊［M］．北京：人民出版社，2011：162．
③ 於光遠．經濟大辭典：上冊［M］．上海：上海辭書出版社，1992：540．

第四章　農村改革與家庭聯產承包責任制的確立

麼，包產到戶並不存在這個問題，它仍然是一種責任到戶的生產責任制，是搞社會主義，不是搞資本主義」。① 最終，包產到戶在安徽上了「戶口」。此時，除了內蒙古、貴州、甘肅等少數省區外，全國範圍內「包產到戶」仍然是不合法的，在不少省區，一些地方的農民只能悄悄地實行。

1980年1月11日至2月2日，全國農村人民公社經營管理會議在北京召開。會議爭論的焦點是：「包產到戶」到底是集體經濟的責任制形式，還是「單幹」？究竟姓「社」還是姓「資」？滁縣地區是聯產承包的發源地，對「包產到戶」的支持最堅決。周曰禮（時任安徽省農委副主任）做了題為《聯繫產量責任制的強大生命力》的發言，列舉了大量數據說明組比隊好，戶比組好；包產到戶有利於在貧困地區加強集體經濟；包產到戶有利於調動農民的社會主義積極性；「包產到戶」是一種責任制形式。② 周曰禮闡述的這些觀點，除少數省的代表表示支持外，大部分參會者都持反對態度。持反對意見者認為，包產到戶就是分田單幹，包產到戶調動的是農民個體的積極性，不符合社會主義的大方向。國家農委和江蘇、湖北、江西、浙江、山西等省的負責人堅持認為包產到戶是錯誤的，甚至認為「包產到戶是搞資本主義，破壞了集體經濟。我們要堅決地和這些人作鬥爭」③。這次會議在激烈的爭論中結束。

1980年3月6日，國家農委發出《全國農村人民公社經營管理會議紀要》。該紀要指出：「要普遍建立生產責任制，必須堅持去年中央31號文件所規定的因地制宜、不強求整齊劃一的方針。」「應該按照中共中央《關於加快農業發展若干問題的決定》，『除某些副業生產的特殊需要和邊遠山區、交通不便的單家獨戶外，不要包產到戶』。至於極少數集體經濟長期辦的很不好，群眾生活很困難，自發包產到戶的，應當熱情幫助他們搞好生產」。④

---

① 萬里. 萬里文選 [M]. 北京：人民出版社，1995：135.
② 周曰禮. 農村改革的理論與實踐 [M]. 北京：中共黨史出版社，1998：120-128.
③ 李小群. 安徽農村改革 [M]. 合肥：安徽文藝出版社，2011：67.
④ 中共中央黨史研究室，中共中央政策研究室，中華人民共和國農業部. 中國新時期農村的變革：中央卷（上）[M]. 北京：中共黨史出版社，1998：85-86.

這次會議結束後不久，國家農委主辦的刊物《農村工作通訊》於 1980 年 2 月、3 月連續兩期刊發文章《分田單幹必須糾正》《包產到戶是否堅持了公有制和按勞分配？》，對「包產到戶」進行了批判。文章認為「分田單幹不符合黨的現行政策，不利於貫徹按勞分配、多勞多得的社會主義分配原則」，要「堅決反對和防止分田單幹和包干到戶的錯誤作法」[1]「包產到戶既沒有堅持公有制，也沒有堅持按勞分配，它實質上是退到單幹」[2]。

1980 年 3 月，萬里調離安徽到北京任國務院副總理兼國家農委主任，他感到包產到戶爭論問題值得重視，於是找吳象等人，叮囑他們寫文章批評反對農村改革的論調。吳象、張廣友根據安徽等地的實際情況，寫了一篇《聯繫產量責任制好處多》的文章。萬里建議用安徽省委農村工作部的名義先在《安徽日報》發表。但是安徽省委領導認為「不能用省委農工部的名義，也不同意在《安徽日報》登載」。後來這篇文章於 1980 年 4 月 9 日在《人民日報》發表。文章認為「不論哪一種形式的生產責任制，只要有利於充分調動群眾的生產積極性，有利於發展生產，符合群眾的意願，得到群眾的擁護，都應當允許實行」[3]，使廣大農民和支持農村改革的人受到很大的鼓舞。

但是全國上下，各省幹部和群眾的思想尚未統一，關於包產到戶的爭論仍在繼續。在領導幹部中對「包產到戶」的爭論也極為激烈。有些省、自治區的領導人支持包產到戶，支持農村改革；有些省則極力反對，對農民強烈要求的「包產到戶」繼續壓制，對已經實行包產到戶的地方派人下去「糾正」。江蘇、浙江、湖北等省在與安徽比鄰地區貼大標語、放高音廣播，反對安徽「單幹風」。

萬里調離安徽去北京工作後，安徽形勢出現了反覆，又經歷了一段曲折。1980 年 3 月底安徽省委在蚌埠召開安徽北部地市委書記會議（包括阜陽、宿縣、滁縣地區，蚌埠、淮北、淮南等地市委書記），省委領導把包產到戶提高到「經濟主義」「工團主義」和「機會主義」的高度，要求縣以上幹部保持

---

[1] 印存棟. 分田單幹必須糾正 [J]. 農村工作通訊，1980 (2).
[2] 劉必堅. 包產到戶是否堅持了公有制和按勞分配？ [J]. 農村工作通訊，1980 (3).
[3] 吳象，張廣友. 聯繫產量責任制好處多 [N]. 人民日報，1980-04-09.

第四章　農村改革與家庭聯產承包責任制的確立

頭腦清醒，不能犯機會主義的錯誤。這次會議使得縣以上幹部惶恐不安，擔心在包產到戶問題上又犯了大錯誤。① 1980 年 4 月 23 日至 26 日，安徽省委在蕪湖市鐵山賓館召開南三區（皖南的蕪湖、徽州、池州三個地區）地市委書記會議，重點討論農業生產和責任制問題。新任省委書記張勁夫說：「『包產到戶』在窮的地方增產效果顯著，但不能把它說成是治窮的『靈丹妙藥』。有人把它作為好辦法推廣，條件好的地方也搞包產到戶，那就超越了正確的界限。將包產到戶大力推行，這實際上是在搞『經濟主義』『機會主義』。」② 南三區地市委書記會議後，安徽農村改革形勢急轉直下。正在搞（包產到戶）的不搞了，已經搞起來的，有的違心地下令限期改正（實際上是明改暗不改）。

在農村改革發展極為關鍵的時刻，1980 年 5 月 31 日，鄧小平在同中央有關負責人就農村政策問題的談話中指出，「農村政策放寬以後，一些適宜搞包產到戶的地方搞了包產到戶，效果很好，變化很快。安徽肥西絕大多數生產隊搞了包產到戶，增產幅度很大。『鳳陽花鼓』中唱的那個鳳陽縣，絕大多數生產隊搞了大包干，也是一年翻身，改變面貌。有的同志擔心，這樣搞會不會影響集體經濟。我看這種擔心是不必要的。我們總的方向是發展集體經濟。實行包產到戶的地方，經濟的主體現在還是生產隊。」③ 鄧小平這番談話旗幟鮮明地支持了包產到戶和包干到戶，鼓舞了正在改革中的農村幹部和廣大農民。萬里同志曾說：「中國農村改革，沒有鄧小平的支持是搞不成的，1980 年春夏之交的鬥爭，沒有鄧小平的那番話，安徽燃起的包產到戶之火，很可能被撲滅。光我們給包產到戶上了戶口管什麼用，沒有鄧小平的支持，上了戶口還是有可能被『註銷』的。」④ 鄧小平的談話打消了幹部和群眾的顧慮，農村改革的方向逐漸向著有利於包產到戶的方向傾斜。但是全國性的爭論並沒有停止。農民要求農村改革，但是上層領導機關還是推行「農業學大寨」，對包產到戶抵觸情緒很大。農業部門的一些領導認為包產到戶破壞了集體經濟，

---

① 安徽省委黨史研究室. 安徽農村改革口述史 [M]. 北京：中共黨史出版社，2006：124.
② 同①132.
③ 鄧小平文選：第二卷 [M]. 北京：人民出版社，1994：315-316.
④ 張廣友. 改革風雲中的萬里 [M]. 北京：人民出版社，1995：251.

阻礙了機械化、水利化。鑒於這種情況，中共中央決定於 1980 年 9 月召開一次省委第一書記座談會。

（二）農業政策調整：小範圍允許「包產到戶」

根據鄧小平「5/31」談話的精神，並經過幾個月的深入調查研究，1980 年 9 月 14 日至 22 日，中共中央召開各省、區、市黨委第一書記座談會。會議討論了加強和完善農業生產責任制的問題，而對包產到戶問題爭論很大，開始只有貴州的池必卿、內蒙古的周惠、遼寧的任仲夷等少數幾個人明確表示支持，多數表示沉默，有的還堅決反對（反對包產到戶的有福建、江蘇、黑龍江等幾省的省委書記）。會上出現了有名的「陽關道」與「獨木橋」的爭論：黑龍江省委書記楊易辰反對包產到戶，他認為，黑龍江是全國機械化水準最高的地區，搞包產到戶會影響機械化發展，進而影響農業生產，因而包產到戶是倒退，而集體經濟是陽關大道，不能退出；貴州省委書記池必卿表態：「你走你的陽關道，我走我的獨木橋，我們貧困地區就是獨木橋也得過。」[①] 最後，會議通過了《關於進一步加強和完善農業生產責任制的幾個問題》（中發〔1980〕75 號），文件指出：「各地幹部和社員群眾從實際出發，解放思想，大膽探索，建立了多種形式的生產責任制。」強調推廣責任制要因地制宜，分類指導，「不同的地方、不同的社隊，以至在同一個生產隊，都應從實際需要和實際情況出發，允許有多種經營形式、多種勞動組織、多種計酬辦法同時存在。凡是有利於鼓勵生產者最大限度地關心集體生產，有利於增加生產，增加收入，增加商品的責任制形式，都是好的和可行的，都應加以支持，而不可拘泥於一種模式，搞一刀切」。「在那些邊遠山區和貧困落後的地區，長期『吃糧靠返銷，生產靠貸款，生活靠救濟』的生產隊，群眾對集體喪失信心，因而要求包產到戶的，應當支持群眾的要求，可以包產到戶，也可以包干到戶，並在一個較長的時間內保持穩定，就這種地區的具體情況來看，實行包產到戶，是聯繫群眾，發展生產，解決溫飽問題的一種必要措施。」「在一般地區，集體經濟比較穩定，生產有所發展，現行的生產責任制

---

① 安徽省委黨史研究室. 安徽農村改革口述史 [M]. 北京：中共黨史出版社，2006：133.

第四章 農村改革與家庭聯產承包責任制的確立

群眾滿意或經過改進可以使群眾滿意的，就不要搞包產到戶。已經實行包產到戶的，如果群眾不要求改變，就應當允許繼續實行，然後根據情況的發展和群眾的要求，因勢利導，運用各種過渡形式進一步組織起來。」① 人們把中共中央 75 號文件稱作「不搞一刀切，可以切三刀」②。文件發布後，包產到戶和包干到戶不再被作為資本主義的東西被懷疑與批判，人們不再談「包」色變，包產到戶逐步得到認可，它極大地鼓舞著億萬農民放開手腳去進行改革，對於農業經營制度改革的推進產生了重要的影響。從此，包產到戶在全國轟轟烈烈地開展起來，逐漸成了全國性的改革浪潮，中國的農村改革進入大步向前邁進的階段。

包產到組、包產到戶、包干到戶的改革過程也就是同「左」傾錯誤鬥爭的過程。在這一過程中，有人要求繼續堅持人民公社體制，也有人支持農民搞責任制改革，由此引發了激烈的爭論和相關政策的調整。對農民自發搞的包產到戶，中央的政策經歷了從不允許、允許例外、小範圍允許到全面推廣，政策的調整主要體現在中央的一系列文件中（表 4-1）。

表 4-1　1978—1980 年聯產承包責任制的相關政策調整

年份	文件名稱	主要政策內容
1978 年 12 月	《中共中央關於加快農業發展若干問題的決定（草案）》	不許包產到戶，不許分田單干
1979 年 4 月	中共中央批轉國家農委黨組報送的《關於農村工作問題座談會紀要》的通知（中發〔1979〕31 號）	除特殊情況經縣委批准者以外，都不許包產到戶，不許劃小核算單位，一律不許分田單干
1979 年 9 月	《中共中央關於加快農業發展若干問題的決定》	不許分田單干。除某些副業生產的特殊需要和邊遠山區、交通不便的單家獨戶外，也不要包產到戶

---

① 中共中央文獻研究室. 三中全會以來重要文獻選編：上冊 [M]. 北京：人民出版社，2011：472-474.
② 「切三刀」是指落後地區、中間地區、先進地區實行三種不同類型生產責任制，即困難地區實行「包產到戶、包干到戶」，中間地區實行「統一經營、聯產到勞」，發達地區實行「專業承包、聯產計酬」。詳見趙樹凱. 家庭承包制政策過程再探討 [J]. 中國發展觀察，2018（16）：38-42.

表4-1(續)

年份	文件名稱	主要政策內容
1980年9月	中共中央印發《關於進一步加強和完善農業生產責任制的幾個問題》的通知（中發〔1980〕75號）	在那些邊遠山區和貧困落後的地區，長期「吃糧靠返銷，生產靠貸款，生活靠救濟」的生產隊，群眾對集體喪失信心，因而要求包產到戶的，應當支持群眾的要求，可以包產到戶，也可以包干到戶，並在一個較長的時間內保持穩定

1978年12月，黨的十一屆三中全會原則通過了《中共中央關於加快農業發展若干問題的決定（草案）》，規定了「不許包產到戶，不許分田單干」。1979年4月，中共中央轉批國家農委黨組報送的《關於農村工作問題座談會紀要》的通知，重申了「除特殊情況經縣委批准者以外，都不許包產到戶，不許劃小核算單位，一律不許分田單干」。1979年9月，《中共中央關於加快農業發展若干問題的決定》明確指出，「不許分田單干。除某些副業生產的特殊需要和邊遠山區、交通不便的單家獨戶外，也不要包產到戶。」這是第一次正式宣布包產到戶可以作為一種例外存在的政策文件。[①] 1980年9月，中共中央印發《關於進一步加強和完善農業生產責任制的幾個問題》的通知指出，「在那些邊遠山區和貧困落後的地區，群眾對集體喪失信心，因而要求包產到戶的，應當支持群眾的要求，可以包產到戶，也可以包干到戶。」至此，在邊遠山區和貧困落後地區搞「包產到戶」「包干到戶」得到了肯定。正如1992年年初鄧小平在武昌、深圳、珠海、上海等地的談話中評價所說：「農村搞家庭聯產承包，這個發明權是農民的。」[②]家庭聯產承包責任制改革是中國農民自己創造的，但是黨的政策對於家庭聯產承包責任制的確立和推廣起到了關鍵的作用，這些政策調整反應了農村改革和社會發展的歷程，為農村的改革和發展提供了廣闊的空間。

[①] 蔡昉，王德文，都陽. 中國農村改革與變遷：30年歷程和經驗分析 [M]. 上海：上海人民出版社，2008：27.

[②] 鄧小平文選：第三卷 [M]. 北京：人民出版社，1993：382.

第三節　家庭聯產承包責任制的確立和推廣

十一屆三中全會以來，中共中央發出一系列指導農村改革的文件，進一步解放了思想，推動了農村經濟的發展。這些文件的基本精神是一致的，都是為了建設符合生產力發展要求的農業經營制度。[1]

一、家庭聯產承包責任制的確立

（一）包產到戶和包干到戶社會主義性質的確認

第一個中央一號文件的制訂工作是在黨的十一屆六中全會（1981年6月27日至29日）後開始的。1981年7月18日，杜潤生（時任中央農村政策研究室主任）向萬里匯報農村工作，萬里提出：「1980年中央75號文件已被群眾實踐突破，要考慮制訂新的文件。」[2] 1981年9月，就文件的起草問題，國家農委召開了安徽、浙江、黑龍江、貴州等省農口負責人和滁縣、嘉興等地區主要負責人參加的座談會。會上，滁縣地區同志和農業部的同志發生了激烈的爭論。爭論的焦點是「包產到戶」姓「社」、姓「資」的問題。一種主張是維持75號文件，包產到戶不要擴展；一種則主張不要限制包產到戶發展。[3]

1981年10月4日至21日，中共中央召開中央農村工作會議，各省主管農村工作的負責人參加。10月12日，中央書記處與會議代表一起討論了文件草稿。針對「包產到戶」究竟姓什麼的爭論，胡耀邦在討論中指出，「現在有一個問題，文件需要講清楚。這就是：農村改革、『包產到戶』，並未動搖農村集體經濟；可是有些幹部、群眾總是用習慣語言，把改革說成是『分田單

---

[1] 杜潤生. 中國農村改革決策紀事 [M]. 北京：中央文獻出版社，1999：10.
[2] 同①133.
[3] 同①134-135.

干』，這是不正確的，責任制用了『包』字本身，就說明不是『單干』；土地是最基本的生產資料，堅持土地公有，只是『包』給農民，就不是『分田』，這應向幹部和群眾進行宣傳解釋，說明中國農業堅持土地公有制是長期不變的，建立生產責任制也是長期不變的。」① 最後，文件草稿由各省帶回去，經過省裡討論、修改、定稿。12月21日中央政治局討論通過，定名為《全國農村工作會議紀要》。

1982年1月1日，中共中央批轉了《全國農村工作會議紀要》，即農村改革中的第一個「中央一號文件」。文件肯定了農業生產責任制在發展農村經濟社會中的重要作用。文件指出：「截至目前，全國農村已有百分之九十以上的生產隊建立了不同形式的農業生產責任制；大規模的變動已經過去，現在，已經轉入了總結、完善、穩定階段。」「建立農業生產責任制的工作，獲得如此迅速的進展，反應了億萬農民要求按照中國農村的實際狀況來發展社會主義農業的強烈願望。生產責任制的建立，不但克服了集體經濟中長期存在的『大鍋飯』的弊病，而且通過勞動組織、計酬方法等環節的改進，帶動了生產關係的部分調整，糾正了長期存在的管理過分集中、經營方式過於單一的缺點，使之更加適應於中國農村的經濟狀況。」②

第一個「中央一號文件」肯定了多種形式的責任制。文件指出：「目前實行的各種責任制，包括小段包工定額計酬，專業承包聯產計酬③，聯產到勞，包產到戶、到組，包干到戶、到組，等等，都是社會主義集體經濟的生產責任制。」文件進一步肯定了包產到戶、包干到戶的社會主義性質，文件指出：「包干到戶這種形式，在一些生產隊實行以後，經營方式起了變化，基本上變為分戶經營、自負盈虧；但是，包干到戶是建立在土地公有制基礎上的，農戶和集體保持承包關係，由集體統一管理和使用土地，大型農機具和水利設

---

① 杜潤生. 中國農村改革決策紀事 [M]. 北京：中央文獻出版社，1999：135.
② 中共中央文獻研究室. 三中全會以來重要文獻匯編：上冊 [M]. 北京：人民出版社，2011：363.
③ 專業承包聯產計酬，又叫「四專一聯」，即生產隊根據本地自然資源、勞力資源、技術條件和生產發展情況，按照統一經營、分工協作的原則，因地制宜，把農、林、牧、副、漁、工、商各業分別承包到專業隊、專業組、專業戶、專業人，聯繫產量計算報酬。它的基本特點是按專業分工、按勞動者專長分業承包。

施，接受國家的計劃指導……所以它不同於合作化以前的小私有的個體經濟，而是社會主義農業經濟的重要組成部分；隨著生產力的進一步發展，它必將逐步發展成更為完善的集體經濟。」① 這個文件讓廣大農民群眾吃了「定心丸」。1982年中央一號文件正式肯定了包產到戶、包干到戶的社會主義性質，開闢了農村經濟體制改革的新局面，中國農村從此進入前所未有的發展時期，特別是最受農民歡迎的包干到戶，以燎原之勢，迅速在全國擴大開來。

（二）聯產承包責任制合理性的論證

1982年1月11日，胡喬木（時任中央政治局委員、書記處書記）向杜潤生（時任中央農村政策研究室主任）提出，1980年的75號文件、1982年的一號文件都沒有從農業合作化理論上對生產責任制進行論證，需要加強這方面的調查和研究。1982年3月新成立的農村政策研究室（農研室）開始了文件起草的醞釀工作。4—6月農研室派出由杜潤生等農口主要負責人率領的調查組到全國各地進行了兩個多月的調查。② 4—8月，農研室召開了五次農村經濟政策研討會，主要研究了「包產到戶」後出現的新情況和新問題。會議爭論的焦點是政策上是否允許農民搞個體、私營經濟。一種意見是允許一定的個體、私營經濟，作為社會主義公有經濟的有益補充，可以促進社會生產力發展，讓農民盡快富起來；另一種意見則認為，允許農民搞個體、私營經濟會引起兩極分化，甚至導致資本主義復闢。③ 1982年11月，中央召集各省、自治區主管農業的書記和宣傳部部長在北京召開全國農村工作會議，主題是研究1983年農村工作的指導方針和加強農村思想政治工作問題。11月11日國務院領導與各省委書記座談了一號文件的起草。12月31日，中央政治局討論通過了《當前農村經濟政策的若干問題》。

1983年1月2日，中共中央發布了《當前農村經濟政策的若干問題》，即

---

① 中共中央文獻研究室. 三中全會以來重要文獻匯編：下冊 [M]. 北京：人民出版社，2011：364-366.
② 調查地包括山東（菏澤、德州）、安徽（嘉山）、江蘇（無錫）、四川（廣漢）、廣東（佛山、惠陽、汕頭）、廣西（梧州）、河北（無極）以及山西、遼寧、吉林等。
③ 杜潤生. 中國農村改革決策紀事 [M]. 北京：中央文獻出版社，1999：136-137.

第二個「中央一號文件」。1983年中央一號文件從理論上對聯產承包責任進行了論證。文件指出：「黨的十一屆三中全會以來，中國農村發生了很多重大變化。其中，影響最深遠的是，普遍實行了多種形式的農業生產責任制，而聯產承包制又越來越成為主要形式。聯產承包制採取了統一經營與分散經營相結合的原則，使集體優越性和個人積極性同時得到發揮。這一制度的進一步完善和發展，必將使農業社會主義合作化的具體道路更加符合中國的實際。」「聯產承包制和各項農村政策的推行，打破了中國農業生產長期停滯不前的局面，促進農業從自給半自給經濟向著較大規模的商品生產轉化，從傳統農業向著現代農業轉化。」「聯產承包責任制迅速發展，絕不是偶然的。它以農戶或小組為承包單位，擴大了農民的自主權，發揮了小規模經營的長處，克服了管理過分集中、勞動『大呼隆』和平均主義的弊病，又繼承了以往合作化的積極成果，堅持了土地等基本生產資料的公有制和某些統一經營的職能，……這種分散經營和統一經營相結合的經營方式具有廣泛的適應性，……它和過去小私有的個體經濟有著本質的區別，不應混同。因此，凡是群眾要求實行這種辦法的地方，都應當積極支持。當然，群眾不要求實行這種辦法的，也不可勉強，應當始終允許多種責任制形式同時並存。」[①] 1983年的中央一號文件統一了全黨對家庭聯產承包責任制的認識，認為「這是在黨的領導下中國農民的偉大創造，是馬克思主義農業合作化理論在中國實踐中的新發展」，初步明確了今後農村改革發展的基本方向。至此，以家庭聯產承包為主的責任制成為中國農村集體經濟組織中普遍實行的一種最基本的經營形式。為了適應這一新的農業經營制度的變化，文件還提出了對人民公社體制進行改革，改革從兩方面進行，「實行生產責任制，特別是聯產承包制；實行政社分設。」

（三）穩定和完善聯產承包責任制，延長土地承包期

在穩定和完善聯產承包責任制的過程中出現了一些新的問題迫切需要解

[①] 中共中央文獻研究室，國務院發展研究中心．新時期農業和農村工作重要文獻選編 [M]．北京：中央文獻出版社，1992：165-168．

第四章　農村改革與家庭聯產承包責任制的確立

決，土地承包問題反應尤為強烈。一是有不少地方在承包初期，耕地分配不盡合理，過於分散，要求調整；二是出現土地轉包問題，有許多辦法需要總結，做出決定；三是農民有怕變心理，不肯對土地進一步投入，採取掠奪式經營，並有撂荒等現象。[①] 1983 年年初，鄧小平同國家計委、國家經委和農業部門負責同志談話，杜潤生匯報當前農村土地分散，承包大戶像「地主」又像「雇農」，關係很複雜。鄧小平在談話中指出：「農業文章很多，我們還沒有破題。農業是根本，不要忘掉。」「農村、城市都要允許一部分人先富強起來，勤勞致富是正當的。一部分人先富裕起來，一部分地區先富裕起來，是大家都擁護的新辦法，新辦法比老辦法好。農業搞承包大戶我贊成，現在放得還不夠。總之，各項工作都要有助於建設有中國特色的社會主義，都要以是否有助於人民的富裕幸福，是否有助於國家的興旺發達，作為衡量做得對或不對的標準。」[②] 以這次談話精神為基礎，農研室布置了調查研究工作，研究重點是：生產責任制的穩定和完善；提高農民生產力水準，發展農村商品生產。1983 年 2 月下旬至 8 月上旬，農研室陸續召開了六個專題座談會，主要探討土地承包期限，建立生產責任制改革，鄉村的政社分設，村級基層組織的建立、健全等問題。[③] 中央書記處三次（時間分別是 11 月 17 日、12 月 19 日、12 月 22 日）討論了「一號文件」稿，並最後通過。1984 年 1 月 1 日，中共中央發出第三個中央一號文件《關於一九八四年農村工作的通知》。

　　1984 年第三個中央一號文件指出：「農業生產責任制的普遍實行，帶來了生產力的解放和商品生產的發展。由自給半自給經濟向較大規模商品生產轉化，是發展中國社會主義農村經濟不可逾越的必然過程。」文件強調：「要繼續穩定和完善聯產承包責任制，幫助農民在家庭經營的基礎上擴大生產規模，提高經濟效益。」文件明確規定：「土地承包期一般應在十五年以上。生產週期長的和開發性的項目，如果樹、林木、荒山、荒地等，承包期應當更長一些。在延長承包期以前，群眾有調整土地要求的，可以本著『大穩定、小調

[①] 杜潤生. 中國農村改革決策紀事 [M]. 北京：中央文獻出版社，1999：187.
[②] 鄧小平文選：第三卷 [M]. 北京：人民出版社，1993：23.
[③] 同①139-140.

整』的原則，經過充分商量，由集體統一調整。」① 「延長土地承包期」「土地承包期一般應在十五年以上」，這是第一次以中央文件的形式規定了農村土地承包的承包期。農村土地承包期十五年政策，是黨在指導農村改革發展中的一項重大突破，在此之前，黨中央從未在耕地承包具體年限上表過態，這次政策上突破性的重大決定，不僅具有現實意義，而且更有長遠意義。② 穩定各項政策，完善生產責任制，決定土地承包期延長到十五年，對此，農民群眾熱烈擁護，群眾說第一個和第二個「中央一號文件」是「定心丸」，第三個「中央一號文件」是「長效定心丸」。③

二、家庭聯產承包責任制的實行和推廣

由小崗村到安徽省再到全國廣大農村，家庭聯產承包責任制的實行和推廣呈現出由點到面，由局部到普遍，由邊遠落後地區向中心發達地區擴展的一個漸進發展過程。家庭聯產承包責任制逐步推廣和普及的過程，是廣大幹部和群眾逐步解放思想、突破條條框框的改革實踐過程，也是符合中國實際情況的農業經營制度逐步形成、不斷完善的過程。

（一）家庭聯產承包責任制的先期推廣

由於責任明確、利益直接、方法簡便，家庭聯產承包責任制受到廣大農民的歡迎，但是在不同的地區，其推廣的進程又有明顯的差別。

安徽省作為最早開始嘗試農業經營體制改革的省份，1979年實行「包產到戶」的生產隊發展為38,000個，約占全省生產隊總數的10%；到1980年年底，安徽省實行「包產到戶」「包干到戶」的生產隊已發展到占總數的70%④，「淮河流域的宿縣、六安、滁縣3地區在1980年實行『包產到戶』的

---

① 中共中央文獻研究室．十二大以來重要文獻選編：上冊［M］．北京：中央文獻出版社，2011：363．
② 杜潤生．中國農村改革決策紀事［M］．北京：中央文獻出版社，1999：184-185．
③ 黃道霞．五個「中央一號文件」誕生的經過［J］．農村研究，1999（1）：32-38．
④ 陳錫文，趙陽，陳劍波，等．中國農村制度變遷60年［M］．北京：人民出版社，2009：29．

第四章　農村改革與家庭聯產承包責任制的確立

生產隊已占到50%左右」①，到1981年年底，安徽省大部分生產隊已實行包干到戶。

在安徽等地實行包產到戶責任制的帶動下，貴州省開始放寬政策，包產到戶和包干到戶的生產責任制得到迅速發展。1979年年底，貴州省已經有10%的生產隊自發實行了包產到戶。② 到1980年年底，98.1%的生產隊選定了生產責任制形式，其中，實行專業承包聯產計酬的占9.2%；實行小段包工、定額記分的占10.8%，實行包產到戶、統一經營和分配的占18.6%；而實行包干到戶的占60.8%。③ 1981年4月底，86.8%的生產隊實行了「包干到戶」。④ 到1981年年底，實行「包產到戶」的生產隊達到98.2%，貴州成為全國「包干到戶」範圍最廣、最徹底的一個省份。⑤

在中央1980年75號文件發布之後，內蒙古在自治區黨委的帶領下提出「農區允許『包產到戶』、『包產到勞力』、『口糧田』等責任制形式並存」。1980年年底，全區農區就有40%左右的生產隊實行了包產到戶。隨後，牧區也實行了牲畜作價承包到戶和草場劃撥承包到戶的「草畜雙承包」生產責任制。⑥ 1982年初，「包產到戶」以不可阻擋之勢席捲了內蒙古農村，並不斷鞏固發展。

在1980年75號文件下發前，四川省已有9%左右的生產隊實行了包產到戶。1980年年底，四川省各地大田生產最終都選擇了包產到戶、包干到戶。到1981年年底，四川全省實行包產到戶、包干到戶的生產隊達到38.37萬個，占生產隊總數的62.3%。至1982年年底，四川全省實行包干到戶的生產隊已達到55萬多個，占生產隊總數的89%，至1984年3月，實行包干到戶的生

---

① 李錦. 大轉折的瞬間：目擊中國農村改革 [M]. 長沙：湖南人民出版社, 2000：199.
② 杜潤生. 杜潤生自述：中國農村體制變革重大決策紀實 [M]. 北京：人民出版社, 2005：128.
③ 貴州農業合作化史料編寫委員會. 貴州農村合作經濟史料：第四輯 [M]. 貴陽：貴州人民出版社, 1989：309.
④ 蘇丹, 陳俊. 頂雲經驗：中國農村改革第一鄉 [M]. 貴陽：貴州人民出版社, 2008：124.
⑤ 同②.
⑥ 同③128–129.

131

產隊所占比例又進一步增至99.5%①，包干到戶成為改革開放新時期四川農業生產責任制的主要形式。

山東農業經營體制改革是從1979年開始的，首先是菏澤、德州等地實行了包產到戶或包干到戶。1979年年底，山東的西北地區有1,000多個生產隊實行了包產到戶，而這些地區不屬於「邊遠山區」，也不是「單家獨戶」。之後，從魯西北到膠東沿海各地逐步推行了專業承包、聯產到勞、包產到戶、包干到戶等責任制形式。在中央下發1980年75號文件以後，山東的包產到戶迅速發展。到1981年8月，包產到戶發展到60%左右的社隊。② 在改革實踐中，「交足國家的，留夠集體的，剩下都是自己的」大包干形式最受歡迎，全省大多數地區實行了大包干責任制。至1982年年底，全省農村424,864個基本核算單位，實行聯產計酬的發展到423,624個，占99.7%，其中，包干到戶的有411,081個，占96.8%。③ 至此，山東省基本上普及了以大包干為主要形式的家庭聯產承包責任制。

統計資料顯示，1981年11月河南省農村實行包干到戶的生產隊占總隊數的72.11%，而1982年年底已經發展到93.07%。④ 到1984年年底，河南省實行聯產承包責任制的隊數占總隊數的99.9%；實行大包干的隊數占實行聯產承包責任制隊數的99.2%；實行聯產承包責任制的戶數占總戶數的99.9%；實行大包干的戶數占實行聯產承包責任制總戶數的97.4%。

（二）家庭聯產承包責任制的全面推廣

1980年75號文件將實行包產到戶主要限定於「邊遠山區和貧困落後的地區」，但也明確了在其他地區「已經實行包產到戶的，如果群眾不要求改變，就應允許繼續實行」⑤，這樣，就除掉了長期套在人們頭上的關於包產到戶的

---

① 段志洪，徐學初. 四川農村60年經濟結構之變遷 [M]. 成都：巴蜀書社，2009：161-162.
② 杜潤生. 杜潤生自述：中國農村體制變革重大決策紀實 [M]. 北京：人民出版社，2005：128-129.
③ 陳希玉，傅汝仁. 山東農村改革發展二十年回顧與展望 [M]. 濟南：山東人民出版社，1998：56.
④ 李琳，馬光耀. 河南農村經濟體制變革史 [M]. 北京：中共黨史出版社，2000：217-218.
⑤ 中共中央文獻研究室. 三中全會以來重要文獻選編：上冊 [M]. 北京：人民出版社，2011：474.

第四章 農村改革與家庭聯產承包責任制的確立

意識形態緊箍咒，加速了包產到戶在全國的發展。在中央 1980 年 75 號文件下發以後，農村形成了上下聯動、整體推進的大好形勢。從全國整體來看，除黑龍江部分地區尚未實行，在全國 20 個以上的省、區已經大規模地推行聯產承包責任制，甚至北京、上海、天津等地的郊區也開始進行改革。全國實行雙包到戶的生產隊占生產隊總數的比例，由 1979 年的 1.1% 上升到 1980 年的 14.4%（表 4-2），全國最窮的生產隊，至此都實行了包產到戶或包干到戶。1980 年中國遭受了較大的自然災害，但是在許多實行了包產到戶的地方，農業仍然獲得了好收成。實行了包產到戶的隊，1980 年增產一般都在 30%～50%。包產到戶在一些地區實踐中所取得的初步成效，進一步推動了包產到戶在面上的擴展。

表 4-2　1979—1984 年家庭聯產承包責任制全面推廣情況

年份		統計的基本核算單位	實行生產責任制的基本核算單位	包產到戶	包干到戶
1979	數量/萬個	479.6	407	4.9	0.2
	比例/%	—	84.9	1	0.1
1980	數量/萬個	561.1	521.8	52.5	28.3
	比例/%	—	93	9.4	5
1981	數量/萬個	601.1	587.8	42.1	228.3
	比例/%	—	97.8	7	38
1982	數量/萬個	593.4	585.9	52.4	480.3
	比例/%	—	98.7	8.8	80.9
1983	數量/萬個	589	586.3	9.9	576.4
	比例/%	—	99.5	1.7	97.8
1984	數量/萬個	569.2	569	5.4	563.6
	比例/%	—	100	0.9	99.1

註：基本核算單位指生產隊或生產大隊。

資料來源：黃道霞. 建國以來農業合作化史料匯編 [M]. 北京：中共黨史出版社，1992：1，390.

1981年政策上進一步放鬆了限制，到1981年10月，實行雙包到戶的生產隊已占45%，其中實行包干到戶的占了38%（表4-2）。自1982年1月1日中央一號文件頒發後，以包干到戶為主的聯產承包制進一步發展，並向經濟發達地區擴展，形成不可阻擋的燎原之勢，中國農業經營制度改革打開了新局面。到1982年6月，全國農村實行「雙包」的生產隊已經達到71.9%，其中包干到戶占67%，包產到戶縮小到49%。[①] 1982年年底，全國農村實行「雙包」（包產到戶、包干到戶）的生產隊已占生產隊總數的89.7%，其中80.9%是包干到戶，即聯產承包制基本覆蓋了全國農村（表4-2）。1982年《人民日報》上關於農村聯產承包責任制的報導中，已經鮮有「包產到戶」的字眼，更多的是對包干到戶所帶來的農村「大變樣」「大翻身」等喜訊的報導。

在1983年中央一號文件精神鼓舞下，農村改革又有了新的發展。1983年10月12日《中共中央、國務院關於實行政社分開建立鄉政府的通知》（中發〔1983〕35號）廢除了人民公社政社合一的體制，實行生產責任制的農村基本核算單位迅速增加（圖4-1）。到1983年年底，99.5%的生產隊實行了家庭聯產承包責任制，其中實行包干到戶的占97.8%（表4-2）。根據對20個省（區、市）的調查統計，到1983年年底，各地實行聯產承包制的生產隊，除上海占80%，其餘均在90%以上，山西、安徽、湖南、青海、甘肅、內蒙古、山東、廣西均在99%以上，機械化程度較高的黑龍江也達87.1%。[②] 中國農村發展研究中心聯絡室1983年《「百村調查」綜合報告》顯示：1983年聯產承包制已在種植業中普及起來，並向林業、畜牧業、水產業及各項工副業領域延伸。[③] 自此，「包產到戶」「包干到戶」實際上已經成為中國農業經營的主要形式。

---

① 張廣友. 聯產承包責任制的由來與發展 [M]. 鄭州：河南人民出版社，1983：166.
② 杜潤生. 中國農村改革決策紀事 [M]. 北京：中央文獻出版社，1999：184-185.
③ 中共中央黨史研究室，中共中央政策研究室，中華人民共和國農業部. 中國新時期農村的變革：中央卷（下）[M]. 北京：中共黨史出版社，1998：1,343.

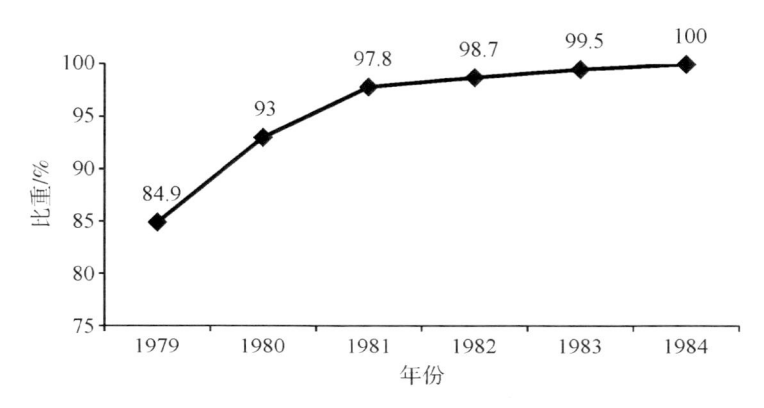

第四章　農村改革與家庭聯產承包責任制的確立

图 4-1　1979—1984 年全國實行生產責任制的生產隊比重

資料來源：黃道霞. 建國以來農業合作化史料匯編 [M]. 北京：中共黨史出版社，1992：1390.

　　隨著中央文件精神的深入貫徹，家庭聯產承包責任制進一步擴展。1984年年底，全國所有的生產隊都實行了聯產承包責任制（實行聯產承包責任制的生產隊達到 100%），其中 99.1% 的生產隊實行了大包干（表 4-2）。到 1984 年，以家庭為單位的聯產承包責任制已經在全國範圍內取得了巨大的成功，家庭聯產承包責任制已在全國普及推行。

三、家庭聯產承包責任制推廣的成效

　　經過生產實踐，農民最終選擇了「包干到戶」，證明它是發展生產的一種有效的經營方式。家庭聯產承包責任制是中國農村經濟體制改革過程中一次重大的制度變遷，家庭聯產承包責任制的實行調動了農民的生產積極性，提高了農民的生活水準，推動了農村經濟的發展。

（一）農民勞動積極性的爆發與農村生產力的解放

　　農民積極性是農業發展的動力源泉。實行家庭聯產承包責任制，在生產勞動方面最顯著的變化就是農民勞動積極性爆發。家庭聯產承包責任制能夠調動農民的生產積極性，最根本的一條在於家庭聯產承包責任制把生產成果和個人的經濟利益最直接、最緊密地聯繫在一起。家庭聯產承包責任制的實行，使農戶擁有了農業生產經營上的自主權，農戶可以自主安排種植計劃，

可以按照市場需求調整種植結構。這種制度安排使農民真正擁有了做「主人」的感覺，農戶勞動熱情空前高漲。家庭聯產承包責任制能夠兼顧國家、集體和個人三者之間的利益。只要農戶能夠保證完成國家的徵購任務，交足集體的提留，剩餘的那部分產品全部歸承包戶所有，農戶獲得了收益分配權，克服了人民公社體制下的平均主義。這種責任明確的制度安排避免了政治激勵帶來的種種不確定性和不適應性，這就意味著農業產出越多，農戶所擁有和支配的農業剩餘也就越多，使農戶的生產經營活動與經濟利益直接聯繫起來，大大激發了農戶的生產積極性。

(二) 農業和農村經濟的迅速發展

家庭聯產承包責任制的實行和推廣，使農業連續獲得豐收，農產品長期短缺、供求緊張的狀況徹底扭轉，長期低增長甚至負增長的農村經濟擺脫了困境，農業生產力連上臺階，帶來了農、林、牧、副、漁及工業和服務業的大發展，對當時中國農業和農村經濟發展起到了顯著的促進作用。

1. 農作物產量大幅度增長

家庭聯產承包責任制實行以後，農民勞動積極性的爆發和對農業投入的增加，促進了農作物產量的大幅增長。據國家統計局的統計，1978—1984年，農業總產值由1978年的1,118億元增加到1984年的2,380億元，平均每年遞增13.5%。1978—1984年，全國糧食產量由1978年的30,476.5萬噸增加到1984年的40,730.5萬噸（1984年全國糧食總產量創歷史最高水準），平均每年增長1,709萬噸，增長率達4.95%，比前26年2.41%的增長率高一倍多，僅僅6年的時間，糧食產量就增加了1億噸。糧食人均佔有量從1978年的316.6公斤增長到1984年的390.29公斤，增加了73.69公斤，增長了23%（表4-3）。就全國來說，1983年是一個創紀錄的農業豐收年，有21個省、區、市的糧食總產創歷史最高水準。[①] 1978—1984年，全國棉花總產量由1978年的216.7萬噸增加到1984年的625.8萬噸，增長近1.9倍；油料產量由1978年的521.8萬噸增加到1984年的1,191萬噸，增長近1.3倍；豬、牛、羊肉產量由1978年的856.3萬噸增加到1984年的1,689.6萬噸，增長97%；

---

① 杜潤生. 中國農村制度變遷 [M]. 成都：四川人民出版社，2003：37.

第四章 農村改革與家庭聯產承包責任制的確立

水產品產量也從1978年的465.3萬噸增加到1984年的619.3萬噸，增長了33%（產量增加趨勢如圖4-2所示）。1978—1984年，主要農作物畝產不斷提高。稻穀畝產由241公斤增加到358公斤，薯類畝產由180公斤增加到211公斤，大豆畝產由71公斤增加到89公斤，花生畝產由90公斤增加到133公斤。[①]

表4-3　1978—1984年糧食產量、年末總人口與人均糧食擁有量

年份	糧食產量/萬噸	年末總人口/萬人	人均糧食擁有量/公斤
1978	30,476.5	96,259	316.60
1979	33,211.5	97,542	340.48
1980	32,055.5	98,705	324.76
1981	32,502	100,072	324.78
1982	35,450	101,654	348.73
1983	38,727.5	103,008	375.96
1984	40,730.5	104,357	390.29

資料來源：中華人民共和國農業部計劃司.中國農村經濟統計大全（1949—1986）[M].北京：農業出版社，1989.

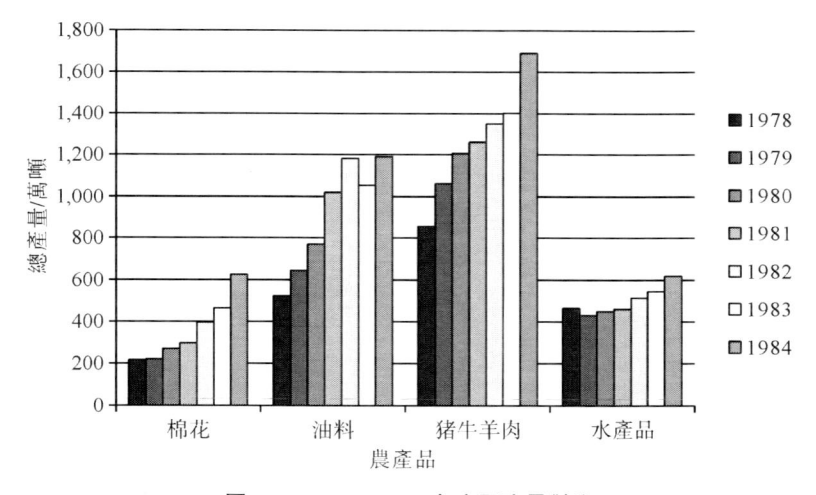

圖4-2　1978—1984年主要產量對比

資料來源：中華人民共和國農業部計劃司.中國農村經濟統計大全（1949—1986）[M].北京：農業出版社，1989：149-258.

---

① 中華人民共和國農業部計劃司.中國農村經濟統計大全(1949—1986)[M].北京：農業出版社，1989.

林毅夫曾測算和評估中國各項改革對農業生產率增長的影響。研究結果表明，農村改革對 1978—1984 年的產出增長有顯著貢獻，其中，從生產隊體制向家庭責任制的轉變使產出增長了約 46.89%，大約相當於投入增加的總效應，是 1978—1984 年產出增長的主要源泉。[①] 1984 年中國糧食產量歷史性地突破 4,000 億公斤，人均糧食擁有量近 800 斤，接近世界平均水準，中國基本上解決了溫飽問題，家庭聯產承包經營制度這一重大改革取得成功。

2. 農村經濟結構的變化

家庭聯產承包責任制的實行使農民擁有了農業生產經營上的自主權，農戶可以自主安排種植計劃和調整種植結構；可以從事農業生產或林牧副漁業等其他生產，農村多種經營有了新發展，農業內部結構得到了調整，其中最明顯的變化是農村勞動力結構和農村產業結構的改變。

家庭聯產承包責任制實行以後，農戶擁有了生產經營自主權，由於效率提高，勞動節約，在完成合同任務之外，剩餘的勞動力多了，就會增加養殖、畜牧及其他副業的個人經營。在發展多種經營的過程中，有一部分農戶逐步發展成為農業專業戶，還有些農戶開始放棄傳統農業經營，專門從事第二、第三產業，使農村勞動生產力結構發生了變化。一是農戶保留經營上的獨立性，同時又在個人力不能及的項目上，進行程度不同的、形式多樣的聯合。以家庭經營為基礎的專業戶以及專業戶間的聯合，已成為發展多種經營（特別是飼養業、畜牧業）的經營模式。[②] 二是農民的就業結構發生變化，從事非農產業的人數呈現持續上漲趨勢。1979—1984 年，第二產業從業人數由 6,945 萬人增加到 9,590 萬人，年均增長 6.4%；第三產業從業人數由 4,889 萬人增加到 7,739 萬人，年均增長近 8.1%。[③]

在家庭聯產承包責任制實施後，傳統農業內部各組成部分所占比例發生了顯著變化，農業比重下降，牧業和漁業比重上升，農業結構逐漸合理。據

[①] 林毅夫. 制度、技術與中國農業發展 [M]. 上海：格致出版社，1994：62-65.
[②] 黃道霞. 建國以來農業合作化史料匯編 [M]. 北京：中共黨史出版社，1992：1,008.
[③] 國家統計局國民經濟綜合統計司. 新中國 50 年統計資料匯編 [M]. 北京：中國統計出版社，1999.

第四章 農村改革與家庭聯產承包責任制的確立

統計，1978—1984 年，農業比重由 76.7% 下降到 69.8%；林業比重由 3.4% 上升為 5%；牧業比重由 15% 上升為 17%；漁業比重由 1.6% 上升為 2.1%；副業比重由 3.3% 上升為 6.1%（表 4-4）。因此，家庭聯產承包責任制的推行對農村產業結構調整有重大的推動作用。

表 4-4　1978—1984 年農業總產值構成　　　　　　　　單位：%

年份	農業	林業	牧業	漁業	副業
1978	76.7	3.4	15.0	1.6	3.3
1979	76.4	3.2	16.0	1.4	3.0
1980	72.0	4.8	17.3	2.0	3.9
1981	71.7	4.7	17.2	1.9	4.5
1982	71.0	4.6	17.5	2.0	4.9
1983	71.3	4.7	16.9	2.0	5.1
1984	69.8	5.0	17.0	2.1	6.1

註：農業總產值構成不包括村辦企業。

資料來源：中華人民共和國農業部計劃司. 中國農村經濟統計大全（1949—1986）[M]. 北京：農業出版社，1989：115.

3. 農村非農產業的發展

家庭聯產承包責任制的推行，使大量的農民開始參與到非農產業的發展中。1978 年後，隨著政策的調整，隊社企業[1]的存在和發展有了更加寬鬆的條件，隊社企業（鄉鎮企業）得到了迅速發展。到 1978 年年底，全國已有 94.7% 的公社和 78.7% 的大隊辦起社隊企業，社隊企業有 152.43 萬家，比 1976 年增加 40.9 萬家；社隊企業總收入達到 431.46 億元，占人民公社三級（公社、大隊、生產隊）經濟總收入的 29.7%。[2] 1979—1983 年，社隊企業的

---

[1] 20 世紀 50—60 年代中國鄉鎮企業最初的稱謂是「社隊企業」，這一稱謂一直延續到 1984 年。1984 年在中央轉發農牧漁業部《關於開創社隊企業新局面的報告》中，正式將社隊企業更名為「鄉鎮企業」。
[2] 陳錫文，趙陽，陳劍波，等. 中國農村制度變遷 60 年 [M]. 北京：人民出版社，2009：202，207.

固定資產（原值）平均每年增加 49.2 億元，到 1983 年達 475 億元。1983 年企業平均的增加值、營業收入分別為 3.03 萬元、6.90 萬元，分別比 1978 年擴大 1.21 倍、1.44 倍；社隊企業總的增加值、營業收入分別為 408.14 億元、928.70 億元，分別比 1978 年增加了 94.92%、115.25%（表 4-5）。1984 年在中央轉發農牧漁業部《關於開創社隊企業新局面的報告》中，正式將社隊企業更名為「鄉鎮企業」。由此，中國農村鄉鎮企業的發展進入第一個黃金期。1984 年鄉鎮企業迅速增加到 607.34 萬家，是 1983 年的 4.51 倍；1984 年鄉鎮企業增加值和營業收入分別為 633.48 億元、1,537.23 億元，分別比 1983 年增加了 55.21%、65.52%；當年企業從業人員人數達到 5,028.10 萬人，比 1983 年增加 1,793.46 萬人；鄉鎮企業固定資產為 575 億元，比 1978 年增長了 1 倍多；全國鄉鎮企業增加值達到 633 億元，比 1983 年增長 55.21%，鄉鎮企業增加值是 1978 年的 3 倍多（表 4-5）。

表 4-5　1978—1984 年鄉鎮企業發展基本情況

年份	1978	1979	1980	1981	1982	1983	1984
集體企業數量/萬家	152.43	148.04	142.47	133.76	136.18	134.64	607.34
從業人員/萬人	2,826.56	2,909.34	2,999.68	2,969.56	3,112.91	3,234.64	5,028.1
增加值/億元	209.39	228.34	285.34	321.37	374.25	408.14	633.48
營業收入/億元	431.46	491.1	596.13	670.36	771.78	928.7	1,537.23

註：1983 年以前，鄉鎮企業統計範圍僅為鄉鎮集體企業。

資料來源：中華人民共和國農業部. 新中國農業 60 年統計資料［M］. 北京：中國農業出版社，2009：47-56；農業部鄉鎮企業局. 中國鄉鎮企業統計資料：1978—2002［M］. 北京：中國農業出版社，2003：9.

家庭聯產承包責任制的推行為鄉鎮企業提供了大量的勞動力資源，也為鄉鎮企業的發展提供了一定的資金和豐富的加工原料。於是，農村中集體的、個體的及私營的企業迅速發展起來，這是中國農村經濟的一個歷史性的變化。1978 年以來，鄉鎮企業在中國異軍突起，並且在國民經濟比重中所占比例也越來越大。鄉鎮企業的迅速發展，對農民收入的增加、農村經濟的繁榮起到

第四章　農村改革與家庭聯產承包責任制的確立

重大作用，而且對整個國民經濟中的產業格局、就業格局、收入分配格局的變化也產生了重大的影響。

(三) 農民收入的增加和生活水準的提高

家庭聯產承包責任制的實行和農產品收購價格的大幅提高使得20世紀80年代初中國農民的實際經濟收入有了較大的增長。從收入數量來看，家庭聯產承包責任制實施後，農民人均純收入有了明顯增加。1957—1976年農民人均年收入只增加2元；1978—1984年，農民人均純收入從1978年的133.6元增加到1984年的355.3元，增長了近1.7倍，平均每年增加約37元，年均增長17.7%，成為中華人民共和國成立以來農民收入增長最快的時期（圖4-3）。1979—1984年，農民人均家庭經營性純收入由35.8元增加到296元，增長了7.3倍，年平均增長速度達到35.2%，其中1983年的增速達到了121.5%。[①]

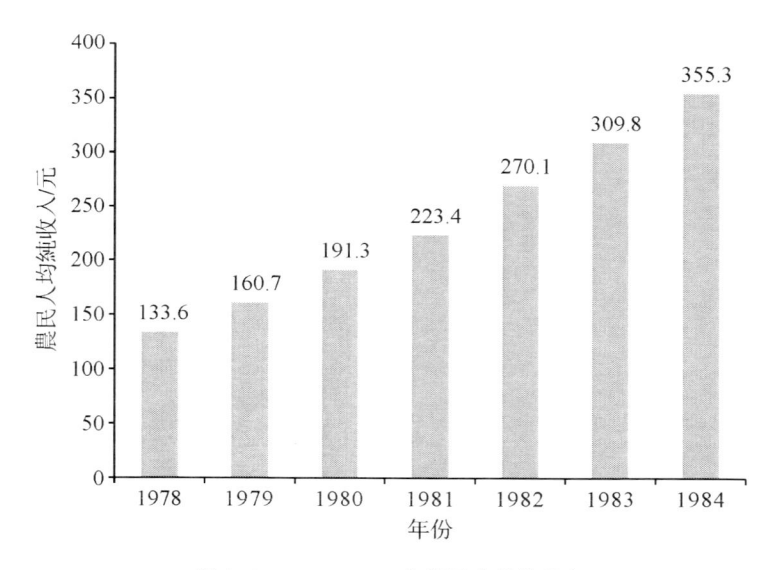

圖 4-3　1978—1984 年農民人均純收入

[①] 中華人民共和國農業部計劃司. 中國農村經濟統計大全 (1949—1986) [M]. 北京：農業出版社，1989：128.

家庭聯產承包責任制實施以後，大部分地區基本解決了溫飽問題，農村貧困人口的絕對數量從1978年的2.5億人，下降到1985年的1.3億人，貧困發生率從30.7%下降到15.1%，成為人類消除貧困歷史上的一項奇跡。[1] 家庭聯產承包責任制實施以後，農產品產量快速增加，而且政府提高了農產品的收購價格，使得1978—1983年城鄉居民收入差距不斷縮小。1978年中國城鎮居民家庭人均可支配收入為343.4元，農村居民家庭人均純收入為133.6元；1983年中國城鎮居民家庭人均可支配收入為564.6元，農村居民家庭人均純收入為309.8元；城鄉居民收入比從1978年的2.57∶1縮小到1983年的1.82∶1，是歷史最好的城鄉居民收入比（表4-6）。1978—1984年農村居民家庭人均消費支出從116.1元增加到273.8元，年均增長15.4%；農民居民家庭人均食物消費支出從78.6元增加到162.3元，平均增長12.9%；農村居民家庭恩格爾系數從67.7%下降至59.2%，以平均每年1.4個百分點的速度下降，農民生活水準整體上從絕對貧困型轉為溫飽型，農民生活水準不斷提高（表4-7）。1978—1984年農民的收入水準、城鄉居民收入比和農村居民家庭恩格爾系數的變化，證明了家庭聯產承包責任制是一種高效率的農業經營制度。

表4-6　1978—1984年城鄉居民收入比情況

年份	城鎮居民家庭人均可支配收入/元	農村居民家庭人均純收入/元	城鄉居民收入比
1978	343.4	133.6	2.57∶1
1979	405	160.2	2.53∶1
1980	477.6	191.3	2.5∶1
1981	500.4	223.4	2.24∶1
1982	535.3	270.1	1.98∶1

---

[1] 蔡昉，王德文，都陽. 中國農村改革與變遷：30年歷程和經驗分析 [M]. 上海：上海人民出版社，2008：33.

第四章　農村改革與家庭聯產承包責任制的確立

表4-6(續)

年份	城鎮居民家庭人均可支配收入/元	農村居民家庭人均純收入/元	城鄉居民收入比
1983	564.6	309.8	1.82∶1
1984	652.1	355.3	1.84∶1

資料來源：中華人民共和國統計局. 中國統計年鑑 2013 [M]. 北京：中國統計出版社，2013：378.

表4-7　1978—1984年農村居民家庭人均消費支出情況

年份	1978	1979	1980	1981	1982	1983	1984
農村居民家庭人均消費支出/元	116.1	134.5	162.2	190.8	220.2	248.3	273.8
農村居民家庭人均食物消費支出/元	78.6	86	100.2	114.1	133.5	147.6	162.3
農村居民家庭恩格爾系數/%	67.7	64	61.8	59.9	60.7	59.4	59.2

註：資料來源於歷年《中國統計年鑑》和《中國農村統計年鑑》。

1981年3月，杜潤生到河南和魯西北調查瞭解「包產到戶」的實證材料，他們隨機抽查時，看到家家戶戶糧缸滿滿。中國農村發展研究中心聯絡室1983年的《「百村調查」綜合報告》顯示：在調查的20.4萬戶農民中，1983年人均純收入在百元以下的已不足20%（過去人均純收入50元以下佔20%）；近1/3的農戶人均收入超過300元；從商品銷售、銀行儲蓄、消費結構等方面估價，農村進入新的發展階段。[①] 據統計，1978年農村人均糧食消費量為248公斤，1984年達到267公斤；1978年農村人均豬牛羊等肉類、家禽、鮮蛋和水產品的消費量為7.65公斤，1984年為15.1公斤。

總之，家庭聯產承包責任制激發了農民的生產積極性，解放了農村生產力，促進了農業增產、農民增收和生活水準的提高，它極大地改變了農村的

[①] 中共中央黨史研究室，中共中央政策研究室，中華人民共和國農業部. 中國新時期農村的變革：中央卷（下）[M]. 北京：中共黨史出版社，1998：1,343-1,344.

面貌，為中國改革開放的穩定發展奠定了堅實的農業基礎，是保證中國農村穩定發展的重要條件之一。家庭聯產承包責任制的實施，為農村商品經濟的發展創造了條件，促使傳統農業經濟開始朝著專業化、商品化和社會化方向發展。這主要表現為農村中勞動力和資金的相對剩餘、多種經營的發展、農產品商品率的提高和流通的活躍，特別是鄉鎮企業的發展，使中國由計劃經濟逐步向市場經濟轉軌。

「中國社會主義農業的改革和發展，從長遠的觀點看要有兩個飛躍：第一個飛躍，是廢除人民公社，實行家庭聯產承包責任制，這是一個很大的前進，要長期堅持不變；第二個飛躍，是適應科學種田和生產社會化的需要，發展適度規模經營，發展集體經濟。這又是一個很大的前進，當然這是很長的過程。」[①] 中國的改革是從農村開始並率先取得突破的，而中國農村改革首先從改變農業經營制度入手。家庭聯產承包責任制是中國農業經營制度最重要的改革，是中國特色社會主義理論的重要組成部分。家庭聯產承包責任制的產生和推廣，使農村改革成為中國改革真正的起點和推動力量，對中國的經濟制度改革產生了深遠的影響。農民的創造、農業經營制度的改革，對於突破改革初期的迷茫，對於創新中國特色社會主義理論和體制、機制，都具有破冰起航的意義。[②]

從1982年開始，中共中央連續五年發布了五個「一號文件」，對農村改革起到指導和推動作用。1982年中央一號文件明確指出包產到戶、包干到戶都是社會主義生產責任制。1983年中央一號文件從理論上說明了家庭聯產承包責任制「是在黨的領導下中國農民的偉大創造，是馬克思主義農業合作化理論在中國實踐中的新發展」[③]，論證了家庭聯產承包責任制的合理性，統一了全黨對家庭聯產承包責任制的認識。1984年中央一號文件強調要「繼續穩

[①] 鄧小平文選：第三卷 [M]. 北京：人民出版社，1993：355.
[②] 陳錫文. 農村改革四十年的突破、成就和啟示 [J]. 中國農業文摘·農業工程，2019（2）：5-9.
[③] 中共中央文獻研究室，國務院發展研究中心. 新時期農業和農村工作重要文獻選編 [M]. 北京：中央文獻出版社，1992：165-166.

第四章　農村改革與家庭聯產承包責任制的確立

定和完善聯產承包責任制，規定土地承包期一般應在 15 年以上，生產週期長的和開發性的項目，承包期應當更長一些」。繼 1982—1984 年三個「一號文件」之後，1985 年中央一號文件《關於進一步活躍農村經濟的十項政策》強調「聯產承包責任制和農戶家庭經營要長期不變，要繼續完善土地承包辦法」。1986 年中央一號文件《關於 1986 年農村工作的部署》肯定了農村改革的方針政策是正確的，應當進一步完善統一經營與分散經營相結合的雙層經營體制。[1]

連續五個「中央一號文件」後，農村第一步改革基本實現，但是隨著改革全局的發展和變化，限於種種條件，農村改革中的許多問題都不是農村本身所能解決的，農村改革需要不斷地深化。1991 年 11 月 29 日，黨的十三屆八中全會通過了《中共中央關於進一步加強農業和農村工作的決定》（中發〔1991〕21 號）。該決定特別強調，「把以家庭聯產承包為主的責任制、統分結合的雙層經營體制，作為中國鄉村集體經濟組織的一項基本制度長期穩定下來，並不斷充實完善。把家庭承包這種經營方式引入集體經濟，形成統一經營與分散經營相結合的雙層經營體制。這種雙層經營體制，具有廣泛的適應性和旺盛的生命力……是集體經濟的自我完善和發展，絕不是解決溫飽問題的權宜之計，一定要長期堅持，不能有任何的猶豫和動搖。」[2] 這是在黨的全會決議決定中，第一次明確提出農村基本經營制度的概念，也是第一次強調實行這個制度絕不是權宜之計。[3] 1993 年 11 月 5 日，中共中央、國務院發出的《中共中央、國務院關於當前農業和農村經濟發展的若干政策措施》明確指出，「以家庭聯產承包為主的責任制和統分結合的雙層經營體制，是中國農村經濟的一項基本制度，要長期穩定，並不斷完善。為了穩定土地承包關係，鼓勵農民增加投入，提高土地的生產率，在原定的耕地承包期到期之後，

---

[1] 中共中央國務院關於「三農」工作的十個一號文件（1982—2008 年）[M]．北京：人民出版社，2008．
[2] 中共中央文獻研究室．新時期經濟體制改革重要文獻選編（上）[M]．北京：中央文獻出版社，1998：713．
[3] 陳錫文，羅丹，張徵．中國農村改革 40 年 [M]．北京：人民出版社，2018：47-48．

再延長三十年不變。開墾荒地、營造林地、治沙改土等從事開發性生產的，承包期可以更長。」① 後來，鑒於「聯產」事實上已不存在，在 1998 年 10 月 14 日黨的十五屆三中全會審議《中共中央關於農業和農村工作若干重大問題的決定》時，把對中國農村基本經營制度的表述正式修訂為「以家庭承包經營為基礎，統分結合的雙層經營體制」。文件指出：「穩定完善雙層經營體制，關鍵是穩定完善土地承包關係。……這是黨的農村政策的基石，決不能動搖。要堅定不移的貫徹土地承包期再延長三十年的政策，同時要抓緊制定確保農村土地承包關係長期穩定的法律法規，賦予農民長期而有保障的土地使用權。」② 1999 年 3 月 15 日，第九屆全國人大二次會議通過的《中華人民共和國憲法修正案》③ 將憲法第八條第一款「農村中的家庭聯產承包為主的責任制」修改為「農村集體經濟組織實行家庭承包經營為基礎、統分結合的雙層經營體制」。④ 從而把「以家庭承包經營為基礎、統分結合的雙層經營體制」寫入中國的根本大法。

2008 年 10 月 12 日，黨的十七屆三中全會通過了《中共中央關於推進農村改革發展若干重大問題的決定》，文件指出：「以家庭承包經營為基礎、統分結合的雙層經營體制，是適應社會主義市場經濟體制、符合農業生產特點的農村基本經營制度，是黨的農村政策的基石，必須毫不動搖地堅持。賦予農民更加充分而有保障的土地承包經營權，現有土地承包關係要保持穩定並長久不變。」⑤ 2013 年黨的十八屆三中全會提出，「要加快構建新型農業經營體系，賦予農民更多財產權利」⑥。2019 年中央一號文件強調「堅持家庭經營

---

① 廖蓋隆，莊浦明. 中華人民共和國編年史［M］. 鄭州：河南人民出版社，2000：682.
② 中共中央文獻研究室. 中共十三屆四中全會以來歷次全國代表大會中央全會重要文獻選編［M］. 北京：中央文獻出版社，2002：530.
③ 1999 年 3 月 15 日全國人民代表大會公告公布實施。
④ 中華人民共和國憲法［M］. 北京：中國法制出版社，1999：45.
⑤ 中共中央關於推進農村改革發展若干重大問題的決定［EB/OL］. (2008-10-12)［2019-06-06］. http://cpc.people.com.cn/GB/64093/64094/8194418.html.
⑥ 中國共產黨第十八屆中央委員會第三次全體會議公報［EB/OL］. (2013-11-12)［2019-06-06］. http://www.xinhuanet.com/politics/2013-11/12/c_118113455.htm.

第四章　農村改革與家庭聯產承包責任制的確立

基礎性地位，賦予雙層經營體制新的內涵」[1]。可見，進一步穩定和完善以家庭經營為基礎的農業經營制度，是保障農民權益、推動農業農村現代化的必然要求。

從「不許分田單干，不許包產到戶」到「不許分田單干，不要包產到戶」；從對「包產到戶」嚴格限制在「某些副業生產的特殊需要和邊遠山區、交通不便的單家獨戶」的範圍內，到「邊遠山區和貧困落後的地區，可以包產到戶，也可以包干到戶」，再到肯定包產到戶、包干到戶的社會主義性質；從「包產到戶」到「包干到戶」；土地承包期從「15年不變」到「30年不變」再到「長久不變」。政策發展變化的過程實際上是人們對家庭聯產承包責任制的一個認識過程，是探索中國特色社會主義農業經營制度的過程。以家庭承包經營為基礎、統分結合的雙層經營體制，是按照一切從實際出發，實事求是，尊重客觀經濟規律，尊重農民的意願，充分調動農民生產積極性的原則，在實踐中反復探索形成的農村基本經營制度，這一基本經營制度是黨的農村政策的基石，經過了 40 餘年改革實踐的檢驗，必須毫不動搖地堅持，並在發展過程中不斷完善。

---

[1] 中共中央 國務院關於堅持農業農村優先發展 做好「三農」工作的若干意見 [EB/OL]. (2019-02-19) [2019-06-06]. http://www.moa.gov.cn/ztzl/jj2019zyyhwj/2019zyyhwj/201902/t20190220_6172154.htm.

1949年後中國農業
經營制度變遷

第五章
農業產業化經營的發展與變遷

家庭聯產承包責任制確立以後，隨著農業生產的不斷發展，農業組織形式和經營機制面臨新的挑戰。農業產業化經營以市場為導向，以家庭承包經營責任制為基礎，依靠各類龍頭企業帶動，將生產、加工、銷售緊密結合起來，提高農業組織化程度，實行一體化經營，改變了傳統農業經營只從事原料生產的單一方式，增加了農民收入。中國農業產業化經營堅持遵循市場經濟規律，充分發揮市場在資源配置中的基礎性作用，尊重龍頭企業、農戶與各類仲介組織的市場主體地位及其各自的經營決策權；堅持遵循因地制宜原則，實行分類指導，探索中國不同地區實行不同的農業產業化發展路徑和模式，不斷完善利益聯結機制。2000年11月7日，時任國務院副總理的溫家寶在與農業部等八部委聯合召開的全國農業產業化工作會議部分代表座談時強調：「農業產業化經營是中國農業經營體制的又一重大創造，是農業組織形式和經營機制的創新。」[1]

---

[1] 溫家寶. 努力提高中國農業產業化經營水準［EB/OL］.（2001-11-07）［2019-4-18］. http://www.people.com.cn/GB/channel4/996/20001108/304526.html.

第一節　農業產業化產生的背景

一、農業生產調控方式從計劃向市場的轉變

1984年，中國糧食產量突然大幅度增長，但當時各地糧食流通部門沒有有效措施，導致糧食流通渠道堵塞，加上倉儲部門也對糧食的收購情況估計不足，全國普遍出現了農民「賣糧難」的情況。1985年1月1日，中共中央、國務院根據黨的十二屆三中全會通過的《中共中央關於經濟體制改革的決定》，制定了1985年中央一號文件《關於進一步活躍農村經濟的十項政策》（中發〔1985〕1號）。該文件提出的第一項經濟政策就是農產品統派購制度改革，即「從今年起，除個別品種外，國家不再向農民下達農產品統購派購任務，按照不同情況，分別實行合同訂購和市場收購」「糧食、棉花取消統購，改為合同定購」「其他統派購產品，也要分品種、分地區逐步放開」「任何單位都不得再向農民下達指令性生產計劃」。這標誌著中國農業生產調控方式從計劃開始轉向市場。

由於小農戶長期在國家計劃指導下進行生產，因此和市場缺乏有效的連接機制。1985年農產品統派購制度改革，小農戶被推到市場面前。分散的小農戶既是生產者、又是銷售者，進入市場的交易成本必然很高。一是信息成本高。單個農民封閉經營導致其對市場不熟悉。農民如果想在市場上出售自己生產的農產品，必須投入一定的時間、人力、財力去獲取市場行情、動態，瞭解同類商品的質量、價格、品質、數量以及尋找交易對象等。二是評估成本高。當農戶獲取一定量的有關市場信息後，必然對其進行真偽辨別和可信度評價，以剔除虛偽信息，防止上當受騙。小農戶辨識評估能力有限，對市場信息缺乏分析能力。三是交涉成本高。交易雙方根據自己所掌握的信息，以各自的滿意程度為目標進行討價還價所發生的費用較高。這主要是由談判地位、技巧和信息不對稱（交易雙方所佔有信息的多寡、真偽及深淺不一）等造

成的。小農戶難以取得公平的談判地位，這是農民進入市場的關鍵障礙。[1]

因此，小農戶對接大市場，交易成本太高，很難適應市場的供求變化，難以把握準確的市場信息。分散的小農戶容易受某一個時期農產品價格浮動的影響，盲目地隨大流，在價格上漲時盲目擴大規模，價格下降時又會一哄而散，從而造成農產品的供求關係劇烈波動。1983—1993 年，中國先後出現兩次大範圍農產品賣難現象，說明中國小農戶要實現與市場接軌將是一個艱難的過程。

二、國外農戶小生產和大市場接軌的有效形式

早在 20 世紀 40 年代，美國農業就已經出現了傳統養雞業和工商業聯合經營的新模式；20 世紀 50 年代，這一聯合經營模式在西方發達國家普及開來。美國養雞業率先實現了養雞戶小生產和大市場的銜接，發展成為農工商一體化經營、產供銷一體化發展的高效率的商品化農業，並在此基礎上發展提出了「農業一體化」理論，為世界各國解決小農戶和大市場銜接提供了成熟的經驗。

（一）美國肉雞生產小農戶和大市場接軌實踐

美國是世界上肉雞生產大國、出口大國。2007 年，美國肉雞飼養、肉雞加工、禽肉出口等數量均名列世界第一位。2007 年，美國雞肉產量達到 1,621.1 萬噸，占世界肉雞總產量的 21.38%，比位居世界第二位的中國肉雞產量高出 559.4 萬噸。[2] 美國最初的養雞業主要是作為農場的副業，即農民家庭養雞，它屬於農業生產的一個附屬部分，農民養雞的主要目的不是出售雞肉和雞蛋，而是提供家庭食品消費的需要，增加家庭食品蛋白質供給。第二次世界大戰末期，美國南部的肉用仔雞的飼養開始興盛起來。白羽肉雞育種公司運用數量遺傳學技術對肉雞進行了性能的選擇，將生長速度快、產肉率高、飼料轉化率高的肉雞挑選出來進行繁育，經過多次人為選擇和繁育，獲

---

[1] 魯振宇. 貿工農一體化產生的誘因及規模界定 [J]. 中國農村經濟，1996 (6)：24-28, 49.
[2] 張晶. 美國肉雞業價值鏈對中國的啟示 [J]. 江蘇農業科學，2012, 40 (2)：353-355.

得新的肉雞品種，大大提高了肉雞生產效率。

早在19世紀30年代，處於養雞業上游的美國飼料行業就已經進入快速發展期，飼料加工企業數量不斷增加，飼料產能大幅增長。飼料加工企業重視養殖戶對飼料的反饋意見，並針對產品不足開展持續研發，促使飼料標準化產品不斷出現，提高了肉雞飼養的機械化程度和飼料使用效率，也強化了對肉雞疫病水準的控制。隨著飼料加工企業的市場份額不斷擴大，為了進一步降低交易成本，飼料加工企業逐漸選擇避開批發商，通過合同方式直接向養殖戶銷售飼料，標誌著美國肉雞生產合同模式初步形成。肉雞生產合同模式邁出了肉雞產業縱向一體化經營的第一步，也推動了肉雞養殖規模和產量的大幅增長。

20世紀40年代，美國已經出現傳統養雞業和工商企業聯合經營形式。產生的原因在於當時美國的國內市場經濟已經相當發達，進一步刺激了畜禽產品的市場需求，家庭農場的規模化、專業化和社會化程度的進一步深化和強化為擴大畜禽產品供應提供了可能。[①] 進入20世紀50年代後，美國上游更為成熟的飼料加工業的發展為肉雞產業鏈合同化發展帶來了強大的動力。美國肉雞的產量開始出現爆發式增長，與之相伴的卻是大量傳統養雞戶和小規模養殖戶逐漸退出肉雞養殖。1954—1959年，肉雞養殖場數量減少了16.7%，其中出欄量在1.6萬羽以下的養雞場數量就減少了46.7%，小型養殖場（出欄量在2 000羽以下）佔比由11%下降到2%。而另一方面，出欄量在3萬羽以上的養殖場比例則逐步增加至66%。[②] 肉雞一體化經營的優勢逐步顯現。

（二）美國肉雞農工商一體化流程

從美國肉雞的流通過程來看，肉雞從養雞場出欄以後必須經過產地屠宰加工處理，然後通過批發商、零售商等流通途徑，最後才到達消費者手中。美國肉雞部門的龍頭企業中飼料企業和屠宰加工企業占多數。農戶通過與龍頭企業簽訂產銷合同保證肉雞穩定進入市場。龍頭企業同肉雞養殖戶簽訂合

---

① 呂名. 美國肉雞產業化主要特點 [J]. 山西農業, 2007 (2): 53-54.
② 佚名. 美國肉雞產業成長史 [J]. 北方牧業, 2016 (12): 10-13.

同的目的主要是保持穩定的加工貨源。就屠宰加工企業而言，大規模的屠宰加工企業流水線每日肉雞屠宰數量達到幾萬羽，如果沒有穩定的合同安排生產，導致生產業務不均勻，甚至停工待料，其損失是非常嚴重的。由於養殖農戶規模大，加上合作社等仲介組織，農戶有較大的交涉能力。農戶與龍頭企業簽訂生產合同的出發點是保護農戶和龍頭企業雙方的利益。合同約定的內容從肉雞市場價格較大幅度波動和雞病疫情發生時養殖戶經營風險如何化解與分攤的處理方案，逐漸演變成養殖戶和企業共擔風險、利潤按一定比例分配的分紅式機制，最後演變成為養殖戶的全部風險由企業負擔的均等定額報酬方式。在這種合同方式中，一般是養殖戶提供禽舍、土地和勞動力資源，企業提供飼料、雛雞、技術服務和一部分燃料費。具體來講，飼料加工企業從孵化場購入雛雞，通過合同的方式讓養殖戶飼養，然後收回肉雞產品。在同養殖戶簽訂的肉雞飼養合同中，除了規定養殖戶的飼養收入計算方式以外，還規定養殖戶的管理質量，特別是飼料報酬效率。20 世紀 50 年代，這種合同生產方式在美國迅速普及開來。[1]

（三）「農業一體化」理論的提出

隨著肉雞產業生產專業化、社會化的進一步發展及其生產組織形式日趨成熟，農工商聯合企業在若干重要農產品的生產經營中迅速發展起來。美國農工商一體化趨勢不斷加強，成為美國農業現代化的重要特徵之一，也成為美國農業經濟新的生產組織形式。

1952 年，美國哈佛大學的企業管理研究院制訂了一項關於農業與其他部門的相互關係的研究計劃，聘請了聯邦政府農業部助理約翰·戴維斯（John H. Davis）主持這項工作。1955 年戴維斯（John H. Davis）在波士頓宣讀了他的論文，首先使用了「Agribusiness」這個新詞，「Agribusiness」由「Agriculture」和「Business」兩個詞組成，用以表示農場與工商企業縱向的協作或一體化。1957 年，戴維斯和他的助手戈德保（Ray A. Goldberg）合寫了一本書——《農工商聯合企業的概念》（*A Concept of Agribusiness*）。按照戴維斯的

---

[1] 胡定寰. 美國養雞產業的發展和一體化經營模式 [J]. 世界農業，2002（9）：11-14.

解釋,「Agribusiness」這個詞既指一種生產組織形式,是國民經濟中的一種新體系,就是將與農業有關的產供銷各部門組織起來,成為一個跨行業的龐大的經濟綜合體系,同時又是一種新型的聯合企業,即在專業化的基礎上,把農工商有關單位在經濟上、工藝上和組織上聯成一體的工廠化大企業。戴維斯和戈德保在該書中提出了「農業一體化」(Agricultural Integration)的概念,將具有產、供、銷三方面業務的企業綜合體定義為「農業綜合企業」(Agribusiness),又稱「農工商綜合體」,成為農業一體化的載體。此後,「Agribusiness」和「Agricultural Integration」這兩個概念得到了廣泛的應用,在中國,有的把它翻譯成「農業一體化」,有的譯成「農工(商)聯合企業」「農工綜合體」「農工商一體化」或者「農工一體化」。

20世紀50年代,農業一體化的經濟實體首先出現於美國和西歐一些發達資本主義國家。到20世紀60年代末期,美國參加農業一體化的農業企業已占相當大的比重,特別是那些同食品加工業有密切關係和實現了生產工廠化的部門,參加一體化的企業數一般都占該類部門企業總數的80%以上。隨著農業一體化趨勢的加強,美國的農業生產迅速發展。如果將農業產前部門、產中部門和產後部門稱為廣義的農業部門,那麼美國農業部門則是美國國民經濟中最大的產業部門,它所生產的產值在1981年達到10,920億美元,約占當年國民生產總值的1/5,它的就業人數在1981年為340萬人,相當於運輸、鋼鐵、汽車三個部門就業人數的總和。[1]

(四)南斯拉夫農業一體化案例:貝爾格萊德農工聯合企業

20世紀60年代以後,農業一體化在南斯拉夫、羅馬尼亞以及蘇聯和其他東歐國家逐步發展。不同國家實現農業一體化的道路和方法各有特點。南斯拉夫[2]的農工聯合企業(又稱「貝科倍」或「農工商聯合體」)在社會主義

---

[1] 隋立新.美國農工商一體化的考察與思考 [J].山東大學學報(哲學社會科學版),1992 (4):36-41.
[2] 1992年4月7日,歐共體承認南斯拉夫波黑共和國獨立。同日美國宣布承認波黑、克羅地亞和斯洛文尼亞共和國獨立。1992年4月27日,南聯邦議會聯邦院通過了由塞爾維亞與黑山兩個共和國組成南聯盟的憲法,標誌著南斯拉夫社會主義聯邦共和國徹底解體。

國家中異軍突起,經濟快速發展。20世紀70年代,南斯拉夫在第二次世界大戰後短短20年時間內,就已實現了高度工業化,人均GDP超過了所有社會主義國家。

南斯拉夫的農工聯合企業經營模式主要包括三種類型:一是橫向聯合,即各農場聯合建立農產品加工廠、舉辦商業購銷業務。二是縱向聯合,即工業領域和商業領域的企業聯合經營農業,或者是工商企業直接開辦農場、畜牧場,實行大型的專業化生產,並建立農產品加工廠和儲運業務,把農工商納入一個統一的管理體制中,或者是採取合同辦法,把農業和工商企業的生產、交換聯結起來,叫作「合同制農業」。三是在國營農場的基礎上,依靠自己累積,建設各種農產品加工廠及商業銷售機構。該模式下,貝爾格萊德農工聯合企業發展成效顯著。

1. 貝爾格萊德農工聯合企業的發展歷程

貝爾格萊德農工聯合企業(原文縮寫為「PKB」,中文簡稱為「貝科倍」)是在位於南斯拉夫首都貝爾格萊德市以北郊區附近的一家國營農場的基礎上發展而成的。1945年年底,南斯拉夫為了解決第二次世界大戰後初期首都城鎮居民的糧食供應不足的難題,在貝爾格萊德北郊建設起一家國營農場。國營農場興建初期,沒有一件農業機械設備,農業生產只能完全依靠人力勞動,勞動生產率很低,糧食單位面積產量不高。隨著農業的發展和累積,國營農場逐步發展起畜牧業。進入20世紀50年代,國營農場開始進行一些簡單的食品加工,生產僅限於黃油、奶酪和肉製品等少數品種。加工工業的發展使國營農場收入顯著增加。農場資金的週轉和累積不斷加快,為農場擴大再生產創造了更加堅實的條件,促進了國營農場經營的農業、畜牧業、工商業等各項事業的協調發展。

20世紀60年代以後,貝爾格萊德農工聯合企業不僅把郊區附近3個類似的國營農場聯合在一起,而且還逐步聯合了其他地區的農場或企業,最終發展成為一家從事多種經營的大型聯合企業。貝爾格萊德農工聯合企業除了從事農業(包括糧食、蔬菜、水果等生產)和畜牧業生產外,還進行食品加工(包括糧食、蔬菜、水果、肉類、奶製品、食糖等加工)、森林栽培、採伐和

木材加工、包裝品生產、國內外貿易、經營服務行業和旅遊業、向國外投資和從事科學研究活動等。1977年年底，經過不斷發展壯大，貝爾格萊德農工聯合企業在南斯拉夫200家大型企業排名中位居前列。按總收入計算，貝爾格萊德農工聯合企業名列第13位；按社會產值計算，貝爾格萊德農工聯合企業名列第14位。[1]

2. 貝爾格萊德農工聯合企業基本經營制度

20世紀50年代初，南斯拉夫通過了「把企業交給工人管理」的法令，即《工人自治法》，開始實行社會主義自治制度。作為一個社會所有制的農工聯合企業，貝爾格萊德農工聯合企業當然也不例外。它實行工人自治所依託的生產組織形式和經營管理制度，具備與工業企業的社會所有制基本相同的特點。進入20世紀70年代後，南斯拉夫的社會主義自治制度發展到聯合勞動階段這一個新的更高階段。農工聯合企業的聯合勞動組織主要由三級組織構成：第一級是聯合勞動基層組織；第二級是由聯合勞動基層組織組成的聯合勞動組織；第三級是由若干聯合勞動組織組成的聯合勞動複合組織。貝爾格萊德農工聯合企業整體上是一個聯合勞動複合組織，有30個聯合勞動組織和136個聯合勞動基層組織。

作為一個聯合勞動複合組織，貝爾格萊德農工聯合企業實行獨立經營、自負盈虧，即國家不對企業進行直接投資，企業的發展依靠企業自身通過不斷累積資金來實現。貝爾格萊德農工聯合企業以納稅的形式承擔國家的責任和義務。貝爾格萊德農工聯合企業的土地和其他生產資料都屬於社會所有，既不屬於任何個人或利益集團，也不屬於國家所有，而是屬於全社會勞動者共同所有。貝爾格萊德農工聯合企業只有管理、合理使用這些生產資料的權利，也有保護和利用這些生產資料進行擴大再生產的義務，但是沒有權利自由出賣這些財產。

3. 貝爾格萊德農工聯合企業與個體農民掛勾合作

作為農工聯合企業，貝爾格萊德農工聯合企業除了實現自身的累積與發

---

[1] 朱行巧. PKB（「貝科倍」）——貝爾格萊德農工聯合企業簡介 [J]. 世界經濟, 1978 (4): 14-16.

第五章　農業產業化經營的發展與變遷

展外，還肩負著另一個極其重要的使命，那就是緊緊團結和有效帶動個體農民，使其沿著社會主義道路和方向前進。根據南斯拉夫共產主義者聯盟關於改造小農經濟的方針，貝爾格萊德農工聯合企業首先大力發展聯合企業的生產，積蓄力量，使其做出榜樣，然後逐步吸引個體農民加入聯合企業開展合作。在改造個體農民走社會主義道路的過程中，南斯拉夫共產主義者聯盟堅持自願、民主、逐步過渡以及物質利益保障的原則。根據 1976 年南斯拉夫共產主義者聯盟頒布的《聯合勞動法》的規定，貝爾格萊德農工聯合企業採用多種形式與個體農民開展掛勾合作。合作主要可以分為三種類型：第一種類型是簡單的購銷關係，即聯合企業出售優良種子，向農民提供機械服務等，農民向聯合企業支付現款。第二種類型是聯合企業和農民直接簽訂生產與勞務合同。聯合企業向農民提供種子、代農民耕種與收割、向農民提供生產所需貸款等，農民有義務把農產品賣給聯合企業。這類合同規定的時間可長可短，合作項目可多可少。實踐中，聯合企業和農民的合作普遍採用這種形式。1976 年年底，貝爾格萊德農工聯合企業與周邊的個體農民共簽訂了 3.72 萬個合同。[①] 第三種類型是個體農民把自己的土地、資金和個人勞動等同企業聯合，保留個人所有權，聯合的土地面積大小不限。農民的生產納入聯合企業的計劃，而經營的收益則根據雙方投資額比例進行分配。這是一種比較高級的合作形式。個體農民通過參加這種聯合勞動，在政治上享有與聯合企業的工人同等地位、權利和義務，擁有聯合勞動基層組織工人委員會代表的選舉權和被選舉權；在經濟上還能享受聯合企業的各種優惠政策和免費醫療福利。個體農民把土地與企業聯合經營後，還可以免繳土地稅。第三種類型的合作是在 20 世紀 70 年代以後才推廣起來的，但其發展速度很快。

　　貝爾格萊德農工聯合企業在採用以上三種聯合形式的時候，始終秉承雙方互利的原則，根據個體農民的具體情況，靈活選用，使他們感受到進行合作的切實利益和必要性。聯合不僅調動了個體農民的生產積極性，促進了農

---

① 朱行巧. PKB（「貝科倍」）——貝爾格萊德農工聯合企業簡介 [J]. 世界經濟, 1978 (4)：14-16.

業生產的發展，而且克服了農民生產的盲目性和分散性，使個體農民的生產和銷售等經營活動逐步納入聯合企業計劃的軌道。1977年年底，貝爾格萊德農工聯合企業已與5萬個個體農民建立了多種形式的合作關係，其中貝爾格萊德郊區參加合作的農民占郊區農民總數的70%。[1] 貝爾格萊德農工聯合企業成為南斯拉夫社會主義大農業經營發展的一個縮影，農工並舉、產供銷統一、小農戶和大市場接軌，為農業經營制度帶來很大的啟示。

三、中國農業產業化經營的萌芽與探索實踐

　　國外的農業一體化經營和中國農業產業化經營的核心都是一體化。中國農工商聯合體試點始於1978年9月，產生於家庭聯產承包責任制確立之前。中國全面推行家庭聯產承包責任制後，小農戶與大市場的矛盾日益突出，中國農業在學習國外農工商聯合體管理經驗的基礎上不斷探索中國特色的一體化經營，在農工商聯合體的基礎上出現了貿工農一體化、產加銷一體化等農業產業化經營模式的探索實踐。

　　（一）農工商聯合體

　　1978年5月，中國首次向國外派出代表團，學習國外科學技術和管理經驗。改革開放初期，由於思想還不夠解放，出國考察團刻意避開美國等發達資本主義國家，先後訪問了歐洲5個國家的25個城市，參觀了80多個工廠、農場、港口、礦山、大學和科研機構。在東歐國家中，南斯拉夫早在20世紀50年代就摒棄了從蘇聯引入的計劃經濟模式，實行市場經濟。訪問西歐的代表團對南斯拉夫的農工聯合企業印象深刻，並予以高度關注。

　　1978年9月，根據國務院的要求，全國26個省、區的36個農墾單位開展農工商綜合經營試點，學習南斯拉夫農工聯合企業經驗。四川廣漢縣（現廣漢市）實驗農工商聯合體，把產、供、銷、政以公社為單位組織起來。新

---

[1] 朱行巧. PKB（「貝科倍」）——貝爾格萊德農工聯合企業簡介 [J]. 世界經濟，1978（4）：14-16.

第五章　農業產業化經營的發展與變遷

疆石河子墾區很快建設成農工聯合企業，在農業現代化中發揮示範帶頭作用。[1] 江蘇省農墾黃海農場將此總結為「無農不穩，無工不富，無商不活」。蘇南地區基層幹部和農民也說「農業一碗飯，副業一桌菜，工商富起來」。兩種說法上報中央後，時任國務院副總理萬里很欣賞，多次引述。[2] 總之，農工商聯合體是把農業和農產品加工業有機地結合起來，把農產品原料加工成商品，適應了農業發展的要求。但當時由於傳統計劃經濟體制的束縛，農工商聯合體只是按照一、二、三產業的順序，搞生產、加工、銷售一條龍，沒有從市場經濟的角度搞好各主體之間的互利互惠、共同發展的經濟利益的一體化。[3]

農工商聯合體試點時，農村家庭聯產承包責任制改革尚未進行。隨著家庭聯產承包責任制改革全面鋪開，中國農業逐漸進入由計劃經濟體制下的「賣方市場」向市場經濟體制下的「買方市場」轉變的全新的戰略階段。小農戶經營與大市場需求之間的矛盾應運而生。為了解決農產品銷路問題，在農工商聯合體基礎上，全國各地不斷湧現「農工商一體化」「牧工商一體化」「貿工農一體化」等各種經營形式。

農工商一體化，就是把原來屬於農業部門的育種，飼料生產，農藥、化肥的配製和施用，農業技術設備的維修以及農產品的加工、包裝、儲藏、運輸、銷售和有關的服務等許多職能，逐漸從農業中獨立出來，成為獨立的工業或者商業企業，加強農業生產環節與農業產前、產後有關的工業企業、商業企業之間的相互依賴和聯繫，通過各種組織形式實行更加直接的、有計劃的聯合經營。而牧工商一體化的生產經營運行形式概括起來就是以牧業生產為基礎，以加工企業為龍頭，以企業流通部門為先導，形成生產、服務、加工、銷售一體化鏈條，將牧民和企業聯結成為產銷對接、風險共擔、利益互補的經濟共同體。畜禽產業生產部門承擔畜禽飼養管理的生產環節，保證加工和銷售的畜禽產品原料供應；畜禽產業加工部門承擔畜禽產品的收購、加

---

[1] 丁澤吉. 農工聯合企業淺論 [J]. 經濟研究，1979 (8)：23-27.
[2] 「無農不穩，無工不富，無商不活」江蘇人最早提出「三句話」[EB/OL]. (2018-12-18) [2019-04-20]. http://www.yangtse.com/jiangsu/2018/12/18/1375814.html.
[3] 毛東凡. 對貿工農一體化經營的研究 [J]. 江西農業經濟，1997 (4)：7-11.

工、儲藏等環節；畜禽產業服務部門，承擔種畜禽的供應服務、飼料供應服務、技術指導服務、防疫滅病服務等諸多環節；畜禽產業流通部門承擔全部畜禽產品的銷售功能，主動發揮市場導向作用，及時把市場需求信息反饋給生產和加工環節。[1]

(二) 貿工農一體化

貿工農一體化經營是從農工商聯合體經營演化而來的。與「農（牧）工商一體化」相比，貿工農一體化的特點是把市場導向放在最優先的位置，因而在產業鏈中把「貿」即市場流通放在了首要位置，可以看出它與「農（牧）工商一體化」中把「農」或「牧」放在首位的不同。以「貿」字當頭的貿工農一體化經營，突出市場的導向作用，既根據國內外市場的需求容量，確定加工工業的發展規模，又根據加工工業的發展要求，確定初級農產品的生產規模。這樣，就有利於提高農民進入市場的組織化程度，提高農業的比較利益，並有利於緩解市場與價格的風險，增加農民的收入。[2]

為了解決農業比較效益低的問題，在農業、工業和服務業有了一定發展的村鎮，都在不同程度上實行農工商一體化經營的新模式。實踐中，在一些經濟比較發達、特別是沿海的鄉鎮、村，在農工商一體化經營的基礎上，逐步向貿工農型的一體化經營轉化，圍繞出口創匯產品，實行產供銷一條龍，農工商貿有機結合，協調發展。[3] 農業部統計，1992 年僅在畜牧領域內採取這種經營方式的組織就有兩千多家。1995 年 9 月 28 日黨的十四屆五中全會明確提出，要「大力發展貿工農一體化經營」。1997 年 7 月 2 日，國家經貿委印發了《關於發展貿工農一體化的意見》（國經貿市〔1997〕413 號）。

貿工農一體化首先發端於那些商品生產總量增長較快、經濟發展水準較高和商品生產能力較強的地方。山東省諸城市是隸屬濰坊市的一個縣級市，

---

[1] 趙令新. 牧工商一體化是加速畜牧業兩個轉化的捷徑 [J]. 黑龍江畜牧獸醫, 1988 (1): 38-39, 13.
[2] 毛東凡. 對貿工農一體化經營的研究 [J]. 江西農業經濟, 1997 (4): 7-11.
[3] 姜春雲. 在諸城召開的農村改革現場會議上的講話——走貿工農一體化的發展路子（1987 年 6 月 25 日）[EB/OL]. (2010-01-17) [2019-4-23]. http://theory.people.com.cn/GB/40557/179596/179597/10784023.html.

第五章　農業產業化經營的發展與變遷

從 1985 年起開始發展肉雞貿工農一體化。具體做法是：由諸城市外貿公司引進國外優良肉雞品種和先進生產加工設施，先後建立起良種雞繁育場、飼料加工廠和屠宰冷凍廠，並與日本商人建立起比較穩定的外貿交易關係。公司向養雞戶提供「四上門、三賒銷、兩公開、一結算」的系列服務，即上門送雞雛，上門供飼料，上門指導防疫和技術，上門收購運輸；賒銷雞雛、賒銷飼料、賒銷防疫藥物；公開企業的經營狀況和利潤分配；肉雞宰殺後一次性結算收入，屠宰廠獲得了穩定的貨源，不斷地開拓市場，擴大規模。[1] 這種經營組織形式使生產與市場連接，提高了農業生產水準，解決了農產品的「賣難」，企業和農民結成利益共同體，實現了「雙贏」。

經過多年努力，諸城市初步確立起貿工農一體化經營和產供銷一條龍管理的經濟格局。濰坊市委及時向全市推薦了他們的做法，貿工農一體化已經滲透和擴展到全市 12 個縣市區的相關經濟領域之中，並以其適應市場經濟的突出能力、明顯的經濟效益和社會效益，成為人們普遍共識。[2] 1985—1993 年，山東省濰坊市全市肉雞飼養量從 200 萬只增加到 4,000 萬只，分割雞出口量從 740 噸擴大到 1.6 萬噸；養殖戶平均每只雞的養殖純收入達到 1.2 元，大多數養殖戶一年能養上萬只雞。濰坊市外貿公司不斷發展。截止到 1993 年年底，濰坊市全市共擁有 13 個下屬企業、2 個合資企業、19 個外貿收購站、10 個駐外辦事處，融社會生產、加工、儲存、運輸、科研、銷售、服務為一體；公司有 7,100 名職工，固定資產達到 2 億元，銷售收入 6 億元，創匯近 1 億美元，年產值達到 5 億元。[3]

（三）產加銷一體化

產加銷一體化是 20 世紀 80 年代末 90 年代初農村地區深化改革、發展農村經濟的一種新的生產經營形式，又稱「產加銷一條龍」。產加銷一體化的特點是：以市場為導向，進行生產、加工、銷售的一體化經營。該經營形式的

---

[1] 艾雲航. 把農業引向市場經濟的好形式——貿工農一體化、產加銷一條龍問題研究 [J]. 中國農村經濟，1993（4）：19-22.
[2] 趙健式. 貿工農一體化發展的基本態勢 [J]. 中國農村經濟，1993（5）：30-33.
[3] 同[1].

具體做法是：企業根據市場需求，與農戶簽訂產銷合同，公司依託農戶建立生產基地，公司向農戶提供配套服務。農戶根據合同規定安排生產和交售，企業根據合同規定收購和加工農產品，並把產品運往國內外市場銷售。農戶通過產銷合同的形式成為企業優質農產品原料保障基地。在獲得穩定原料供應的前提下，企業提高了農產品由初級加工向精深加工改造升級的綜合能力和市場開拓的專注力，不斷增強市場拓展能力，實現農產品精深加工品進入市場並順利銷售出去。生產者、加工者、銷售者形成風險共擔、利益共享的經濟共同體，利益上的一致性使得各經濟主體不只是追求本部門的經濟利益，而是追求一體化經營的整體效益，減少內部交易成本和相互爭利的內耗。產加銷一體化通過共同體內部在計劃指標、內部價格或分配政策等方面形成合理分配，實現共同體內部自我調節生產和分配，增強對市場的整體應變能力，保持各經濟主體生產經營的相對穩定和均衡發展。[1] 對於農戶來說，產加銷一體化經營為農戶提供了一定的農產品銷售保障，延伸了農業產業鏈，還可以通過利益均沾[2]的分配方式獲得除生產環節之外的加工和流通環節的合理利潤。

廣東省溫氏食品集團有限公司的前身是廣東省新興縣的一個民營小型養雞場。1982年11月，新興縣勒竹人民公社（現勒竹鎮）的一個集體養殖農場因連年虧損瀕臨倒閉，實行招標承包。1983年6月，停薪留職的新興縣食品公司養雞技術員溫北英聯合家鄉的兄弟叔姪6戶，包括溫北英的兒子溫鵬程共7戶8人，每人出資1,000元，共集資8,000元，與集體養殖農場聯營養雞。但不到半年，因生產經營、利潤分配等諸多矛盾，聯營難以為繼。1984年2月，以溫北英為首的7戶農戶全面承包了這個養雞場，以股份制的形式辦起了勒竹養雞場，實行自繁、自育、自養、自銷。當時養殖規模為種雞300只、肉雞8,000只。由於當地村民到縣城買飼料、賣雞所付出的時間成本高，就來勒竹養雞場代購飼料、代為賣雞，雞場不斷吸收新的農戶入股。1986年，勒竹養雞場開始採取「場戶合作」「代購代銷」，提供技術、飼料、防疫等方

---

[1] 程榮喜，蔡長立．種養加銷一體化經營的優勢和思路 [J]．農墾經濟研究，1990（2）：32-34．
[2] 產加銷一體化提出的「利益均沾」，是一個不嚴謹、不科學的概念，分一點也可以說成均沾，難以真正保障農民的利益。

法，與 5 家農戶進行合作，當年上市肉雞 5 萬只，產值 36 萬元。1987 年，雞場新吸收 42 個農民入股，股份採取記帳形式。1988 年，雞場改變了過去簡單幫助周邊農戶代銷肉雞的模式，逐漸減少農場自養數量，逐步興辦起種雞場、孵化場、飼料加工場，發展成為主要從事種雞飼養、雞苗孵化、飼料生產，以及向農戶提供技術、飼料、防疫、管理等產中服務以及產後銷售成雞的新的經營模式。1989 年，勒竹養雞場把「代購代銷」變為「保價收購」。農場和農戶按照雞場規定的技術、管理流程及其價格飼養、收購和結算，保證農民每只雞有合理的利潤。掛靠農戶數由 1988 年的二三十戶增至 1990 年的 280 戶，1992 年更是達到 1,500 戶。1992 年起，雞場大規模地開展綜合經營的基本建設，擴建飼料廠，建設飼料編織袋廠，引進肉雞分割生產線和冷凍廠，構建起一套肉雞產加銷一體化經營體系。1993 年 7 月，勒竹養雞場更名為「新興溫氏食品集團有限公司」，1994 年 10 月正式更名為「廣東溫氏食品集團有限公司」。1997 年掛靠農戶戶均獲利 14,250 元。[①]

廣東省溫氏集團產加銷一體化經營的實踐證明，在原料、能源、資金緊缺、市場瞬息萬變的商品經濟浪潮下，單個農戶和企業孤軍奮戰很難取勝，要增強農戶和企業對市場的應變能力，促進生產力的迅速發展，就必須走種、養、加、銷一體化經營的道路，尋求合作效應，提高整體效益的經營形式。

第二節　農業產業化經營的確立與推廣

一、「農業產業化」的提出

（一）農業產業化是在貿工農一體化基礎上的實踐

農業產業化經營誕生於中國農村計劃經濟體制向市場經濟體制轉軌的過

---

① 傅晨.「公司+農戶」產業化經營的成功所在——基於廣東溫氏集團的案例研究［J］. 中國農村經濟，2000（2）：41-45.

程中。中國現代農業農村市場體系建設處在初級發展階段，難以發揮全國統一的大市場功能，市場有關的法律和制度不夠健全，因此分散的農戶進入市場的交易成本很高。具體表現為：農戶不論是作為生產主體還是消費主體都數量龐大而且分散；農戶在市場交易中的主體地位與其能夠獲得的信息嚴重不對稱；農戶對市場信息掌握不充分，導致農戶經營風險過大。千家萬戶的小農戶在進入千變萬化的大市場時如何少承擔風險、多獲得利益，是新時期農業生產經營組織創新的難點和核心問題。

中國農業產業化是在山東省貿工農一體化實踐經驗的基礎上發展提出的。1985年中央一號文件《關於進一步活躍農村經濟的十項政策》（中發〔1985〕1號）提出要「搞活農村商品流通、大力發展商品經濟」的要求。山東省濰坊市的諸城市委、市政府為了支持農民發展商品經濟，率先提出「商品經濟大合唱」的改革號召，要求政府各部門緊緊圍繞「商品經濟大合唱」、全力支持農民發展商品經濟，在資金、技術、人才、物資、政策等方面開展一系列改革。諸城市結合當地實際情況，借鑑泰國正大集團實行的「公司+農戶」經營模式，以諸城市外貿公司為龍頭，推行貿工農一體化和產加銷一條龍的經營體制，大力發展養雞業，獲得了良好的效果，為全國推廣貿工農一體化經營提供了國內實踐經驗。以「貿」字當頭，把農產品的銷售和市場問題擺在首位，確立「市場—加工、銷售—生產」的產業鏈，從而改變了過去農民生產什麼就賣什麼的方式，溝通了產銷關係，為農產品進入大市場開闢了寬廣的道路。不管搞什麼形式的農業產業化，也不管搞什麼形式的產加銷一條龍，都必須以「貿」字當頭，面向市場，研究市場，開拓市場，以市場為導向，實行貿工農一體化經營。[①]

隨著農村改革的不斷深入和市場經濟的逐步發展，中國許多地區特別是大中城市及其郊區以及沿海經濟發達地區，圍繞著建立社會主義市場經濟體制、推動傳統農業向現代農業轉變，地方各級政府在認真總結貿工農一體化經營、產加銷一條龍經營實踐經驗的基礎上，積極探索和開展農業產業化實踐。

---

① 毛東凡. 對貿工農一體化經營的研究 [J]. 江西農業經濟，1997（4）：7-11.

(二)「農業產業化」的確立

農業產業化的基本內涵是：以市場需求為導向，以科技進步為動力，以經濟效益為中心，依靠龍頭企業帶動，在農業和農村經濟推行區域化佈局、專業化生產、企業化管理、社會化服務、一體化經營，形成貿工農一體化經營和產加銷一條龍經營的農業經營方式與產業組織形式創新。農業產業化就是按照社會主義市場經濟體制建立的總體要求，通過組織、改造農業經營方式和提高農業經營效率，實現小農戶和市場的接軌，在堅持家庭經營制度的基礎上，逐步推進和實現農業生產的商品化、規模化、社會化和專業化[1]。

農業產業化這個概念來源於山東省濰坊市貿工農一體化實踐經驗的總結。黨的十四大召開之後，濰坊市在貿工農一體化做法的基礎上，按照建立社會主義市場經濟體制的要求，探索新的更高層次的農業發展形式。1993年年初，為貫徹落實省委、省政府領導同志的重要指示精神，濰坊市委領導同志組織市委辦公室、研究室、市農委等部門的同志，在廣泛調查研究、全面總結濰坊市自黨的十一屆三中全會之後的農業農村經濟發展的基礎上，認真總結了諸城市貿工農一體化、壽光市依靠市場帶動發展農村經濟、高密市實行區域種養和寒亭區「一鄉一業，一村一品」等做法和經驗，結合出國考察學習總結的日本農協、美國垂直一體化農業公司、法國農業聯合體等現代化農業發展的先進經驗，首次提出了「農業產業化[2]」這個對中國農業經營制度發展和創新具有重大影響的概念。

1993年3月中旬開始，濰坊市委領導同志組織市委辦公室、市農委和研究室的同志著手起草濰坊市實施農業產業化戰略的文件。在文件起草過程中，濰坊市委領導同志先後深入壽光市、昌邑市、寒亭區、諸城市、安丘市、昌樂縣、高密市等縣市廣泛調查研究，與這些縣市區的黨政主要領導深入交談。

1993年5月25日，《中共濰坊市委、濰坊市人民政府關於按照農業產業化要求進一步加強農村社會主義市場經濟領導的意見》正式印發。山東省委、

---

[1] 艾雲航. 發展產業化經營 增加農民收入[J]. 理論學習, 2008（8）：8-10.
[2] 農業產業化譯為「Agricultural Industrialization」。

省政府領導和省直相關部門先後多次來濰坊市考察、總結和推廣農業產業化。山東省農委組成專項調查組，赴濰坊市展開深入調查，形成了題為《關於按產業化組織發展農業的初步設想與建議》的調查報告。這份調查報告得到省政府辦公廳的積極肯定。1993年6月中旬，省政府辦公廳在參閱件上轉發了此份調研報告。

新聞媒體大量報導了山東的農業產業化實踐。1993年10月11日至12日，作為中央級綜合性大報的《農民日報》連續兩日在顯著位置上發表了關於中國農業產業化的第一篇報導，即題為《輕舟正過萬重山——山東各級領導抓住產業化帶領農民闖市場思路考》長篇通訊文章的上篇和下篇。

1994年，山東省委、省政府印發一號文件，在全省範圍內號召推廣濰坊市農業產業化經驗，強調要按照產業化經營組織各地農業生產，自此山東省進入農業產業化戰略全面實施階段。1994年11月初，山東省委、省政府的領導帶領農委和濰坊市的幹部專程向時任國務委員的陳俊生做了農業產業化的匯報。陳俊生當即肯定山東省農業產業化，表示「山東又對全國農業做出了一大貢獻」，並批示將山東省農業產業化匯報提綱轉發在國務院參閱件上。財政部和中國農業銀行的負責同志也對山東省提出的農業產業化發展的思路和方案表示讚賞，並表示將在資金上給予大力支持。隨即從1994年開始，國家農業綜合開發辦公室專門從農業綜合開發資金中劃出專項資金，用於扶持農業產業化經營的各類項目（最初叫作「多種經營及龍頭企業項目」）。從1996年開始，山東省每年拿出10億元信貸資金，對50個省級重點龍頭企業進行扶持，實行銀企聯手，連續扶持。[1]

二、農業產業化經營全面推廣

1995年12月11日，《人民日報》在頭版頭條的位置上刊發社論《論農業產業化》，同時配發了3篇述評。這篇社論的刊載，不僅為農業發展新思路

---

[1] 張永森. 山東農業產業化的理論與實踐探索（下）[J]. 農業經濟問題，1997（12）：9-12.

第五章　農業產業化經營的發展與變遷

進入中央高層決策奠定了思想輿論基礎，而且為全國推行和實施農業產業化起到了重要的導向作用。1996年1月12日，時任中共中央總書記的江澤民在《致中華全國供銷合作社全國代表會議的信》中講道：「引導農民進入市場，把千家萬戶的農民與千變萬化的市場緊密地聯繫起來，推動農業產業化，這是發展社會主義市場經濟的迫切需要，也是廣大農民的強烈要求。」1996年2月5日至7日，國家體改委和農業部在黑龍江省肇東市舉行了全國農業產業化座談會。這是專門研究農業產業化的一次重要會議。會議強調：「農業產業化是中國農民和基層幹部的一個創舉……是在穩定家庭聯產承包為主的責任制和統分結合的雙層經營體制的基礎上，實行農業規模經營的一種重要形式，是農民進入社會主義市場經濟的重要形式，是實現鄧小平同志提出的農村改革和發展『第二個飛躍』的重要途徑。」[1]

1996年3月17日，第八屆全國人大四次會議通過的《國民經濟和社會發展「九五」計劃和2010年遠景目標綱要》[2] 中，提出「鼓勵發展多種形式的合作與聯合，發展聯結農戶與市場的仲介組織，大力發展貿工農一體化，積極推進農業產業化經營。」1997年1月10日，中央農村工作會議提到「實行產業化經營，各地累積了許多好的經驗」。1997年中共中央國務院6號文件（中發〔1997〕6號）明確提出：「農業產業化經營是推進農業和農村經濟實現兩個根本性轉變的一種有效方式，也是提高農業效益，增加農民收入的重要途徑。」1997年9月12日，黨的十五大報告提出：「積極發展農業產業化經營，形成生產、加工、銷售有機結合和相互促進的機制，推進農業向商品化、專業化、現代化轉變。」黨的十五大之後，全國掀起了全面推廣農業產業化經營的熱潮。

全國各地積極推行農業產業化經營的過程中，農業經營組織形式不斷創新。截至1997年10月，中國已有11,824個農業產業化經營組織，其產業化經營主要分為四種基本組織形式：第一種是龍頭企業帶動型。即圍繞一項產業或產品，以農產品加工企業、運銷企業為龍頭，實行農產品生產、加工和

---

[1] 姜春雲，李鐵映. 致農業產業化座談會的一封信 [J]. 農村合作經濟經營管理, 1996 (4): 3.
[2] 中華人民共和國國民經濟和社會發展「九五」計劃和2010年遠景目標綱要 [EB/OL]. (2015-10-14) [2019-04-25]. http://china.huanqiu.com/politics/2015-10/7757194.html?agt=15438.

銷售等一體化經營。這種經營形式發育較早，較為普遍，最為典型的是山東諸城外貿集團公司、上海大江公司、廣東溫氏集團公司和吉林德大公司等肉雞產業化經營。全國共有龍頭企業帶動型產業化經營組織5,380個，占全國總數的45.5%。第二種是市場帶動型。就是通過發展農產品專業市場，特別是大型批發市場，帶動形成區域化和專業化生產以及產供銷一體化經營。這種經營形式最早出現在山東省壽光市，隨後在全國其他地方迅速發展起來。全國共有市場帶動型產業化經營組織1,450個，占全國總數的12.3%。第三種是主導產業帶動型。即從發展特色經濟入手，利用當地資源，擴大生產經營規模，逐步形成一體化的產業群和產業鏈。全國共有主導產業帶動型產業化經營組織1,608個，占全國總數的13.6%。第四種是仲介組織帶動型。即各級政府的專業技術部門、各種專業技術協會、專業合作經濟組織以及社區合作經濟組織等各類仲介組織通過開展農業生產相關服務，培育和發展主導產品和主導產業，引導和組織農民進行生產、加工和銷售的一體化經營。全國共有仲介組織帶動型產業化經營組織3,382個，占全國總數的28.6%。[1]

第三節　龍頭企業帶動型農業產業化經營

　　龍頭企業帶動農戶產業化經營是中國農業產業化經營最基本的模式之一。農業產業化經營的龍頭企業往往不同於一般的工商企業，它肩負著開拓市場、進行科技創新、引入現代工業管理制度，把千家萬戶的農戶聯結起來的經營責任，發揮著引導和組織農戶加入生產基地、開展生產經營的樣板和示範作用。在堅持中國家庭承包經營制的前提下，龍頭企業通過與農戶建立契約關

---

[1] 吳曉華，尹曉萍. 農業產業化經營：農村經濟改革和發展的新主題 [J]. 經濟改革與發展，1998（2）：56-60.

係，將分散經營的一家一戶組織起來，實施專業化生產、區域化佈局和一體化經營，從而為解決產加銷相脫節的狀況提供一條切實可行的途徑。在農業產業化經營中，各類龍頭企業是支柱，廣大分散的農戶是基礎，龍頭企業要依靠農戶，農戶要依靠龍頭企業，二者既互為條件、又互為依靠，既相互影響、又相互促進，形成以產業化鏈條為紐帶的經濟利益共同體。這是全國各地實踐中興起的最具代表性、最有發展潛力的產業化經營組織形式，廣泛分佈在農作物種植業、畜禽養殖業，特別是在外向型創匯農業中最為流行。實踐中，「公司+農戶」是龍頭企業帶動型農業產業化經營的主要表現形式。早在 20 世紀 70 年代，為了開闢中國市場，泰國正大飼料公司開始推行公司向農戶提供種雞、飼料等生產資料以及技術服務，帶動農戶發展養雞業，取得了經營成效並得以在中國養殖業站穩腳跟。這是中國最早的一批「公司+農戶」的經營實踐，也被稱為「正大模式」。1988 年 8 月 1 日至 7 日，中國農業部政策法規司、中國技術經濟研究會、《人民日報》經濟部等部門組織召開了理論研討會，初步確立了「公司+農戶」是農業經營組織創新和農村經濟發展的新路子。8 月 7 日，《人民日報》刊登了題為《公司+農戶·新的生長點——大江公司的評介》的述評，這篇文章評價了中泰合資上海大江有限公司的發展情況和取得的成就，是國內第一次正式概括和使用「公司+農戶」這一經營形式。目前這種形式已在中國許多地區得到發展。據農業部統計，截至 2016 年年底，全國各類龍頭企業達 13.03 萬個，年銷售收入約為 9.73 萬億元，其中銷售收入 1 億元以上的農業產業化龍頭企業數量同比增長了 4.54%，固定資產約為 4.23 萬億元。[①]

一、龍頭企業帶動農戶經營的背景

（一）龍頭企業向農戶提供社會化服務

中國農戶家庭經營符合農業生產經營的規律和特點，它能夠使農業生產

[①] 高鳴，郭薈薈. 2018 中國新型農業經營主體發展分析報告——基於農業產業化龍頭企業的調查和數據［N/OL］. 農民日報，2018-02-22［2019-05-14］. http://www.tudi66.com/zixun/6935.

與其經營管理統一於農戶家庭，農戶進行生產管理的積極性高，責任心強，管理監督費用低，其勞動往往不計入成本[①]，生產出的農產品很便宜，因此農戶家庭經營固有的優點很明顯。在農村經濟商品化、農業現代化轉變的大背景下，農戶作為生產主體和消費主體數量多而且分散，農戶進入市場的交易成本高，要求加強社會化服務來克服分散經營的局限。龍頭企業的市場把握能力強，與經濟技術部門以及村集體經濟組織聯合，向農戶提供資金、種苗、物資、技術、加工、銷售等系列服務並獲得相應的服務收益。龍頭企業在合同的制約和服務經濟效益的驅動下自覺地、主動地、高效地、系統地向農戶提供生產需要的服務。在當時的歷史條件下，龍頭企業帶動農戶推進農業產業化經營，是歷史和時代的選擇。

(二) 龍頭企業帶動農戶增收

龍頭企業帶動農戶開展農業產業化經營，能夠使農戶分享到市場擴張和農業產業鏈拓展的增值收益，是國家推進大力支持龍頭企業、農業產業化發展的基本前提和根本目的。龍頭企業要自覺地帶動和服務農戶，針對農業產前、產中、產後各環節所需的服務，為農戶提供專業化服務，降低農戶家庭經營對接市場的交易成本，同時履行訂單合同，進一步提高農業生產效益，使農戶經營性收入在龍頭企業的帶動下不斷提高。

二、龍頭企業帶動型產業化經營的發展過程

(一) 1996—2001 年：強調龍頭企業在農業產業化經營中的重要性，逐漸明確「扶持龍頭企業就是扶持農業、扶持農民」的政策目標

市場經濟發展初期，中國農村處於分散的家庭小生產經營狀態。要解決千家萬戶的分散生產與社會主義大生產大市場的矛盾，最有效的途徑和方式是推行龍頭企業帶動型農業產業化經營。在推進農業產業化經營的過程中，強有力的龍頭企業偏少、與龍頭企業配套的體系僅局限於部分行業以及有些

---

① 丁力. 農戶：農業產業化的主角 [J]. 經濟工作導刊，1997 (2)：20-21.

第五章　農業產業化經營的發展與變遷

經濟效益不理想的體系，抑制了農業產業化發展。[1] 據農業部的調查資料顯示，1996年全國有11,824個龍頭組織，佔到以農產品為原料的輕工類獨立核算企業總數的7%。[2] 政府更多地運用財政、稅收、信貸等經濟槓桿，積極推動農業產業化經營。《中共中央　國務院關於「九五」時期和今年農村工作的主要任務和政策措施》（中發〔1996〕2號）中要求「要以市場為導向，立足本地優勢，積極興辦以農產品加工為主的龍頭企業，發展具有本地特色和競爭力的拳頭產品，帶動千家萬戶發展商品生產，帶動適度規模經營的生產基地建設和區域經濟的發展」。1997年1月10日中央農村工作會議明確提出：「實行產業化經營，各地累積了許多好的經驗。關鍵是選準、辦好能夠帶動千家萬戶的龍頭企業。有了具備較強經濟實力和服務手段的龍頭企業，才能帶基地、聯農戶、擴大規模、開拓市場。要重視做好培育龍頭企業的工作……鼓勵工商企業和外商投資興辦帶動農業發展的龍頭企業。農業銀行和其他商業銀行要安排一定比例的貸款扶持龍頭企業發展。各級政府在政策上要給予農業企業同樣的優惠。」1997年國務院調研組對12省調研的結果顯示，農業產業化經營帶動農戶的比例為7.6%，參加的農戶增收的比例為8.2%。[3] 農業產業化龍頭組織的數量還不多，整體帶動作用還有限。

中央政策逐漸重視龍頭企業在農業產業化經營中帶動農戶的作用，加大對龍頭企業的扶持力度。1998年10月14日黨的十五屆三中全會通過的《中共中央關於農業和農村工作若干問題的決定》中提出：「發展農業產業化經營，關鍵是培育具有市場開拓能力、能進行農產品深加工、為農民提供服務和帶動農戶發展商品生產的龍頭企業。要引導龍頭企業同農民形成合理的利益關係，讓農民得到實惠，實現共同發展。」《中共中央　國務院關於做好1999年農業和農村工作的意見》（中發〔1999〕3號）提出：「發展農業產業化經營對於調整、優化農業結構，提高農副產品加工水準具有重要的帶動作用。

---

[1] 趙健武. 貿工農一體化發展的基本態勢［J］. 中國農村經濟，1993（5）：30-33.
[2] 李謙. 發展農業產業化經營的幾個問題［J］. 中國農村經濟，1998（12）：40-44.
[3] 同[2].

各地要選擇一批市場開拓能力強的龍頭企業，予以扶持。」《中共中央 國務院關於做好 2000 年農業和農村工作的意見》（中發〔2000〕3 號）明確提出：「國務院有關部門要在全國選擇一批有基礎、有優勢、有特色、有前景的龍頭企業作為國家支持的重點，在基地建設、原料採購、設備引進和產品出口等方面給予具體的幫助和扶持，各地也要抓好這項工作。龍頭企業要與農民建立穩定的購銷關係和合理的利益聯結機制，更好地帶動農民致富和區域經濟發展。」

中央政策逐漸明確「扶持龍頭企業就是扶持農業，扶持農民」。2000 年 10 月 8 日，農業部等九部委下發的《關於扶持農業產業化經營重點龍頭企業的意見》（農經發〔2000〕8 號）中提出：「龍頭企業是發展農業產業化經營的關鍵……扶持龍頭企業就是扶持農業，扶持農民。國家擇優扶持一批有優勢、有特色、有基礎、有前景的重點龍頭企業……通過重點龍頭企業的帶動和示範，必將有力的推進農業和農村經濟結構的戰略性調整。」2000 年 11 月 26 日，時任國務院副總理的溫家寶與全國農業產業化工作會議部分代表座談時強調：「目前農業產業化經營還處於起步階段，龍頭企業的整體實力還不強，對龍頭企業進行一定的扶持是必要的。扶持龍頭企業，就是扶持農業、扶持農民。」2001 年 6 月 26 日農業部等九部委首次聯合印發《農業產業化國家重點龍頭企業認定和運行監測管理暫行辦法》[1]，明確了農業產業化國家重點龍頭企業實行資格認證制度及其相應的優惠政策和財政扶持，構建起農業產業化國家重點龍頭企業的淘汰機制。

（二）2002—2010 年：強調扶持龍頭企業發展的具體措施，重視龍頭企業與農戶的利益聯結機制

雖然龍頭企業在調整農業生產結構、提升農業產業發展層次、推動農業產業化發展、增加農民收入的過程中發揮著不可替代的作用，但是，由於龍

---

[1] 中華人民共和國農業部.印發《農業產業化國家重點龍頭企業認定和運行監測管理暫行辦法》的通知 [EB/OL].（2008-06-06）[2019-05-24]. http://jiuban.moa.gov.cn/zwllm/zcfg/nybgz/200806/t20080606_1057287.htm. 2008-03-04. 2010 年 9 月 19 日對其進行修訂印發（農經發〔2010〕11 號），2018 年 5 月 10 日農業農村部多部門再次對 2010 年版進行了修改印發（農經發〔2018〕1 號）.

頭企業和農戶是天然不同的兩個利益主體，決定了他們在市場經濟的競爭中都有各自的利益。財政資金通過龍頭企業發揮農民增收效應需要一系列的傳導機制，如果簡單地將「扶持龍頭企業」等同於「帶動農民增收」，勢必會對地方各級政府的政策執行造成誤導。為了回應中央政策的號召，也為了各自的政績工程，地方各級政府勢必會把工作的重點落到對龍頭企業的扶持上，而不關心龍頭企業同農戶是否實現了真實的利益聯結以及農戶是否真正地從產業化經營中受益。中央政策進一步明確了對龍頭企業的扶持方式，加強對農戶帶動力強的龍頭企業財政和信貸政策的扶持。2002年1月10日下發的《中共中央　國務院關於做好2002年農業和農村工作的意見》（中發〔2002〕2號）中更是明確地提出：「發展農業產業化經營，關鍵是盡快培育一批輻射面廣、帶動力強的龍頭企業。……各級財政都要增加投入……對重點龍頭企業的貸款給予貼息。……農業銀行要安排一定的規模和資金，優先支持符合貸款條件的龍頭企業。安排國債資金支持技術改造，要把國家重點龍頭企業納入支持範圍，把農產品加工企業作為全國中小企業信用擔保體系的優先扶持對象。」《中共中央　國務院關於做好2003年農業和農村工作的意見》（中發〔2003〕3號）明確指出：「近幾年，為推進農業產業化，國家制定了一系列支持龍頭企業的政策措施，各地要進一步做好落實工作，為促進龍頭企業發展，增強企業的帶動能力創造良好的條件。……同時對龍頭企業的收購資金貸款和有關融資，要加強監管，防止改變使用方向。」

1998—2002年，在一系列政策的推動下，農業產業化組織總數由30,344個發展到94,432個，其中龍頭企業由15,088萬個發展到41,905個，帶動農戶由3,900萬戶上升到7,265萬戶，占全國農戶總數的30%。隨著龍頭企業的發展壯大，帶動農戶的數量不斷增多，中央政策日益重視龍頭企業和農戶之間的利益聯結。2004—2010年，連續七個中央一號文件圍繞財政、信貸等具體措施進一步明確怎麼扶持龍頭企業，強調龍頭企業與農戶之間的利益聯結。《關於促進農民增加收入若干政策的意見》（中發〔2004〕1號）提出：「各級財政要安排支持農業產業化發展的專項資金，較大幅度地增加對龍頭企業的投入」。《中共中央　國務院關於進一步加強農村工作提高農業綜合生產能

力若干政策的意見》（中發〔2005〕1號）指出：「繼續加大對多種所有制、多種經營形式的農業產業化龍頭企業的支持力度。鼓勵龍頭企業以多種利益聯結方式，帶動基地和農戶發展。」《中共中央 國務院關於切實加強農業基礎建設 進一步促進農業發展農民增收的若干意見》（中發〔2008〕1號）提出：「中央和地方財政要增加農業產業化專項資金，支持龍頭企業開展技術研發、節能減排和基地建設等。……龍頭企業要增強社會責任，與農民結成更緊密的利益共同體，讓農民更多地分享產業化經營成果。健全國家和省級重點龍頭企業動態管理機制。」

金融機構紛紛將龍頭企業作為其信貸支持的重點對象，在資金安排上給予傾斜。《中共中央 國務院關於加大統籌城鄉發展力度 進一步夯實農業農村發展基礎的若干意見》（中發〔2010〕1號）提出：「支持龍頭企業提高輻射帶動能力，增加農業產業化專項資金，扶持建設標準化生產基地，建立農業產業化示範區。」據統計，截止到2010年年末，龍頭企業獲得貸款餘額累計達到5,404億元。[1] 重慶、陝西、江西、浙江、湖北等十多個省（區、市）積極探索興建信貸擔保機構，化解龍頭企業融資難問題。符合條件的國家重點龍頭企業得到中國證監會大力支持，可以上市融資、發行債券。

（三）2012年至今：各級政府繼續支持龍頭企業發展壯大，重點關注緊密型利益聯結機制的建設

黨的十八大以來，中國進入工業化與城鎮化深入發展、同步推進農業現代化的關鍵時期，努力補齊農業現代化發展的短板這一任務更加凸顯，迫切需要進一步推動龍頭企業發揮帶動作用。截止到2012年3月，中國農業產業化組織共有28萬個，帶動農戶1.1億戶，參加龍頭企業產業化經營的農戶年戶均增收金額從2000年的900多元，快速提高到2011年的2,400多元；共有龍頭企業11萬家，其農產品供應能力強大，供應量占到了全國農產品及加工製品的市場供應總量的1/3、主要城市「菜籃子」農產品供給總量的2/3以

---

[1] 農業部. 關於支持農業產業化龍頭企業發展的意見［EB/OL］.（2008-12-25）［2019-05-29］. http://www.scio.gov.cn/xwfbh/xwbfbh/wqfbh/2012/1225/xgxwfbh/Document/1259965/1259965.html.

第五章　農業產業化經營的發展與變遷

上,其銷售收入突破了5.7萬億元。① 龍頭企業在帶動農戶產業化經營和促進農戶增收等方面作用越來越突出。但同時,龍頭企業的發展壯大也面臨著不少的困難和問題,需要出抬更加直接和有力的政策措施,進一步扶持壯大龍頭企業。2012年3月6日,國務院出抬《關於支持農業產業化龍頭企業發展的意見》(國發〔2012〕10號)。2012年中央財政共安排了30.95億元的資金直接用於重點扶持龍頭企業開展產業化經營項目,受到資金支持的龍頭企業達到3,826個。另一方面是通過現代農業生產發展資金提供支持。中央財政確立的現代農業生產發展資金支持對象包括農業產業化龍頭企業。2012年,中國各類龍頭企業通過中央財政安排的「菜籃子」產品生產資金扶持,共獲得現代農業生產發展扶持資金15億元。② 各省、市各級政府相繼出抬了龍頭企業的支持政策和優惠政策。

農業產業化國家級龍頭企業在2011年年底數量已達上千家。不同企業在規模和效益方面差異很大,通過收購、兼併重組、控股等方式組建起大型企業集團是打破地方行政條塊分割、實現農業產業化經營的最有效途徑。《中共中央 國務院關於加快發展現代農業 進一步增強農村發展活力的若干意見》(中發〔2013〕1號)指出:「培育壯大龍頭企業。支持龍頭企業通過兼併、重組、收購、控股等方式組建大型企業集團。創建農業產業化示範基地,促進龍頭企業集群發展。推動龍頭企業與農戶建立緊密型利益聯結機制,採取保底收購、股份分紅、利潤返還等方式,讓農戶更多分享加工銷售收益。」首次在中央一號文件中明確提出組建大型企業集團,推動龍頭企業與農戶建立緊密型利益聯結機制。

龍頭企業成為構建新型農業經營體系的重要主體。《中共中央 國務院關於全面深化農村改革 加快推進農業現代化的若干意見》(中發〔2014〕1號)提出:「構建新型農業經營體系……扶持發展新型農業經營主體。……鼓勵發

---

① 農業部.關於支持農業產業化龍頭企業發展的意見 [EB/OL].(2008-12-25)[2019-05-29].http://www.scio.gov.cn/xwfbh/xwbfbh/wqfbh/2012/1225/xgxwfbh/Document/1259965/1259965.html.
② 中央財政安排30.95億元資金扶持3,826個龍頭農企 [EB/OL].(2012-12-18)[2019-05-30].http://www.gov.cn/gzdt/2012-12/18/content_2292656.htm.

展混合所有制農業產業化龍頭企業,推動集群發展,密切與農戶、農民合作社的利益聯結關係。」《中共中央 國務院關於加大改革創新力度 加快農業現代化建設的若干意見》(中發〔2015〕1號)提出:「推進農業產業化示範基地建設和龍頭企業轉型升級。」《中共中央 國務院關於落實發展新理念 加快農業現代化 實現全面小康目標的若干意見》(中發〔2016〕1號)提出:「積極培育家庭農場、專業大戶、農民合作社、農業產業化龍頭企業等新型農業經營主體。」「創新發展訂單農業,支持農業產業化龍頭企業建設穩定的原料生產基地、為農戶提供貸款擔保和資助訂單農戶參加農業保險。」首次在中央一號文件中提出新型農業經營主體的四大類型,明確龍頭企業對農戶的帶動作用。《中共中央 國務院關於深入推進農業供給側結構性改革 加快培育農業農村發展新動能的若干意見》(中發〔2017〕1號)提出:「以規模化種養基地為基礎,依託農業產業化龍頭企業帶動,聚集現代生產要素,建設『生產+加工+科技』的現代農業產業園,發揮技術集成、產業融合、創業平臺、核心輻射等功能作用。」

發揮龍頭企業對小農戶帶動作用。《中共中央辦公廳國務院辦公廳關於促進小農戶和現代農業發展有機銜接的意見》(中辦發〔2019〕8號)提出:「完善農業產業化帶農惠農機制,支持龍頭企業通過訂單收購、保底分紅、二次返利、股份合作、吸納就業、村企對接等多種形式帶動小農戶共同發展。鼓勵龍頭企業通過公司+農戶、公司+農民合作社+農戶等方式,延長產業鏈、保障供應鏈、完善利益鏈,將小農戶納入現代農業產業體系。鼓勵小農戶以土地經營權、林權等入股龍頭企業並採取特殊保護,探索實行農民負盈不負虧的分配機制。鼓勵和支持發展農業產業化聯合體,通過統一生產、統一營銷、信息互通、技術共享、品牌共創、融資擔保等方式,與小農戶形成穩定利益共同體。」

三、龍頭企業帶動型產業化經營的利益聯結機制

農業產業化經營的核心在於建立起行之有效的利益聯結機制。按照客觀經濟規律,農業產業化經營要把各產業部門組織起來,建立與之相適應的利

第五章　農業產業化經營的發展與變遷

益聯結機制，以契約為紐帶，讓多元參與主體在不同產業化經營組織形式中實現利益再分配，風險共擔，利益共享，各得其利，以達成產業化經營的共同目標和多元參與主體的個別目標相統一。尤其是對廣大農戶來說，農業產業化經營的組織制度創新實現了分散經營的小農戶與國內外大市場的有效連接。在遵循市場交換關係和市場經濟運行規律的基礎上，農業產業化經營實現了整個農業產業及其關聯產業的相關經濟主體「風險共擔、利益共享」，促進農業產業資源的優化配置。由此可見，農業產業化經營的利益聯結機制實際上由「市場交換關係」和「風險共擔、利益共享」的利益關係這兩個重要關係組成，二者相輔相成，缺一不可。因此，農業產業化經營的利益聯結機制區別於那種侵占農戶利益、讓農戶吃虧、不講平等交易條件的市場交換關係。

（一）農業產業化經營利益聯結的前提

第一，農業產業化經營是經濟參與主體的聯合與合作，要把由交易成本節約而形成的生產者剩餘保留在農業內部，各利益主體共同分享由農業產業資源配置效率提高而帶來的經濟利益，必須形成合理的利益分配關係。因此，農業產業化經營的發展和成熟，將最終取決於利益分配機制的健全與完善程度。

第二，合理的利益分配關係不能簡單地用「讓農戶分享加工、銷售環節的利潤」來定性。在農業產業化經營初期，處於產前或產後環節的企業或組織自身的發展水準還比較低，自身還需要不斷累積和壯大，因此這一階段農戶與加工流通企業或組織應以契約為紐帶。在農業產業化經營的中後期，企業或經濟組織累積到一定程度，規模擴大，與農戶之間的相互依賴性增強，往往以建立生產基地等形式鞏固市場交換關係，做到「風險共擔，利益共享」。

第三，農業產業化經營能夠起到節約交易成本的作用，但是其建立與運行仍需要付出相應的組織成本。如果農業產業經營內部組織的邊際交易成本高於外部市場的邊際交易成本，各利益主體將會退出組織而獨立進入市場進行交易，農業產業化經營則無從談起。

第四，作為農業產業化經營的參與主體，龍頭企業、農戶、政府和其他新型農業經營主體等各自又是獨立的經營主體，都追求自身的目標及其利益

最大化。只有建立「利益共享,風險共擔」的經濟利益共同體,參與主體的利益才能既對立又統一。如果僅僅是將農業再生產的產前、產中和產後諸環節聯結為產業鏈條,各參與主體實行鬆散聯繫,各參與主體間交易關係僅僅是買斷而沒有二次返利,農戶不能得到加工、流通環節的利潤共享,或者只有利益共享而缺乏風險共擔,那麼各參與主體都有可能在自然風險或市場價格波動時出現違約行為,從而很難達到降低農戶經營風險、提高農民收入的目的。

(二) 農業產業化經營利益聯結的類型

根據小農戶與龍頭企業(公司)在利益聯結方式中結成的利益關係的緊密程度,龍頭企業帶動型農業產業化經營利益聯結的類型可分為鬆散型、半緊密型和緊密型三種。鬆散型和半緊密型是農業產業化組織的初級形式。公司與農戶一體化關係不穩定,一般沒有書面契約,或者即使有書面契約但內容也不健全、不規範,沒有建立起一體化利益關係,農戶仍舊沒有改變出售初級農產品獲得收益的地位,不能分享公司對農產品的加工、流通產生的增值利潤。嚴格意義上說,緊密型利益聯結才能讓龍頭企業和個體農戶真正實現「利益共享,風險共擔」,才是真正的利益共同體。2008年中央一號文件《中共中央 國務院關於切實加強農業基礎建設 進一步促進農業發展農民增收的若干意見》(中發〔2008〕1號) 就明確提出:「龍頭企業要增強社會責任,與農民結成更緊密的利益共同體,讓農民更多地分享產業化經營成果。」利益主體根據實際情況選擇適合的利益聯結方式。總體來說,在市場經濟作用下,龍頭企業和農戶間的利益聯結由「鬆散型」向「半緊密型」過渡,再逐漸向「緊密型」變遷。

1. 鬆散型利益聯結

鬆散型利益聯結即所謂的「買斷型」或「市場交易型」。鬆散型利益聯結有兩種情況:一是龍頭企業憑藉自身的信譽和傳統的產銷關係,與農戶按照市場價格機制隨行就市交易產品,即純粹的市場交易方式。龍頭企業與農戶事先不簽訂合同(契約),沒有建立價格保護機制,也不提供其他服務,不存在「利益共享,風險共擔」。二是龍頭企業與農戶簽訂遠期購銷合同(契約),在農產品交割時節有合約關係下的市場交易行為,該鬆散型合同所約定

的交易價格並未約定保障農戶利益的最低保護價格，龍頭企業在產前、產中和產後各環節不提供其他服務。這類鬆散型合同的利益聯結方式與純粹的隨行就市的市場交易方式唯一不同之處在於事先確定了交易價格。

實踐中，鬆散型利益聯結操作比較靈活，在一定程度上可以解決農戶農產品銷售渠道的難題，但這種利益聯結關係極不穩定。不論是純粹的市場交易活動還是在鬆散型合同約束下的市場交易活動，農戶只能獲得售賣農產品的收益，完全不能參與也根本分享不到龍頭企業在農產品加工和銷售環節的利潤。相應地，龍頭企業也不能獲得穩定的原料供給基地。龍頭企業和農戶雙方抵抗各種風險尤其是機會主義行為風險的能力都非常弱。因此，鬆散型合同的違約率是所有產業化經營合同中最高的。

2. 半緊密型利益聯結

半緊密型利益聯結是介於鬆散型和緊密型之間的一種利益聯結。該聯結下龍頭企業和農戶之間締結的商品契約約定了農產品或服務的交易關係和利益分配方式，但風險共擔機制不夠合理甚至完全空白。半緊密型利益聯結仍舊沒有真正形成「利益共享、風險共擔」的利益共同體。農戶仍舊只能獲得出賣農產品的收益而無法合理分享甚至根本分享不到龍頭企業在產前、產後環節的利潤。半緊密型利益聯結主要包括以下兩種類型。

（1）訂單農業式利益聯結

龍頭企業與農戶事先簽訂農產品購銷契約（合同），以合同方式確定購銷或服務關係和各利益主體的責權利，又稱「訂單農業」。訂單農業是龍頭企業帶動型產業經營的基礎。2005 年各類產業化組織共帶動農戶 870 多萬戶，其中龍頭企業以訂單合同帶動農戶近 600 萬戶，約占總數的 68.97%。[1] 可見，龍頭企業帶動型農業產業化經營利益聯結的主要方式是訂單合同。2009 年全國各類農業產業化組織中，有訂單關係的有 10.39 萬個，占 46%。[2] 訂單合同一般包括保護價收購合同、「保護價收購+優惠服務」合同、「保護價收購+二

---

[1] 鄭文凱. 全面提高農業產業化工作水準 [J]. 農業產業化, 2005 (4): 18-20.
[2] 傅晨. 中國農業改革與發展前沿研究 [M]. 北京: 中國農業出版社, 2013: 75.

次返利」合同。交易雙方在合同中確定的最低保護價格按照「完全成本＋利潤」基本原則而定。訂單農業使得龍頭企業獲得了充足而穩定的農產品基地，農戶獲得了比較穩定的銷售渠道和市場，降低了雙方生產經營的不確定性，在一定程度上降低了交易成本。但由於契約的不完備性，加之農業生產的自然風險和市場風險大，風險基金缺失或者保障程度不夠，存在著交易雙方違約的風險，此種方式下，農戶仍舊是價格的被動接受者，缺乏價格談判能力。

在訂單農業中，「訂單＋服務」是常用的利益聯結類型。龍頭企業與農戶簽訂合同，明確龍頭企業向農戶無償或賒借或低價提供農業生產所需的資金、生產資料、疫病防治、技術指導、收穫、儲藏、運輸等系列服務，並根據合同約定收購農產品，有的龍頭企業甚至還會根據服務向農戶返還一部分加工、銷售環節的利潤。在生產過程中單一農戶分散經營做不好或者做起來不劃算的環節，龍頭企業可以通過統一服務一一化解。龍頭企業通過服務在產前、產中、產後諸環節與農戶的利益聯結起來。龍頭企業統一提供社會化服務，有助於實現農產品標準化生產，避免農產品參差不齊、質次價差，從而保障農民收益；同時，龍頭企業依託農戶建立起比較標準的生產基地，獲得質量穩定、數量可控的原料。在有償服務時，龍頭企業已鎖定服務客源，可以集中力量進行產品研發和技術創新，從而獲得更大的收益。龍頭企業掌握著服務價格定價和利益分配的主動權，一旦龍頭企業有意轉嫁經營成本和經營風險，農戶不僅得不到加工、銷售環節的利益，還要支付高額的服務費用而導致利益受損。

（2）仲介組織介入式利益聯結

為了克服買斷式龍頭企業和農戶之間鬆散利益聯結下雙方交易成本大、違約率高、交易關係脆弱等弊端，在雙方交易過程中逐漸內生出仲介組織，形成了龍頭企業與仲介組織、仲介組織與農戶之間的雙重委託代理關係。實踐中，中國農業產業化經營發展初期的仲介組織大多由專業大戶或農民合作經濟組織或當地基層政府部門牽頭組建，組織形式主要有「龍頭企業＋合作經濟組織＋農戶」和「龍頭企業＋村民委員會／農村基層政府＋農戶」兩種類型。

與普通農戶相比，仲介組織知曉一定的法律和市場信息，在龍頭企業和

農戶之間充當協調的第三方，發揮溝通橋樑作用和組織優勢。仲介組織與農戶大多來自同一村鎮或社區，相互瞭解，區域文化和價值取向相近或相同，有利於仲介組織與農戶之間交流、監督和約束，規範分散經營農戶的投機行為。同時，仲介組織代表分散農戶對龍頭企業可能出現的機會主義行為和侵害農戶利益行為進行監督和防範。因此，仲介組織的介入在一定程度上提高了農戶的組織化水準和議價能力，促進小農戶經營與大市場的有效連接，使得龍頭企業和農戶的合作關係更加穩定，提升龍頭企業和農戶各自的履約率。

在仲介組織介入的利益聯結中，龍頭企業、農戶和仲介組織各自承擔相應的責任，並按合同規定分配所得利益。該聯結中大多數仲介組織並不直接參與農戶的具體經營管理過程，或者在農戶經營管理過程中的參與程度較淺。在現實中，龍頭企業帶動型產業化經營中存在著農村基層政府聯繫和組織分散經營的農戶、龍頭企業聯繫農村基層政府的現象，但農村基層政府的目標並非農戶生產經營的目標完全一致。因此，仲介組織介入雖然能夠有效地降低龍頭企業與農戶直接交易產生的高昂交易成本和高違約率，但隨之產生的雙重委託代理成本及其複雜的利益博弈不容忽視。龍頭企業與農戶是否選擇仲介組織作為共同代理人來協調直接市場交易關係，取決於利害關係人對直接交易成本和雙重委託代理成本的比較與權衡。

3. 緊密型利益聯結

緊密型利益聯結是以較為完備的要素契約為紐帶，農戶以土地經營權、資產、勞動力和技術等要素入股龍頭企業，同時還參與龍頭企業的經營管理及其監督，形成新的資產關係，建立起一種以生產要素的產權關係作為聯結紐帶和利益分配的調節機制，由利益主體各方共同負擔經營好壞的責任，龍頭企業和農戶之間才能真正形成「利益共享、風險共擔」的利益共同體。在緊密型利益聯結機制中，龍頭企業和農戶之間的權利和義務除了受合同約束，還要受企業章程和法律的共同約束。農戶不再單純是龍頭企業的生產原料提供者，他們除了獲得按合同規定的保護價格交售產品的利潤外，還通過按股分紅分享到產、加、銷各環節的平均利潤。因此，龍頭企業和農戶的緊密利益關係不僅局限於農產品的買賣關係，更重要的是企業為農戶提供優惠或無

償服務,企業建立農產品收購最低保護價格、風險基金、利潤返還等一系列「非市場安排」給農戶讓利。緊密型利益聯結主要包括以下三種類型。

(1) 準縱向一體化利益聯結

與企業的完全一體化不同,龍頭企業和農戶之間建立的準縱向一體化利益聯結既有市場屬性、又有企業屬性。從市場屬性來看,龍頭企業和農戶仍是相對獨立的經濟利益主體,雙方簽訂的合同規定了農產品交易的時間、地點、數量、質量、價格等條款,交易保留更多的市場成分,交換產品時仍繞不開交易價格。以溫氏集團的養雞業為例,企業為農戶提供的肉雞生產所必需的飼料、種苗、藥物、疫苗等全部中間產品都明碼標價。企業還負責指導雞舍建築、肉雞飼養管理、疾病診治以及肉雞質量驗收和銷售等工作,通過提供全方位的優質服務協助農戶養好雞。與溫氏合作的農戶負責肉雞飼養工作全過程的管理,必須承擔經營風險。由於要素投入和管理水準的差異,合作農戶獲得的經營收益有所差別,甚至少數農戶因管理不良或投入成本過高等原因而虧損。通過準縱向一體化的安排,企業的管理、技術、資金和市場開拓優勢與農戶分散經營的人力和場地優勢結合起來,通過「利益共享、風險共擔」,恪守與農戶「五五分成」的利益分配準則,確保農戶利潤,達到在激烈的市場競爭中公司與農戶共同發展的目的。

從企業屬性來看,準縱向一體化的組織邊界向企業方向移動,基於管理協調成本的考慮將對合作農戶的生產實行準車間化管理。企業內的車間是企業的基本組成部分,不能獨立於企業存在,對外不承擔經營風險。而農戶的準車間化生產雖然解決了市場銷售和合作利益問題,但是要獨立承擔經營風險。龍頭企業通過準縱向一體化把畜禽的生產管理風險完全外部化。農戶嚴格按照合同和企業生產管理要求進行領苗、注射疫苗、出售和經營規模控制等管理活動,將非緊密合作狀態下的分散而無序的生產活動納入企業而成為有計劃生產的產銷一體化的車間和一個環節。農戶借助企業的科學指導提高養殖技術、在合理養殖規模的基礎上通過管理實現養殖業績,並依據養殖業績按照合同約定與企業分享合作剩餘。仍以溫氏集團為例,企業不鼓勵合作農戶雇工經營,嚴格控制農戶的經營規模,如養豬農戶的飼養規模,一批豬

第五章　農業產業化經營的發展與變遷

為200~500頭，這樣既使得合作農戶有小型車間的生產規模，又防止其實力快速發展壯大而脫離企業，確保能夠長期實施農戶準車間化管理，保持生產的穩定性。在溫氏集團的準縱向一體化經營者中，農戶的生產完全納入企業的計劃中，企業為農戶提供的肉雞生產所必需的全部中間產品的價格不會隨行就市，而是屬於一體化組織內部的調撥價格，又被稱作流程價格。流程價格影響到合作雙方的利潤水準。以溫氏集團養雞業為例，只要在企業與農戶結算前，不管肉雞是否回收，企業都可以根據實際需要調整中間產品的流程價格以及肉雞的回收價格，並嚴格規定各項價格每次的調整幅度在10%以內，以此來平衡農戶與企業雙方的利益。流程價格確保了農戶無法通過直接向市場出售產品來獲取利潤，有效約束了合作農戶的機會主義行為。在準一體化關係下雙方形成比較穩定的收益預期，增強了合作雙方聯手應對市場環境的組織能力和抗風險能力，能夠解決雙方契約約束的脆弱性和違約率高等問題。

（2）要素入股式利益聯結

要素入股式利益聯結，又稱股份式利益聯結，是指分散經營的農戶以勞動力、土地、管理才能和技術等要素入股，擁有龍頭企業的相應股份，參與龍頭企業的經營管理並對其進行監督。以生產資料入股為例，農戶通過將土地經營權轉讓給龍頭企業，據此擁有龍頭企業的相應股份。在參與龍頭企業產業化經營時，入股農戶成為在龍頭企業領取工資的產業工人，實現龍頭企業和農戶完全一體化生產管理。入股農戶根據任務完成情況和工作效果獲得相應的工資以及獎金收入等。龍頭企業通過縱向一體化管理、全方位技術指導、生產資料和資金提供、市場渠道開拓和人才培訓等，解決了農戶自身經營規模不經濟、資金短缺、市場銷售難等問題，在一定程度上也解決了龍頭企業經營過程中的生產資料和原料供應的穩定問題。因此，農戶要素入股的利益聯結不僅改變了農戶僅僅是單純的生產原料供給者的市場主體地位，而且通過土地等生產資料分紅讓入股農戶獲得龍頭企業在產、加、銷各環節經營的利潤，與龍頭企業真正地形成「利益共享，風險共擔」的緊密型利益聯結關係。這類按股分紅的利益分配方式，在產權層面上反應出龍頭企業與農戶結成了「利益共享，風險共擔」的真正的利益共同體，形成了新的資產關

係，緩解了作為獨立的市場主體的龍頭企業和農戶的利益衝突。

要素入股式利益聯結將要素貢獻和利益分配有機地結合起來，較為充分地體現了按照要素貢獻進行分配的基本原則，是龍頭企業與農戶利益緊密聯結的高級形式。這種利益聯結形式的關鍵是要有共同資產關係的經營主體才能夠形成高級的緊密型利益共同體。但由於家庭承包經營的土地面積十分有限，各家農戶投入龍頭企業的土地所占的股份很少，入股農戶的力量十分弱小，作為小股東的入股農戶的利益容易被大股東侵害。因此，入股農戶的分散性和弱勢地位依然沒有得到根本改變。同時，龍頭企業與單家獨戶的農戶在產權確立過程中一對一談判，大大增加了交易成本。因此，要素入股式利益聯結對龍頭企業和農戶提出了較高的要求，在中國農村全面推廣需要具備一定的產權條件。

（3）租賃協作式利益聯結

租賃協作式利益聯結以要素契約為紐帶，是龍頭企業帶動農戶開展農業產業化經營的一種特殊的租賃關係。該利益聯結中，租賃合同與相關農戶雇工就業安排協議是維繫龍頭企業和農戶二者利益關係的紐帶。龍頭企業與農戶簽訂租賃合同，由龍頭企業租賃農戶所承包的土地經營權進行農業生產項目的開發營運，並按照農戶就業安排協議負責安排農戶參與開發經營活動。農戶在收取租金的同時，按照所完成任務和技術水準等指標獲得龍頭企業支付的工資收入，業績突出的農戶還能獲得一定的獎金。分散農戶獨立進行生產經營的市場主體地位不復存在。龍頭企業對所有要素進行配置，對土地進行開發和經營以獲取相應的利潤，並承擔經營的種種風險。

在租賃合同的約束下，龍頭企業和農戶形成完全一體化經營的關係，所有要素由企業權威配置，實現完全的企業交易方式。這種利益聯結方式不僅有效解決了龍頭企業的生產基地建設、要素配置和員工招聘等方面的問題，而且農戶通過參與龍頭企業的生產經營還能夠有效地監督龍頭企業所承租的土地的實際使用情況和經營情況，避免龍頭企業改變承租土地的用途及其對農戶利益造成的侵害。龍頭企業的實際經營狀況影響著農戶能否按時獲得租金、工資、獎金等收入，反之農戶的工作效果也影響著龍頭企業的經營狀況。

因此，租賃協作式利益聯結通過比較完備的合同和完全的企業一體化經營，將龍頭企業和農戶的利益捆在一起，形成比較穩定的交易合作關係。

四、龍頭企業帶動農戶產業化經營存在的問題

（一）違約問題嚴重

農業產業化經營關係中，龍頭企業和農戶簽訂農產品購銷合同，農戶根據購銷合同安排生產，龍頭企業根據購銷合同按時收購農產品。通常情況下，合同會約定保護性收購價格，約定農戶合理的利潤分享。訂單農業對農戶來說具有規避價格風險、銷售風險、穩定收益的功能，對企業而言則有減少交易費用和分散經營風險的實惠，開拓產業鏈流程價值。作為兩個獨立的利益主體，龍頭企業與農戶之間的聯繫比較脆弱。一旦國家政策或者市場供求狀況發生不利的變化，有利可圖的一方很容易採取違約行為以保全自身的利益，讓對方獨自面對困難、承受損失，算不上是真正的利益共同體。現實中，農業產業化經營契約關係不穩定，違約問題十分嚴重。據農業部2000年調查資料顯示，在企業與農戶的購銷關係中，違約屢有發生，違約主體中企業占七成，農戶占三成。[①] 2003年訂單農業違約率高達80%[②]。

契約的不完備，給龍頭企業和農戶雙方當事人提供了違約契機，加上具有機會主義行為動機是經濟人的一般特徵，因此，在實踐中，當市場價格低迷時，公司因經營壓力或者機會主義行為會壓級壓價，甚至拒收農戶的產品；在市場價格上漲時，農戶又會把農產品賣到市場，使公司得不到加工或者銷售所需要的農產品。為了維護農業產業化經營的合同，雙方當事人對違約行為必須進行監督和懲罰。然而，合同監督及履約的成本很高。對於公司來說，公司與單個農戶的交易量比較小，即使勝訴，收益也很微小，但是每次的訴訟成本反而比較高。所以針對農戶違約，企業權衡成本收益後往往選擇沉默。

---

① 牛若峰. 中國農業產業化經營的發展特點與方向 [J]. 中國農村經濟，2002（5）：4-8，12.
② 劉鳳芹. 不完全合約與履約障礙——以訂單農業為例 [J]. 經濟研究，2003（4）：22-30，92.

對於農戶來說也是如此。這種現象最終導致農業產業化經營各參與者的利益得不到保障，損害各方參與農業產業化經營的積極性。

（二）行政撮合下的龍頭企業與農戶的交易關係十分脆弱

在市場經濟條件下，龍頭企業與農戶結成產業化經營關係是市場行為，取決於雙方自願和利益協調均衡，第三方的介入可能是越俎代庖。然而，在中國農業產業化全國全面推廣的實踐中，大量龍頭企業帶動型農業產業化經營是政府行政手段撮合的。政府為了推動農業發展和農民增收，積極開展農業產業化，初衷是好的。但是，一些地方政府為了追求工作成績，重視農業產業化組織的數量，而忽視農業產業化的「利益共享，風險共擔」一體化經營利益機制建設。在行政撮合的龍頭企業帶動型農業產業化組織中，龍頭企業和農戶「貌合神離」，彼此追求自己的利益，脆弱的一體化關係經常面臨困擾，隨時可能破裂。由於契約是一個以實力決定談判地位的博弈，龍頭企業和分散農戶的力量對比懸殊。龍頭企業往往利用資金、信息、技術、人力資本等方面的優勢，單方面決定合同的內容和條款，不願意向農戶讓利或者盡可能少向農戶讓利。當龍頭企業與農戶發生糾紛，龍頭企業更容易得到地方政府的偏袒，農戶利益無法得到保護。而分散的農戶勢單力薄，談判地位低，往往處於從屬的地位，被動接受龍頭企業制定的合同條款。公司向農戶分享農產品加工和流通環節的增值收益是農業產業化經營一體化利益關係的核心。雙方當事人違背一體化利益關係達成的契約利益關係不對等，先天埋下了違約的可能。[1] 由於農業產業化經營參與者各自獨立的利益缺乏有效的聯結機制，雖然國家自1994年起每年投入大量財政資金和各類優惠政策支持農業產業化發展，但在實踐中，龍頭企業卻未能在農業產業化經營中發揮出國家所預期的對農戶的有效帶動作用。

（三）龍頭企業帶動農戶增收效果有限

在農業產業化經營的實踐中，溫氏集團和正大集團等農業龍頭企業塑造了「龍頭企業+農戶」產業化經營模式能夠有效帶動農戶增收的成功典型。這

---

[1] 張炳霖. 龍頭企業與農戶利益聯結機制研究 [D]. 北京：北京工商大學，2011.

曾經讓人樂觀地認為，如果雙方真正建立起利益共享和風險共擔的機制，就可以實現企業與農戶的互利共贏。然而從龍頭企業帶動型產業化經營實踐情況來看，這種想法具有濃厚的理想化色彩。龍頭企業帶動型農業產業化經營中絕大多數的利益聯結是不緊密的。大量的農業產業化組織屬於鬆散型的初級形式，沒有建立起一體化利益關係，農戶不能分享公司在農產品的加工、流通環節所產生的增值利潤。據農業部調查顯示，2000 年，在龍頭企業與農戶的購銷合同中，不少所謂的「合同」是極不規範的口頭約定或不能約束彼此行為的「君子協議」，真正簽訂訂單合同的僅有 43%。2009 年，全國各類農業產業化組織中，有訂單關係的 10.39 萬個，占 46%。[1] 因此，龍頭企業帶動型產業化經營雖然在一定程度上緩解了農戶「小生產」和「大市場」之間的矛盾，把農戶從直接的市場交易中解脫出來，變市場交易為產業化經營組織內部交易，降低了農戶的市場風險和交易成本，但農戶難以分享到加工、流通環節的利潤。農戶仍舊沒有改變出售初級農產品獲得收益的地位。

　　龍頭企業帶動農戶增收，並非由企業的組織制度本身的屬性決定，而是來自企業經營行為所產生的正外部性。作為具有正外部性的龍頭企業的帶動作用，指的是這些龍頭企業在開展產業化經營行為的同時對農戶賦予了額外的利益。各級政府往往認為龍頭企業的產業化經營行為對農戶的增收具有必然的帶動性。實際上，當市場競爭異常激烈和殘酷時，龍頭企業帶動農戶的承諾也有可能無法兌現。尤其是當龍頭企業和農戶之間沒有構建起緊密的利益聯結機制時，兩者的利益並不一致。當市場風險增加時，龍頭企業和農戶的投機行為和道德風險會被放大。因此在實踐中龍頭企業或農戶的各求自保的違約行為都經常發生。實踐證明，僅僅是強化市場中的龍頭企業來帶動農民增收是根本不夠的。當前龍頭企業帶動型農業產業化經營的增收效應本質上是「涓滴效應」。相較於國家每年通過各類扶持政策向龍頭企業投入的巨額資金與農村向城市輸送的勞動力、資金、土地等要素貢獻而言，龍頭企業對農戶的增收到底能發揮多大的作用，還有待實踐來檢驗。

---

[1] 傅晨. 中國農業改革與發展前沿研究 [M]. 北京：中國農業出版社，2013：75.

第四節　農業產業化經營的深化拓展

隨著中國對經濟發展質量要求的不斷提升，農業面臨的問題和挑戰日益增加：一是中國農業發展面臨的資源環境硬約束更加明顯，耕地質量退化、生態破壞和環境污染等問題凸顯；二是中國農產品生產成本不斷增加、比較利益下降明顯等問題日益突顯，增強中國農業競爭力刻不容緩；三是穩定甚至提高農產品價格的操作空間日益逼仄；四是農業產業鏈及其價值鏈的整合協調機制亟待完善；五是維護農業產業安全、提升農業價值鏈的挑戰明顯加大；六是隨著工業化、城鎮化的持續推進，大量農業勞動力向城鎮轉移。「在越來越多的農村地區，農村人口和勞動力老齡化、農業發展副業化、農村空心化、留守兒童、留守婦女、留守老人和『誰來種地』『如何種地』等問題日益凸顯……隨著經濟增長速度下行壓力的加大，如何在經濟增長速度放緩背景下，繼續強化農業基礎地位、促進農民持續增收，成為必須破解的重大課題」[①]。

如果說農業產業化實現了第一產業、第二產業和第三產業有機連接、構建了完整的農業產業鏈，那麼農村產業融合則進一步拓展了農業產業鏈外向延伸的能力、農業的多功能開發以及新技術在農業領域的應用融合，將農業的「產業連接」拓展為農業的產業、要素以及主體間的「多重聯結」，始終堅持家庭經營的基礎地位和重點關注農民利益。農民共享增值收益是農村產業融合發展的首要目標。因此，農村一二三產業融合是產業層面上農業產業化的橫向擴展與升級，突破農業內部分工的局限，讓農業更大範圍地參與和融入社會產業分工，讓農業和農民分享到社會發展的成果，實現農業的發展和農民的增收。在此背景下，推進農村一二三產業融合發展，既是主動適應經濟新常態的必然要求，也是推進農業現代化的現實選擇和重要途徑。

---

① 姜長雲. 推進農村一二三產業融合發展　新題應有新解法 [J]. 中國發展觀察，2015（2）：18–22.

第五章　農業產業化經營的發展與變遷

由於農村產業融合發展層次較低，涉及經營主體規模小、數量多、分佈散，單一經營主體「單打獨鬥」存在諸多困難，發展合力不足。在堅持家庭承包經營責任制的基礎上，亟須探索一種新的機制，既能夠滿足農村產業融合的核心要旨和主體構成，又能創新龍頭企業、合作社、農民三者緊密聯結機制，加快轉變農業生產方式、重構經營組織形式。在中國，農村農業經營組織形式中出現了按照一定聯結方式和機制、由新型農業經營主體組成的農業產業化聯合體。農業產業化聯合體是當前中國農村一二三產業融合發展的進一步發展和實踐探索，是中國當前農業經營體系的一次重要創新。因此，農村產業融合發展和農業產業化聯合體是「更高級」的產業化經營，是農業產業化的深化拓展。

一、農村產業融合發展的探索

所謂農村一二三產業融合發展（簡稱為「農村產業融合發展」），就是指在堅持家庭經營基本制度和農業多功能性的基礎上，通過要素集聚、制度創新和技術滲透，以農業產業鏈的延伸和農業多種功能的拓展為契機，著力培育農村經濟新業態和農業經營新模式，形成農業與第二產業和第三產業交叉融合的現代農業經營體系，構建惠農富農的利益聯結機制，開拓城鄉一體化的農村發展新格局。農村產業融合發展的本質是將第二產業和第三產業有機地融入、技術性地滲透到第一產業即農業發展各環節之中，不再是單一的農業產業的發展，而是形成一種生態的循環產業鏈，以龍頭企業、合作社、家庭農場、專業大戶等新型經營主體與農戶利益相結合的方式來實現，運用股份的形式引導農戶將所擁有的勞動力、土地、技術等生產要素參與農業經營。家庭農場和專業大戶帶動分散的農戶家庭共同種植出最適合龍頭企業需要的農產品，合作社為生產者提供服務，在農戶和龍頭企業間發揮溝通和協調的仲介作用，龍頭企業解決了農戶生產的農產品的銷售問題。國家推動農村產業融合最根本的出發點就是增加農民收入。

(一) 國外農村產業融合發展的實踐

1. 日本第六產業發展的實踐

日本是世界上比較早規劃發展「第六產業」的國家。農村產業融合發展的理論基礎來自今村奈良臣（1994）提出的「第六產業」概念，其要義是「通過鼓勵農戶搞多種經營，發展食品加工業、農資製造業和農產品流通、銷售及觀光旅遊業等，實現農村第一、第二、第三產業的融合發展，借此讓農民更好地獲得加工和流通環節的增值收益，增強農業發展活力。由於1、2、3之和、之積均等於6，因此稱為『第六產業』。『第六產業』概念的實質，是強調基於產業鏈延伸和產業範圍拓展的產業融合。後來村奈良臣更加強調『第六產業＝第一產業×第二產業×第三產業』，意在農村一二三產業的融合發展能夠產生乘數效應，形成新的效益和競爭力。」[1] 日本政府積極吸收了「第六產業」發展思想並迅速立法予以支持，2008年出抬了支持農工商開展合作的《農工商促進法》。2008年12月，日本政府在政策大綱中首次提及「第六產業」，這就是在內閣會議中日本民主黨提出的題為《農山漁村第六產業發展目標》的農林水產大綱。[2] 2009年11月，日本農林水產省專門制定了題為《農業六次產業化》的白皮書。[3] 2010年3月，日本內閣會議修訂通過了《食品、農業和農村基本計劃》，明確提出「要通過發展六次產業增加農民收入，創造新商業模式，還要將六次產業化與環境和低碳經濟結合在一起，在農村創造新產業」。同年，日本農林省也陸續出抬了《六次產業化地產地消法》和其他相關綱要文件，多項推進「六次產業」發展的政策措施相繼提出，包括：建立推進委員會，設立投資基金，實施融資優惠政策，支持中小企業與農業生產者合作，完備農業農村基礎設施，支持農業技術創新，支持農民開發新產品、新產業和新市場等。[4] 日本推行六次產業化後效果明顯，增強了農業和

---

[1] 姜長雲. 推進農村一二三產業融合發展 新題應有新解法 [J]. 中國發展觀察，2015（2）：18-22.
[2] 佚名. 農村一二三產業融合發展的模式與實例 [J]. 上海農村經濟，2015（11）：38-40.
[3] 唐明霞，程玉靜，顧衛兵，等. 日韓「第六產業」經驗對南通現代農業發展的啟示 [J]. 江蘇農業科學，2016，44（10）：533-539.
[4] 同②.

農村經濟的活力,提高了農民收入。根據日本政策金融公庫的調查數據顯示,在日本實施第六產業後,大約70%的第六產業經營主體的收入增加明顯。[1]

2. 韓國第六產業發展實踐

「韓國對於第六產業的定義是以農村居民為中心,以農村現存的有形、無形資源為基礎,將農作物和土特產(第一產業)與製作、加工(第二產業)和流通、銷售、文化、體驗、觀光等服務(第三產業)相結合,創造出新附加價值的活動。」[2]2013年7月,韓國農林食品部出抬了《農林食品科學技術育成中長期計劃(2013—2022)》,提出「在未來十年間農林食品產業的附加值年平均增長3%,2017年和2022年分別達到67萬億韓元和77萬億韓元」。為了創造新成長動力、強化全球競爭力、提高國民幸福感和穩定糧食供應,韓國農林食品部選擇這四個重點研究領域並鎖定50項核心技術作為中大型項目立項,進行重點投資。為了保證韓國第六產業發展的資金充足,2008年8月,農林食品部設立了「第六產業相生資金」專項資金,資金規模100億韓元,其中政府出資規模為70億韓元,民間出資規模為30億韓元。濟州柑橘是韓國第六產業發展的典型代表。2013年8月,農林食品部圍繞主題「將濟州柑橘培育為世界級品牌產業」,在5個領域設立38個專項研究課題,研究時間為2013—2017年共5年,政府為此項目共投入課題經費7,000億韓元。為了進一步探索濟州柑橘產業的新經濟模式與市場出路,2013年濟州道西歸浦市舉辦了首屆「西歸浦世界柑橘博覽會」。西歸浦市對柑橘產業發展的目標和規劃是:到2020年,西歸浦市柑橘產業實現2萬億韓元總收益[3],將西歸浦市建設成為世界上最大的柑橘城市,建立世界上最大的柑橘主題樂園。韓國「第六產業」的發展取得了明顯成效。截至2014年年底,韓國政府已經建設營運的農家樂體驗式村莊超過1,500家。2014年韓國政府計劃通過大力扶持傳統食品和農業資源的開發,力求培養年銷售額在100億韓元以上的第六

---

[1] 姜長雲. 推進農村一二三產業融合發展 新題應有新解法 [J]. 中國發展觀察, 2015 (2): 18-22.
[2] 楊明. 韓國推動第六產業化 [EB/OL]. [2019-07-01]. 經濟日報. 2014年4月2日第13版. http://paper.ce.cn/jjrb/html/2014-04/02/content_195146.htm.
[3] 同[2].

產業化企業1,000家，預計每年向女性農民和高齡農民提供工作崗位5,000個，將農民農業外收入在總收入中的比例由2014年的4.6%提高至7.5%。①

從日本和韓國兩國的「第六產業」發展經驗來看，「推進農村一二三產業融合發展，有利於更好地延伸農業產業鏈，讓農民更好地參與農產品加工業和流通、旅遊等農村服務業，拓展農民的增收空間」②。

(二) 中國農村產業融合發展的實踐

隨著日本「第六產業」理論的引入和國內農業產業化實踐的深入，中國學者對農村產業融合發展的內涵從不同角度進行了闡述，使農村產業融合發展的內涵漸趨明朗。農村產業融合是作為第一產業的農業與第二產業和第三產業在產品、市場、服務和技術等方面相互融合而發展出新產業和新模式，創造出農業經營組織形式的另一種價值體形式；農村產業融合亦即能使原本各自獨立的產品或服務在同一標準元件束或集合下，重組為一體的整合過程和產業創新過程（姜長雲，2015；趙海，2015；蘇毅清 等，2016）。

從農村產業融合發展與農業產業化的區別和聯繫來看，兩者具有空間上的並存性和時間上的繼起性，農村產業融合發展豐富了農業產業化的內涵，拓展了農業產業化的外延，是農業產業化的高級階段和「升級版」。中國農民專業合作組織中已有50%以上實行產加銷一體化經營。農業生產經營主體通過農產品、土地經營權和資金入股加入合作社參與加工業和流通業，實現了「接二連三」。龍頭企業也通過「前延後伸」，在產業化經營中讓農戶、加工企業和經銷商等產業鏈上的經營主體實現了空間集聚並形成利益共同體，是農業產業化的升級版。隨著中國農村產業融合發展的推進，各類經營主體逐漸重視農業的多種功能及其內在的有機融合。各類經營主體主動探索如何將原來僅從事單純的農作物田間生產的農業向農產品加工、流通以及以文化、教育、休閒旅遊為代表的服務業等更多領域延伸，實現農業產業鏈縱向和橫向的交織融合，提高農業附加值和農民的收入。

---

① 楊明. 韓國推動第六產業化 [EB/OL]. [2019-07-01]. 經濟日報. 2014年4月2日第13版. http://paper.ce.cn/jjrb/html/2014-04/02/content_195146.htm.
② 姜長雲. 推進農村一二三產業融合發展 新題應有新解法 [J]. 中國發展觀察，2015 (2)：18-22.

第五章　農業產業化經營的發展與變遷

臺灣地區率先開始「第六產業」的實踐。20世紀60年代末70年代初，面對國際農產品市場的衝擊和快速發展的工商業對農業發展空間的競爭，臺灣農業陷入農產品價格低、成本高、農業生態環境惡化和農民收入水準低下等困境。1984年，在倡導積極發展生產、生活、生態「三生」有機結合的農業、實現臺灣農業轉型的背景下，臺灣提出「精致農業」的農業經營發展的新理念、新思路。精致農業的內涵是指細膩的經營方式、科學的生產技術和高級的產品品質。精致農業的特徵體現在三方面：一是圍繞一個特色產業，把這個特色產業開發得淋漓盡致，從生產到加工到休閒服務，一體化地開發，充分把其經濟效益和社會效益放大。二是經營模式有特色。通過在地加工和在地販售，讓農民能夠取得第二產業和第三產業更高的附加價值，而不僅僅是農業生產的價值。三是休閒農業的精致化。主要的措施有發展精致民宿、縮短物流、當季當令、產品研發、人流回流，通過資源整合，喚醒農村的活力，提供安全、安心、健康、新鮮、特色的糧食。臺灣地區「六次產業」發展主要體現在臺灣精致農業方面，而休閒農業一直是臺灣精致農業發展的主軸。臺灣休閒農業有三大特點：一是從觀光農業向多功能休閒農業方向發展；二是休閒農業成為旅遊業的重要組成部分；三是休閒農業和農村建設結合。臺灣從依靠農業生產的初級產品銷售為主，逐漸轉向農業生產、旅遊、農產品運輸和休閒農業等有機融合的、農業特色鮮明的新經濟、新模式，尤其是有些農業旅遊景點的開放建設的理念來自文化經營和社區經營，實現了農業多功能跨產業融合，為中國大陸農村產業融合發展提供了寶貴的經驗。[1]

農村產業融合發展的經驗和做法還體現在臺灣的鄉村建設上面。2008年起臺灣推行「農村再生計劃」，以農村為中心，培養青年農民回鄉創業，回鄉青年農民先在相關部門通過92學時的培訓，培訓完以後讓農民自發挖掘和調查本地的資源，組織開發跟本地農村的景觀、生態契合的產業，實現青年農民在農村再生和農業農村經濟的再生。

---

[1] 姜長雲. 推進農村一二三產業融合發展 新題應有新解法 [J]. 中國發展觀察，2015（2）：18-22.

(三) 中國農村產業融合發展的過程

1. 2015 年：中央一號文件中首次提出農村產業融合發展

2015 年中央一號文件中首次提出農村產業融合發展，這是在國家層面首次提出一、二、三產業融合發展這個概念。《中共中央 國務院關於加大改革創新力度 加快農業現代化建設的若干意見》（中發〔2015〕1 號）提出：「推進農村一二三產業融合發展。增加農民收入，必須延長農業產業鏈、提高農業附加值。立足資源優勢，以市場需求為導向，大力發展特色種養業、農產品加工業、農村服務業……積極開發農業多種功能，挖掘鄉村生態休閒、旅遊觀光、文化教育價值。……研究制定促進鄉村旅遊休閒發展的用地、財政、金融等扶持政策，落實稅收優惠政策。」這是加快農業發展方式轉變的重大創新思維，是鼓勵和引導中國農業主動適應經濟新常態的重大戰略舉措，標誌著黨的「三農」工作理念的又一重大創新。黨的十八屆五中全會通過的《中共中央關於制定國民經濟和社會發展第十三個五年規劃的建議》提出：「著力構建現代農業產業體系、生產體系、經營體系，提高農業質量效益和競爭力，推動糧經飼統籌、農林牧漁結合、種養加一體、一二三產業融合發展，走產出高效、產品安全、資源節約、環境友好的農業現代化道路。」這是中央文件中首次提出以「構建現代農業『三大體系』」為抓手，積極推進農村產業融合發展。《國務院辦公廳關於推進農村一二三產業融合發展的指導意見》（國辦發〔2015〕93 號）明確了農村產業融合發展的總體要求，圍繞培育產業融合主體、創新產業融合方式、構建利益聯結機制、健全推進機制和完善產業融合發展的相關服務做出了具體部署。

2. 2016 年：中央一號文件強調農民增收是農村產業融合發展的出發點和重要使命，重視合理穩定的利益聯結機制，讓農民分享二三產業增值收益

《中共中央 國務院關於落實發展新理念 加快農業現代化實現全面小康目標的若干意見》（中發〔2016〕1 號）提出：「構建現代農業產業體系、生產體系、經營體系，實施藏糧於地、藏糧於技戰略，推動糧經飼統籌、農林牧漁結合、種養加一體、一二三產業融合發展，讓農業成為充滿希望的朝陽產業。」「推進農村產業融合，促進農民收入持續較快增長」「必須充分發揮農

第五章　農業產業化經營的發展與變遷

村的獨特優勢，深度挖掘農業的多種功能，培育壯大農村新產業新業態，推動產業融合發展成為農民增收的重要支撐，讓農村成為可以大有作為的廣闊天地。」「促進農業產加銷緊密銜接、農村一二三產業深度融合，推進農業產業鏈整合和價值鏈提升，讓農民共享產業融合發展的增值收益，培育農民增收新模式。……引領農民參與農村產業融合發展、分享產業鏈收益。」同時明確農村產業融合發展的資金支持方式，提出：「加大專項建設基金對……農村產業融合……等『三農』領域重點項目和工程支持力度。」「實施農村產業融合發展試點示範工程，財政支農資金使用要與建立農民分享產業鏈條利益機制相聯繫。」同年，各級政府部門圍繞農村產業融合發展出抬具體的政策措施。2016年11月14日，《農業部關於印發全國農產品加工業與農村一二三產業融合發展規劃（2016—2020年）》就農村產業融合發展的目標、主要任務、重點佈局、重大工程和保障措施等進行部署。2016年11月18日《國務院辦公廳關於支持返鄉下鄉人員創業創新促進農村一二三產業融合發展的意見》（國辦發〔2016〕84號）進一步明確了支持返鄉下鄉人員創業創新促進農村一二三產業融合發展重點領域和發展方向、政策措施和組織領導等。截止到2017年，中國累計已有740萬返鄉下鄉的雙創人員，農村本地非農自營人員達到3,140萬人；每年國家針對農村產業融合相關人員開展的培訓超過100萬人次。[1]

3. 2017年：農村產業融合發展試點建設工作進入新階段，中央一號文件首次提出實施鄉村振興戰略，為農村產業融合發展提供新的發展機遇

《中共中央　國務院關於深入推進農業供給側結構性改革　加快培育農業農村發展新動能的若干意見》（中發〔2017〕1號）提出：「深入實施農村產業融合發展試點示範工程，支持建設一批農村產業融合發展示範園。」黨的十九大報告提出：「實施鄉村振興戰略……促進農村一二三產業融合發展，支持和鼓勵農民就業創業，拓寬增收渠道。」農村一二三產業融合發展帶動農戶增收

---

[1] 農業農村部新聞辦公室．農村一二三產業融合助力鄉村振興〔EB/OL〕．（2018-06-15）〔2019-05-31〕．http://www.moa.gov.cn/xw/zwdt/201806/t20180615_6152210.html.

顯著。2017年農產品加工企業主營業務收入超過22萬億元,與農業總產值之比由2012年的1.9:1提高到2017年的2.3:1。中國鄉村旅遊和休閒農業蓬勃發展,2017年共接待遊客量達到28億人次,營業收入高達7,400億元。農戶通過訂單生產的形式參與農村產業融合發展的比例達到45%,平均每位農戶年底得到的返還和分配利潤300多元,經營收入增加了67%。①

4. 2018年:鄉村振興戰略實施元年,政府部門強調完善農村產業融合發展的利益聯結機制,確保農民能夠更多分享到增值收益,增強農民參與融合的能力

《中共中央 國務院關於實施鄉村振興戰略的意見》(中發〔2018〕1號)強調:「農村一二三產業融合發展水準進一步提升……構建農村一二三產業融合發展體系。大力開發農業多種功能,延長產業鏈、提升價值鏈、完善利益鏈,通過保底分紅、股份合作、利潤返還等多種形式,讓農民合理分享全產業鏈增值收益。」按照中央一號文件的部署,2018年6月12日,《農業農村部 財政部關於深入推進農村一二三產業融合發展 開展產業興村強縣示範行動的通知》(農財發〔2018〕18號)強調了各級政府規劃引領和政策帶動作用,啓動支持建設農業產業強鎮和農村產業融合示範樣板。中央財政加大項目資金支持,截至2018年6月已安排一二三產業融合發展試點資金52億元,支持讓農民分享二三產業增值收益的經營主體發展一二三產業。2018年9月26日,中共中央、國務院印發《鄉村振興戰略規劃(2018—2022年)》,圍繞農民參與融合能力、創新收益分享模式、健全聯農帶農有效激勵機制,提出具體要求和措施。

5. 2019年:重視農村產業融合發展的金融支持和利益聯結機制構建

2019年2月11日,人民銀行、銀保監會、證監會、財政部、農業農村部聯合發布《關於金融服務鄉村振興的指導意見》,強調「加大金融資源向鄉村振興重點領域和薄弱環節的傾斜力度」,明確提出「聚焦產業興旺,推動農村

---

① 農業農村部新聞辦公室. 農村一二三產業融合助力鄉村振興[EB/OL]. (2018-06-15)[2019-05-31]. http://www.moa.gov.cn/xw/zwdt/201806/t20180615_6152210.html.

一二三產業融合發展」。《中共中央 國務院關於堅持農業農村優先發展 做好「三農」工作的若干意見》（中發〔2019〕1號）強調「培育農業產業化龍頭企業和聯合體，推進現代農業產業園、農村產業融合發展示範園、農業產業強鎮建設。健全農村一二三產業融合發展利益聯結機制，讓農民更多分享產業增值收益」。

（四）農村產業融合發展的經營模式

從國內外實踐來看，農村產業融合發展有多種經營模式。既可以是「1+2+3」模式，即通過訂單、合同、協議等方式開展農工商聯合，實現農工商一體化經營；又可以是「1×2×3」模式，即農業生產主體同時從事農產品生產、加工和銷售，換句話說就是同一個經營主體同時從事第一產業、第二產業和第三產業；也可以是「1+3」模式，即農商之間通過訂單、合同、協議等方式開展聯合；還可以是「1×3」模式即農民對接消費者直接銷售，或者是農民利用土地（林業）承包經營權或者依託農村集體旅遊資源，開發經營觀光旅遊、農家樂等第三產業。無論採用何種經營模式，農村產業融合發展都聚焦在三個方面：第一是以農業農村為基礎，都始終有第一產業即生產環節，而且與傳統農業相比，農業生產者在產業融合發展的鏈條中占據更加有利的地位；第二是始終採用更加有效的產業組織方式，讓資金、人才、管理和技術等生產要素相互交叉、充分滲透；第三是要構建起更加緊密的利益聯結機制，利益分配更加合理，有效帶動農民增收。農村產業融合發展最主要、最基本的縱向融合的四種模式如下。

第一，「1+1」模式，即一次產業內部農林牧漁融合發展模式。該模式主要依託區域農業資源稟賦優勢，引導農民適應市場需求，合理調整農業產業結構，提高比較收益，形成以「種植業+畜牧業」「畜牧業+林業」「種植業+養殖業」等多種種養循環的經濟發展模式。如大慶、齊齊哈爾、綏化等市依託玉米種植優勢，積極發展奶牛、肉牛畜牧業，同時也帶動了青貯飼料和苜蓿種植的發展，形成了特色種植和特色養殖相互融合、相互促進的發展模式；佳木斯市樺川縣星火鄉、哈爾濱市五常王家屯、農墾等地積極探索鴨稻、蟹稻、鵝、玉米等立體式複合型農業，形成了新型種養經濟循環發展模式；伊

春市依託森林資源優勢，養殖全程可追溯寒地森林豬，形成了「林下經濟+養殖業」的發展模式。這些有益探索，既優化了農業產業結構，轉變了農業發展方式，又在經濟效益、社會效益方面產生了一加一大於二的聚合效應。

第二，「1+2」模式，主要指第一產業與第二產業融合發展模式。通過政府引導，使擁有資金、技術、管理優勢的龍頭企業與擁有種植生產優勢的各類新型農業經營主體深度融合，發展適度規模經營，建設原材料基地，形成「龍頭企業+新型農業經營主體+基地」的發展模式，這樣既破解了企業優質原料來源難的困境，又拓寬了農民增收渠道，實現一舉多得。例如，慶安縣六合聯衡公司與專業大戶開展合作，流轉土地 5,000 畝（1 畝 ≈ 666.67 平方米），專門種植綏雜 7 號矮高粱，為貴州茅臺酒生產提供原料，經濟效益大幅提高。牡丹江市東寧縣引進雨潤集團，建成全國最大的黑木耳批發大市場，輻射周邊 50 個縣（市）形成產業區域聯盟，近 50 萬農民從中獲益。另一種形式是龍頭企業依託自有品牌優勢和市場營銷渠道，與新型農業經營主體開展訂單式合作，通過品牌的力量逆向拉動農產品加工業和種植業發展。五常市王家屯現代農業農機專業合作社與金泰福公司合作，按照歐盟標準種植有機水稻，並以每斤 8.34 元的價格出售給公司，農民每斤稻米純掙 5 元錢。[①] 重慶二聖茶業公司領辦了巴茶之鄉茶葉合作社，合作社按照公司的相關要求開展生產，產品以不低於市場價的價格提供給公司，合作社再按章程組織農戶生產並分配利潤，也就形成了「龍頭企業+合作社+農戶」的組織模式。[②]

第三，「1+3」模式，即第一產業與第三產業的融合發展模式。主要有兩種形式：第一種是借助美麗鄉村建設進一步拓展農業和農村的生態、旅遊、文化和教育等功能，建設富有人文歷史、民族特色和地域特點的旅遊村鎮。牡丹江市充分利用當地資源，全市因地制宜共建設了滿族風情村、海林哈達果蔬莊園等 300 多個農業旅遊景點，農業旅遊一年的收入達到 8.4 億元，有效促進了農民增收，實現了農業增效。第二種是實施「互聯網+農產品營銷」

---

① 張麗娜. 以農村一二三產業融合，助推農業改革發展 [J]. 奮鬥，2015（12）：21-22.
② 趙海. 論農村一、二、三產業融合發展 [J]. 中國鄉村發現，2015（14）：107-114.

戰略，依託已有的農業生產條件，充分開發和引入 B2C、C2C、O2O 等新業態和新商業模式，借助農產品電子商務實現農產品由「種得好」向「既要種得好又要賣得好」轉變。齊齊哈爾青年電商協會投資 500 萬元，搭建了齊齊哈爾綠色食品交易網，整合 400 多家專業合作社資源與電商企業建立了合作關係，實現互利共贏。①

第四，「1+2+3」模式，即一二三產業融合模式，是各類農業產業組織通過延伸產業鏈條、完善利益機制，打破農產品生產、加工、銷售相互割裂的狀態，形成各環節融會貫通、各主體和諧共生的良好產業生態。從融合主體來源看，既可以是以小農戶、專業大戶、家庭農場和農民合作社為基礎的內源性融合發展，又可以是以農產品加工或流通企業為基礎的外源性融合發展。從融合路徑劃分來看，既可以通過家庭農場、農民合作社加工和銷售，或農業企業自建基地一體化經營，在產業組織內部實現融合，又可以通過龍頭企業與農戶、合作社簽訂產品收購協議或用工合同，在產業組織間實現融合。例如，南京市江寧區郄坊村農戶主導一二三產業融合發展。郄坊村位於南京市近郊，其所在的湯山街道也是江浙滬地區比較有名的旅遊目的地。郄坊村依託這一得天獨厚的優勢，動員本村村民發展農家樂，開發農業的多功能性，重點打造了豆腐坊、粉絲坊、醬坊、茶坊、糕坊、面坊、油坊、炒米坊等具有地方特色的「七坊」「農家樂」主題，依託當地自產的農作物，讓老手藝人現場製作，向遊客展示農副食品傳統工藝流程並現場售賣，遊客也可以參與其中，體驗勞動的樂趣。據村幹部介紹，郄坊村在節假日經常爆滿，生產的產品供不應求，當地農民也得到了實惠。該模式的成功經驗主要在於依託當地農戶開發當地資源，既延伸了產業鏈條，又開發了農業的多功能，讓產業增值收益完全留在了農村、留給了農民，是產業融合的一種典型案例。當然，這種模式也有其不足，主要表現為其受農村區位優勢和資源稟賦的限制，且完全依靠農民的累積比較有限而且累積速度較慢，發展這種模式往往會受到資金、技術等方面的制約。

---

① 趙海. 論農村一、二、三產業融合發展 [J]. 中國鄉村發現，2015（14）：107-114.

二、農業產業化聯合體的探索

農業產業化聯合體是在堅持和完善家庭承包經營責任制的基礎上,以龍頭企業、農民合作社和家庭農場等新型農業經營主體為主,「以分工協作為前提,以規模經營為依託,以利益聯結為紐帶的一體化農業經營組織聯盟」[1]。之所以黨中央和各級政府將農業產業化聯合體視為推動農村產業融合的主體之一,是由於二者在驅動力、產業依託、聯結要求、合作基礎等方面高度契合。在新型農業經營主體已有的基礎上,構建「龍頭企業+合作社+家庭農場」農業產業化聯合體這一新的經營形式是對中國當前農業經營制度的重要的創新性組織探索。

(一)農業產業化聯合體產生的背景

早在 2003 年,有學者就認為在現實中,農業產業化經營的組織形式基本上是「公司(龍頭企業)+基地或公司+農戶」或「公司+基地+農戶」,是聯合起來的經營機構。鄭定榮(2003)認為必須提出一個新的概念,那就是「農業產業化聯合體」,「聯合體」才是一種「機構」,「農業產業化聯合體」機構的設置就是現階段農村經營體制的創新。黨中央已經把農業的產業化經營作為農村經營體制的創新加以肯定,「農業產業化聯合體」的新概念就應該提出來並加以應用,這必須由政府的有關部門與學術界共同研究確定。

自 2006 年以來,中國農業產業化組織發展迅猛。根據農業部和國家工商總局數據,截至 2016 年年底中國共有 41.7 萬個農業產業化經營組織(含龍頭企業 13 萬家),合作社有 179.4 萬家,家庭農場有 87.7 萬家。[2] 在尊重市場經濟規律的前提下,依託現有的各類農業產業化經營組織和新型農業生產經營主體,將他們聯合起來形成農業產業化聯合體,達到提高勞動生產率、穩定糧食價格的農業發展目標。黨的十九大報告提出「鄉村振興戰略」,農業

---

[1] 中華人民共和國農業農村部. 關於促進農業產業化聯合體發展的指導意見 [EB/OL]. (2017-10-25) [2019-06-03]. http://www.moa.gov.cn/govpublic/NCJJTZ/201710/t20171025_585004,0.htm.

[2] 特色小鎮研究院. 國家農業「開倉放糧」2018 年上半年千萬級農業項目申報指南 [EB/OL]. (2018-01-08) [2019-06-30]. http://m.sohu.com/a/215455375_825181.

產業化聯合體正是落實這一戰略的重要載體。農業產業化聯合體就是通過完整的產業鏈把農戶、合作社和加工企業聯繫起來，在規模種植、養殖的基礎上，加強農產品深加工，提高農產品附加值。農業產業化聯合體的培育和發展，能夠有助於拉長農業產業鏈，推進農村一二三產業融合，把農業做強做大，培養農民真正成為專業化的新型農業經營主體，從而拓寬增收致富的渠道。作為農村產業融合的有效模式，農業產業化聯合體逐漸發展成為創新農業經營體制機制、加快轉變農業生產方式的一項新的經營組織形式。

農村產業融合發展是覆蓋第一產業、第二產業、第三產業的新興業態，既包括以農業科技為依託的現代農業產業的縱向融合，又包括依託農業多功能性的橫向拓展。隨著農業經營主體日益具備跨產業營運實力，農業的縱向延伸和橫向拓展逐漸催生出新產業模式。這類新產業模式把分屬不同產業的、不同功能定位的主體通過各種聯結方式結成一個跨產業經營的聯盟，使得農業經營組織形式不斷調整和完善。安徽省宿州市在發展現代農業產業化聯合體的實踐中，通過建立緊密的利益聯結機制，初步形成了農業龍頭企業、合作社、家庭農場各類經營主體聯合開展一體化經營的格局。這正是農業產業化聯合體與「公司+農戶」「合作社+農戶」等模式的主要區別。

(二) 農業產業化聯合體發展實踐

安徽省宿州市是全國重要的糧食、蔬菜、水果、肉蛋等農產品供應基地。2010年8月宿州市被農業部批准為全國首批國家現代農業示範區；2011年11月被農業部批准為全國首批農村改革試驗區，承擔「創新現代農業經營組織體系」的試驗項目。2011年，淮河種業有限公司組織合作社和家庭農場開展規模化繁育良種，引入農機合作社提供生產服務，由此產生了聯合體的雛形。2012年7月，全國首個農業產業化聯合體——淮河糧食產業化聯合體正式創立。2012年9月，宿州市政府在總結淮河種業經驗的基礎上，選擇16個產業聯合體開展試點，聯合體由萌芽轉入探索期。2013年10月14日，《農民日報》在頭版位置發表了題為《現代農業建設的探路前鋒——安徽省宿州市創新兩區建設紀實》的文章，專題報導了宿州市現代農業產業化聯合體模式。截至2016年9月，宿州市聯合體發展195個，涉及195家農業龍頭企業、695

個農民合作社、1,271 個家庭農場,經營土地面積 72.3 萬畝,覆蓋各類農業主導產業,年產值 200 億元以上。① 安徽省其他市(縣)以及寧夏、河北、內蒙古等省(區)紛紛考察學習宿州市農業產業化聯合體並在本地進行嘗試,湧現了銀川市優質水稻產業聯合體、蒙羊牧業「羊聯體」合作模式等各地的創新實踐。

2015 年安徽省人民政府辦公廳出抬《關於培育現代農業產業化聯合體的指導意見》(皖政辦〔2015〕44 號),農業產業化聯合體進入發展期。2016 年 11 月,中央農村工作領導小組調研組專程赴宿州市調研現代農業產業化聯合體建設情況,提交的題為《創新現代農業經營體系的生動實踐——安徽現代農業產業化聯合體調研》的調研報告於 2017 年 1 月 17 日在《農民日報》頭版刊發。該調研報告充分肯定了宿州市農業產業化聯合體對農業經營組織體系的創新模式探索,標誌著農業產業化聯合體進入中央戰略層面的考察範疇。

作為農業產業化聯合體的發源地,在政府和市場的雙重推動下,安徽省農業產業化聯合體得到全面推廣,發展迅速。截止到 2018 年 2 月,安徽省有各類農業產業化聯合體近 1,500 家,加入聯合體的新型農業經營主體有 1,673 家龍頭企業、3,043 家合作社、17,853 個家庭農場及專業大戶,共帶動 288.8 萬戶的農戶。② 安徽省加入聯合體的農民人均純收入比非聯合體農戶收入高 15%,聯合體發展成效初步顯現③。

(三)農業產業化聯合體的發展過程

1. 2017 年:中央文件中首次提出農業產業化聯合體,隨後受到政府部門高度重視

2017 年 3 月 3 日,農業部印發的《農村經營管理工作要點》(農辦經

---

① 蘆千文. 現代農業產業化聯合體:組織創新邏輯與融合機制設計 [J]. 當代經濟管理,2017 (7):38-44.
② 產業化聯合體激發現代農業發展活力 [EB/OL].(2018-02-25)[2019-06-02]. http://www.farmer.com.cn/wszb2018/fz2018/xwjb/201802/t20180225_1358788.htm.
③ 逾 1,500 萬新型職業農民活躍在田間地頭———聽他們說種地的事兒(講述·特別報導)[EB/OL].(2019-01-03)[2019-06-02]. http://paper.people.com.cn/rmrb/html/2019-01/03/nw.D110000renmrb_20190103_1-06.htm.

〔2017〕1號），明確提出：「培育農業產業化聯合體。堅持平等自願、互利共贏，以龍頭企業為核心、農民合作社為紐帶、農戶和家庭農場為基礎，鼓勵雙方、多方或全體協商達成契約約定，打造更加緊密、更加穩定的新型組織聯盟；認真總結地方實踐探索，明確農業產業化聯合體基本特徵和發展方向，研究制定促進農業產業化聯合體發展的指導意見；組織開展觀摩交流和專題培訓，編印典型案例，引導各地因地制宜培育和發展農業產業化聯合體；鼓勵和支持具備條件的地區認定一批示範農業產業化聯合體。」5月31日，中共中央、國務院印發的《加快構建政策體系 培育新型農業經營主體的意見》（中辦發〔2017〕38號）提出：「促進各類新型農業經營主體融合發展，培育和發展農業產業化聯合體，鼓勵建立產業協會和產業聯盟。」10月13日，農業部、國家發展改革委、財政部、國土資源部、人民銀行、稅務總局六個部門聯合印發《關於促進農業產業化聯合體發展的指導意見》（農經發〔2017〕9號），標誌著農業產業化聯合體進入成熟期，並且開始向全國推廣。[①] 2018年年底，甘肅、海南、福建等10個省份陸續出抬了促進聯合體發展的實施意見，明確提出農業產業化聯合體的目標任務、工作重點、配套政策等內容。農業產業化聯合體正逐漸成為實現鄉村產業振興的一支新興力量。

2. 2018年：中央一號文件中首次出現農業產業化聯合體，促進聯合體發展的政策措施更加具體

《中共中央 國務院關於實施鄉村振興戰略的意見》（中發〔2018〕1號）首次提出培育發展農業產業化聯合體。2月8日，農業部印發的《2018年農村經營管理工作要點》（農辦經〔2018〕1號）強調：「推動落實農業部、發展改革委、財政部等六部門《關於促進農業產業化聯合體發展的指導意見》（農經發〔2017〕9號）。……選在部分省份開展支持農業產業化聯合體試點，探索政策扶持方式，培育一批組織聯繫緊密、產業深度融合、帶動作用突出的聯合體。……研究聯合體示範標準，開展聯合體發展成效評價。鼓勵具備

---

① 中華人民共和國農業農村部. 關於促進農業產業化聯合體發展的指導意見 [EB/OL]. (2017-10-25) [2019-06-03]. http://www.moa.gov.cn/govpublic/NCJJTZ/201710/t20171025_5850040.htm.

條件的省份組織認定示範農業產業化聯合體，建立發布示範聯合體名錄。」3月1日，農業部辦公廳、國家農業綜合開發辦公室、中國農業銀行辦公室聯合印發了《關於開展農業產業化聯合體支持政策創新試點工作的通知》（農辦經〔2018〕3號），確定了從2018年開始在河北、內蒙古、安徽、河南、海南、寧夏、新疆等農業產業化聯合體發展基礎條件較好的7個省（區）率先開展試點，2019—2022年將進一步擴大試點省份範圍，並明確了財政資金、金融資金等合力支持農業產業化聯合體的政策措施。5月9日，農業農村部和中國郵政儲蓄銀行聯合印發的《關於加強農業產業化領域金融合作 助推實施鄉村振興戰略的意見》（農經發〔2018〕3號）明確聯合加大對農業產業化金融支持的總體思路、任務目標、工作重點和分工等重點支持。6月12日，農業農村部和財政部聯合印發的《關於深入推進農村一二三產業融合發展 開展產業興村強縣示範行動的通知》（農財發〔2018〕18號）明確提出「打造一批以龍頭企業為引領、以合作社為紐帶、以家庭農場為基礎的農業產業化聯合體」，聯合體是推動農村產業融合的重要載體，是新型農業產業鏈的主體，在農村產業融合發展和鄉村振興戰略實施中具有重要地位。

3. 2019年：中央文件強調支持農業產業化聯合體發展

2019年2月11日，人民銀行、銀保監會、證監會、財政部、農業農村部聯合發布的《關於金融服務鄉村振興的指導意見》中強調「加大金融資源向鄉村振興重點領域和薄弱環節的傾斜力度」，明確提出「支持農業產業化龍頭企業及聯合體發展，延伸農業產業鏈，提高農產品附加值」。《中共中央 國務院關於堅持農業農村優先發展 做好「三農」工作的若干意見》（中發〔2019〕1號）提出：「培育農業產業化龍頭企業和聯合體，推進現代農業產業園、農村產業融合發展示範園、農業產業強鎮建設。」

（四）安徽省雙福糧油公司產業化聯合體經營案例

農業產業化聯合體在堅持家庭承包經營責任制的基礎上，立足「龍頭企業+合作社+農戶/專業大戶/家庭農場」聯合框架，通過構建各種利益聯結途徑，將經營主體間鬆散的利益聯結逐漸夯實緊密，形成了較為完整的產業鏈條和產業化經營組織體系，發揮了「1+1+1＞3」的生產經營優勢，是農業產

業化經營的升級。農業產業化聯合體的各類經營主體共同起草章程和聯合體建設方案，明確各經營主體的職責分工；定期召開聯合體成員大會或理事會，共同討論市場形勢、協商生產計劃和制定統一生產標準；成員共同投資生產設備或設施；龍頭企業與生產者按比例分配可分配盈餘，共建風險基金，共同抵禦生產風險，農戶家庭經營地位得到重視，確保農戶的發言權和利益得到保障。

1. 安徽省雙福糧油公司產業化聯合體經營的案例背景

安徽省雙福糧油工貿集團有限公司（簡稱「雙福糧油公司」）成立於2003年11月，是一家民營農產品加工企業，專門生產小麥粉、掛面和壓榨菜油，註冊資本3,368萬元，是安徽省農業產業化龍頭企業、安徽省糧食產業化龍頭企業和安徽省百強重點糧油企業。2012年，雙福集團以企業自身為依託，聯合萬山糧油種植合作社、盛橋雙福糧油合作社等專業合作社，徐太銀等13個家庭農場以及費榮華等17個種糧大戶，建立了以雙福集團為核心，專業合作社為紐帶，家庭農場及專業大戶為基礎的雙福糧油公司產業化聯合體，形成了密切聯繫、相互融合的緊密型現代農業經營組織。

2. 安徽省雙福糧油公司產業化聯合體的經營模式

安徽省雙福糧油公司產業化聯合體經過一段時間的探索，整體架構已經形成，聯合體各經營主體之間定位準確、分工明確，實現利益共享、協同發展，做到了在不同的環節上各負其責，共同做大優質糧油產業這塊蛋糕，從而實現多贏。龍頭企業發揮雙福糧油公司的採購、加工、產品銷售和融資方面的優勢，統籌聯合體發展全面工作。對專業合作社、家庭農場及專業大戶的管理，限於「只管人不管事，只管收不管種」，企業不直接參與具體生產環節。家庭農場及專業大戶對龍頭企業負責，接受專業合作社專業技術和經營管理指導，在流轉經營的農田範圍內，抓好糧油標準化生產技術落實和開展日常農事管理，並以農產品品質和產量作為工作績效衡量標準。專業合作社發揮紐帶作用，負責雙福糧油公司與家庭農場及專業大戶之間的溝通，負責組織統一農資供應，在機械化育插秧、植保統防統治、機耕、機收等重點生產環節上開展統一服務，實行自負盈虧。

3. 安徽省雙福糧油公司產業化聯合體經營發展的實效

一是提高了企業產品質量。雙福糧油公司產業化聯合體實行標準化生產，在品種選擇上保持統一，播種期基本一致，確保了小麥、油菜籽具備較強的一致性，為企業加工產品質量的提升奠定了基礎。例如，小麥品種一致性可保證生產出的面粉面筋含量的穩定，從而使麵粉麵條的質量得以保證。

二是有利於質量安全和企業品牌創建。通過產業聯合，企業的生產基地得到了發展和固定，更為重要的是隨著基地的固定，標準化生產的深入推進，配方施肥、病蟲害綠色防控等關鍵環節實現統一管理，減少化肥、農藥使用量，可以有效保證小麥、油菜籽質量安全，為加工產品的質量安全提供保障。同時，由於推行標準化生產，公司收購的原料質量大大提高，加工生產出的面粉、菜油等質量同樣有了很大的提升。聯合體創立以來，已先後有14個產品獲得了無公害、綠色食品認證，「聖運」牌小麥粉和掛麵從安徽省名牌農產品發展成為中國馳名商標。

三是增加了農戶收益。通過聯合，企業在生產季節前通過專業合作社間接或直接與農戶簽訂生產協議。由於基地內實行統一品種、統一管理，糧油原料品質比較一致，公司在收購時一般較普通市場加價5%左右，或每50千克加價5~10元。僅這項，基地農戶每畝小麥一般可以增收50~100元；油菜籽一般每畝可以增收45元左右。按照現在雙福糧油公司年訂單面積計算，每年可促進基地農戶整體增收900萬~1,500萬元，促進戶均增收6,000~10,000元。[①]

四是大幅度降低了農業生產成本。調研顯示，廬江縣2013年粳稻平均每畝生產成本為812.94元，聯合體中徐太銀家庭農場的粳稻平均每畝生產成本為529元，聯合體經營的農業生產成本大幅下降。[②]

[①] 孫正東. 現代農業產業化聯合體營運效益分析——一個經驗框架與實證 [J]. 華東經濟管理, 2015 (5): 108-112.

[②] 同①.

第六章
農民專業合作組織經營的發展與變遷

　　如果說龍頭企業能不能有效帶動農戶增收的癥結在於企業與農戶之間的緊密型利益聯結機制是否建立起來及其利益關係的維護是否困難，那麼，由農戶自己組織起來替代龍頭企業，「龍頭企業+農戶」中的利益矛盾是否可以化解？20世紀60年代末，為了順利地進入市場，分散的小農戶開始更加自覺地、主動地聯合起來，各類新型農民專業合作組織迅速在全國各地湧現出來。農民專業合作組織是「在農村家庭承包經營基礎上，農產品的生產經營者或者農業生產經營服務的提供者、利用者，自願聯合、民主管理的互助性經濟組織」[1]。農民專業合作組織有效地提升了農民的組織化程度，彌補了小農戶分散經營的缺陷，進一步探索「小農戶」和「大市場」的有效對接，是對家庭承包經營責任制的完善和發展，有利於促進農民增收。

---

[1] 根據《中華人民共和國農民專業合作社法》（2006年10月31日第十屆全國人民代表大會常務委員會第二十四次會議通過，2017年12月27日第十二屆全國人民代表大會常務委員會第三十一次會議修訂）見中國人大綱．中華人民共和國農民專業合作社法［EB/OL］．（2017-12-27）［2019-06-10］. http://www.npc.g ov.cn/npc/xinwen/2017-12/27/content_2035707.htm.

第一節　農民專業合作組織的產生

一、合作組織帶動農戶經營的背景

在龍頭企業帶動型產業化經營的過程中，單個農戶與龍頭企業之間直接聯結就形成了縱向協作的聯結模式。龍頭企業雖然具有較強的領軍能力和較廣的輻射帶動能力，但其作用往往更具有外源性和表面化的特點，交易成本較高。分散的農戶缺乏與龍頭企業談判的能力，農戶利益容易受到龍頭企業的侵害。如果要更好地發揮龍頭企業產業化經營的「帶動」功能，必須強化交易的公平性，要麼弱化上層組織對下層組織的超強談判能力，要麼強化下層組織，提高農戶的組織化程度和作為市場主體的交易力量。中國龍頭企業帶動型產業化經營實踐表明，中國農戶的組織化程度很低，在市場交易行為中勢單力薄。從國外發展模式來看，企業與農戶之間存在著作為仲介的強有力的合作經濟組織，這樣既可以避免農戶因為分散經營勢單力薄，在與企業的談判中處於絕對的弱勢地位，又可以加強對農戶的約束，防止投機行為和道德風險，增加龍頭企業和農戶的契約履約率。農戶分散經營，資金和技術力量弱小，導致其無法選擇利益聯結方式，只能被動接受龍頭企業設計安排的利益聯結機制。實踐中龍頭企業和農戶的利益聯結鬆散，契約違約問題嚴重。農民專業合作組織在一定程度上彌補了龍頭企業與農戶利益聯結鬆散、利益分配不合理等問題。農民專業合作組織同農戶之間的親和力較強，對農戶的組織動員和帶動作用比龍頭企業更直接。基於業緣、地緣甚至親緣聯繫和更緊密、長期的「相互作用」，農民專業合作組織在與農戶或社區的關係上，往往更容易表現出較強的社會責任意識。

農民專業合作組織的主要作用是組織農民，降低交易成本。與分散的小規模生產相比較，農戶之間採用靈活的合作形式，可以發揮分工協作優勢，優化生產要素配置，提高對自然風險和市場風險的抗御能力，提高競爭能力。

第六章　農民專業合作組織經營的發展與變遷

農民專業合作組織把一家一戶分散的小生產及其市場需求聯合起來，形成大生產和大需求，產生一定的規模效益。在購入生產資料時，合作組織集中批量購買，爭取優惠價格，降低生產成本，保障購買品質。在組織社員提供的農產品進入市場時，農民專業合作組織按照較為統一的質量、比較穩定的批量供應市場，節約交易成本。尤其是單家獨戶生產的優質產品，通過合作社統一銷售，可以降低優質產品的市場搜尋成本，提高優質農產品的談判能力。因此，農民專業合作組織能夠多方面降低農戶的交易成本，抑或通過擴大經營規模提高機械設備的利用率，尋求規模經濟，從而提高農戶在市場競爭中的談判地位，增加農戶收益。

二、農民專業合作組織的主要類型

（一）農民專業合作社

根據《中華人民共和國農民專業合作社法》的定義，「農民專業合作社是指在家庭承包經營基礎上，農產品的生產經營者或者農業生產經營服務的提供者、利用者，自願聯合、民主管理的互助性經濟組織。農民專業合作社以其成員為主要服務對象，開展以下一種或者多種業務：農業生產資料的購買、使用，農產品的生產、銷售、加工、運輸、貯藏及其他相關服務，農村民間工藝及製品、休閒農業和鄉村旅遊資源的開發經營等，與農業生產經營有關的技術、信息、設施建設營運等服務」[1]。20世紀90年代，中國農民專業合作社逐漸興起。1994年，山西省學習日本農協，在定襄、岐縣、萬榮、臨汾4個縣開展合作社試驗。同年，山東省萊陽市進行合作社嘗試，1995年年底辦起合作社210個，入社農戶達到9萬戶；1996年年底發展到390個，社員16.5萬戶，佔萊陽市農戶總數的75%；2014年12月末，農民專業合作社總

---

[1] 中華人民共和國農民專業合作社法［EB/OL］．（2017-12-27）［2019-06-10］．http://www.npc.gov.cn/npc/xinwen/2017-12/27/content_2035707.htm.

数已高達 128.88 萬戶①，比 2010 年增加了 3 倍多，比 2013 年年底增長 31.18%，出資總額也達到 2.73 萬億元，比 2013 年年底增長 44.15%；農民收入增速也在 2010—2014 年連續 5 年超過了城鎮居民。②

　　農民專業合作社的特點主要有：①尊重農戶的土地承包關係及其自主經營的權利，在自願的原則下，農戶根據自家生產經營活動的需要而決定是否參加各種類型的合作社。②具有明顯的專業特徵。農民專業合作社以專業化生產為基礎，在商品率相對較高的農業生產領域組織起來的合作社數量較大，如種植業中的蔬菜、水果，養殖業中的家禽、水產，以某一類農產品生產者組織起來形成的生豬合作社、蔬菜合作社、水果合作社、禽業合作社等。③以服務為宗旨，有針對性地為農戶提供產前、產中、產後所需要的各項服務，幫助農戶解決分散經營「做不了、做不好、做起來成本高」的難題。④在組織管理上遵循民主管理原則，合作社由農戶自願聯合，堅持入社自願、退社自由。⑤經營方式獨立自主，靈活多樣。⑥實行盈餘返還，與農戶風險共擔、利益共享，讓農戶真正得到實惠。農民專業合作社具有的這些特點，受到廣大農戶歡迎。

　　以成都市龍泉驛區十陵禽業合作社為例。2003 年 5 月，十陵鎮養殖大戶陳大友等人發起成立十陵禽業合作社，當時有 50 戶成員加入。2008 年 7 月，按照《農民專業合作社登記管理條例》，合作社依法在龍泉驛區工商部門重新登記註冊。合作社現有成員 487 戶，經營管理人員 39 人，專業技術人員 9 人，擁有 20 輛運輸車組成的車隊 1 個，固定資產 183 萬元，資本和盈餘公積金 276 萬元，示範養殖基地 57 個，存欄蛋雞 143 萬只，年產蛋量 2,300 萬千克，年銷售無公害及綠色雞蛋 550 萬千克以上，年總產值突破 2.2 億元，把小雞蛋做成了大產業。合作社堅持「六個統一」，即統一生產飼料、統一雞苗、統一防疫、統一生產技術規程、統一商標、統一銷售。合作社實行「三次分

---

① 2014 年度全國農民專業合作社總數達 128.88 萬戶 [EB/OL]．(2015-01-26) [2019-06-14]．http://www.ccfc.zju.edu.cn/Scn/NewsDetail? newsId=19633&cata logId=338.
② 溫濤，王小華，楊丹，等．新形勢下農戶參與合作經濟組織的行為特徵、利益機制及決策效果 [J]．管理世界，2015 (7)：82-97．

利」：一是成本節約，統一雞苗和防疫讓每只雞苗降低成本 0.5 元，統一飼料讓每只雞降低飼養成本 1.8 元；二是銷售環節優質優價，以高於市場價 0.5～0.9 元/千克的價格收購特優產品，以致合作社產品每年的特優率穩定在 15% 以上，僅此一項就能實現社員每年戶均增收達到 5,000 元以上；三是年底分配分紅增收，十陵合作社的收入主要來源於經營收入和管理費，年底扣除當年的經營成本後，合作社提取 45% 的盈餘用作風險和科技發展基金，25% 的盈餘用作年度提供的產量最大和提供的優質產品最多的社員的獎勵基金，30% 的盈餘用作所有社員的年終分紅。2010 年，十陵禽業合作社社員實現戶均分紅 2,160 元，獲得產量或優質的貢獻獎勵金的社員最高可得到 1.8 萬元。合作社通過三次分利，有效實現了農民在產、供、銷和分配各環節的增收，年戶均增收 1.8 萬元以上，帶動了十陵鎮及周邊地區 90% 以上的規模養殖戶，有效解決了 1,300 多個農村勞動力就業問題。合作社進入成都、重慶、雲南、貴州、西藏等省（市、區）雞蛋市場，其中成都超市的市場佔有率超過 2/3。十陵禽業合作社先後榮獲「全國農民專業合作社示範社」「國家級無公害禽蛋標準化基地」「農業部示範項目單位」等稱號。

（二）農民專業協會

農民專業協會是指由農民自願自發組織起來的以發展商品經濟為目的，在農戶家庭承包經營的基礎上，實行資金、技術、生產、供銷等互助和多項合作的經濟組織。農民專業協會是中國農民自創的一種新型農民專業合作組織。農民專業協會突出從技術服務入手，在小農戶和大市場之間架起了橋樑，並逐步向產前、產後服務延伸。市場經濟條件下，農民專業協會通過「公司+協會+農戶」、訂單農業等形式以及開展產、供、銷、種（養）、貯、加系列化生產服務滿足農民不同層次、不同方面的服務需求，形成產供銷一條龍、貿工農一體化的產業化經營格局。

農民專業協會最早可以追溯到 20 世紀 70 年代末，當時安徽省天長縣成立了中國第一個農民科學種田技術協會。20 世紀 80 年代初期，全國已開始普遍推行家庭聯產承包責任制，農民生產積極性逐漸提高，全國多地對農業技術服務都存在較高的潛在需求，同時政府和各界人士也在不斷鼓勵、推動農

業技術的推廣。1980年，四川省郫縣（現為「郫都區」）成立了養蜂協會。這些協會的初衷是以技術輔導和交流來為農民提供專業技術服務。1982年，中央召開科學技術大會，鼓勵農業技術推廣單位開展技術承包，實行有償服務，興辦經營實體，從而推動了農業科技人員深入農村，發起和組建了一批農民專業技術協會。[1] 隨著協會的不斷發展壯大，農民專業協會的外延更加廣泛，往往包含農民技術協會和農民服務協會等組織形式。20世紀90年代，農民專業協會在各地快速興起。截止到2001年，河北省邯鄲市共建起市、縣、鄉、村四級農協組織5,615個，建起涉及林果、棉花、獺兔、蔬菜、養牛、養雞、辣椒、藥材、食用菌、養鱉等20多項內容的專業服務協會605個，發展團體會員1.2萬個，農戶會員83.9萬戶，占全市農戶總數的51%。[2] 山西在生產專業戶和社區服務組織的基礎上組織起了農民專業協會。1995年年底，山西縣、鄉、村三級各類專業協會已達850個，會員達34.18萬人。[3] 2002年全國農民專業協會約有92,306個，會員達到657.45萬人。其中，河南、山東、四川三省協會個數占全國的33.69%，協會會員占全國的43.68%；[4] 種植業、養殖業的協會分別占協會總數的59.16%和31.45%。養殖、瓜菜、林果三個行業共計占協會總數的58.43%，糧食作物占25.5%。[5]

　　一般來說，農民專業協會的資產歸全體會員共同所有，共同創造的收益也為全體會員共同擁有。稅後利潤一般要以公共累積的形式提留一部分用於協會的發展和福利的公積金和公益金。剩餘利潤以分紅資金的形式，或按交易量分配給協會全體會員，或按股金紅利分配給協會會員和投資者。不同類型的農民專業協會有不同的經營收益安排。①技術交流型農民專業協會最初由專業技術能手或專業大戶發起，以生產中的技術合作為主，會員之間關係比較鬆散、組織管理欠規範，協會幾乎無資金合作，也無共同的財產和累積。

---

[1] 趙凱. 中國農業經濟合作組織發展研究 [D]. 咸陽：西北農林科技大學, 2003.
[2] 趙繼新. 中國農民合作經濟組織發展研究 [D]. 北京：中國農業大學, 2004.
[3] 楊歡進, 楊洪進. 組織支撐：農業產業化的關鍵 [J]. 管理世界, 1998 (4)：207-210, 213.
[4] 中國科學技術協會. 中國科學技術協會統計年鑒 [M]. 北京：中國統計出版社, 2003.
[5] 郝立新. 中國農村專業技術協會現狀及發展對策研究 [D]. 大連：大連理工大學, 2002.

隨著商品經濟的發展,協會需要籌集共同的經費引進技術、購買種苗、推銷產品等,因此會員間產生資金合作,但往往局限於某一筆生意或項目,結束即按盈虧分攤,不存在較大規模的共同累積和共同財產。②技術服務型農民專業協會以技術合作為契機,統一購買有關生產資料和技術,提供產前、產後服務。因此,技術服務型農民專業協會要求入會時繳納一定數量的股金,個人所有、協會統一使用,退會時可抽走股金。在資金盈餘分配上大多傾向於將利潤盡可能多地分到個人的帳戶上。但此類專業協會會員間資金合作有限,資金累積也有限。③技術經濟實體型農民專業協會通過實體經濟開展各項服務活動,收取一定費用。由協會利用自身的累積、會員會費或股金以及協會名義獲得貸款等興辦起來的經濟實體的產權歸全體會員所有。通過吸收部分會員的股金或通過部分會員以自身財產做抵押所取得的貸款建成的經濟實體歸部分會員所有。[①]

三、農民專業合作組織的發展過程

為了進一步提高農民的組織化程度,推動農業產業化經營的組織形式創新,中國各級政府逐漸明確合作社帶動農戶經營是推動中國農業產業化經營、構建利益聯結機制、提高農民收入的主要方向。中國各級政府和部門出抬了一系列政策推動和促進農民專業合作組織的發展。

(一) 1983—1994 年:連續四個中央一號文件和一系列中央政策鼓勵和扶持農民自主發展合作經濟組織

家庭聯產承包責任制確立後,中國農產品供給相對缺乏,農民面臨的重大問題是如何最大幅度地提高產量。為適應農戶生產經營過程中日益旺盛的農業技術服務的需求,中國農村地區陸續出現了農民自己組織起來的專業技術協會。國家對農民合作社的發展採取積極的鼓勵政策。中共中央印發的

[①] 劉一明,傅晨. 農村專業技術協會的組織制度與運行機制 [J]. 華南農業大學學報(社會科學版),2005 (2):21-25.

《當前農村經濟政策的若干問題》（中發〔1983〕1號）提出：「適應商品生產需要，發展多種多樣的合作經濟」。《中共中央關於一九八四年農村工作的通知》（中發〔1984〕1號）提出：「農民還可不受地區限制，自願參加或組成不同形式、不同規模的各種專業合作經濟組織。」《中共中央 國務院關於進一步活躍農村經濟的十項政策》（中發〔1985〕1號）提出：「按照自願互利原則和商品經濟要求，積極發展和完善農村合作制。……各種合作經濟組織都應當擬訂簡明的章程，合作經濟組織是群眾自願組成的，規章制度也要由群眾民主制訂；認為怎麼辦好就怎麼訂，願意實行多久就實行多久。只要不違背國家的政策、法令，任何人都不得干涉。」《中共中央 國務院關於1986年農村工作的部署》（中發〔1986〕1號）提出：「近幾年出現了一批農民聯合購銷組織，其中，有鄉、村合作組織興辦的農工商公司或多種經營服務公司，有同行業的專業合作社或協會……各有關部門均應給予熱情支持和幫助。」1987年，全國農民專業協會已有7.8萬個，協會涉及門類已達140多種。[①] 這一時期的專業協會主要具有三個特徵：一是組織形式單一，以技術和生產合作為主，基本上沒有介入流通流域，主要幫助解決社區內部農戶生產過程中出現的技術問題；二是組織鬆散，組織成員沒有明確的權利和義務，會員流動性大，組織穩定性差；三是以行業協會牽頭和農民自發為主，政府極少介入，許多組織處於自生自滅狀態。

新型農民專業合作社在當時是一個新鮮事物，在發展過程中合法權益得不到有效維護，自身經營不規範的現象時有發生。在這種情況下，《中共中央 國務院關於1991年農業和農村工作的通知》（國發〔1991〕59號）將農業專業技術協會、專業合作社作為農業社會化服務的形式之一，要求「各級政府對農民自辦、聯辦服務組織要積極支持，保護他們的合法權益，同時要加強管理，引導他們健康發展」。自此，各級政府開始對合作經濟組織進行管理和引導。《中共中央 國務院關於一九九四年農業和農村工作的意見》（中發〔1994〕4號）提出「扶持民辦專業技術協會的健康發展。加強調查研究，總

[①] 林德榮. 中國農民專業合作經濟組織的變遷與啟示 [J]. 中國集體經濟，2009 (13)：8-9.

第六章　農民專業合作組織經營的發展與變遷

結交流經驗，抓緊制定《農民專業協會示範章程》，引導農民專業協會真正成為『民辦、民管、民受益』的新型經濟組織」。該文件是官方第一次正式將合作經濟組織定義為「民辦、民管、民受益」的新型經濟組織。此後不久，農業部就和有關部門協作起草了《農民專業協會示範章程》。1994年，農業部和中國科協聯合下發了《關於加強對農民專業技術協會指導和扶持工作的通知》，財政部等部門也出抬了相關扶持政策，有關部門、部分省市組織的相關試點工作陸續展開。關於農民專業合作社管理和服務的實質性措施開始出抬，為促進農民專業合作社的發展提供了條件。但總體來看，由於當時農村商品化程度不高，農戶生產的商品率不高，政府的具體支持、服務措施也較少。在這一階段，合作社的數量很少，活動內容以技術合作和交流為主。合作社由於多屬於自發形成，組織的穩定性不強，管理也不規範，成員的流動性較大，權利和義務不夠明確，成員間的合作與聯合大都局限在社區內部。①

　　（二）1995—2006年：隨著中國農業產業化迅速發展，合作社的合作活動內容逐漸拓寬，各項法律法規日益完善

　　隨著經濟作物和養殖業產量的增加與商品率的提高，農產品銷售難的問題日益凸顯，農民的合作需求也日益旺盛。農民專業合作組織的合作內容逐漸從技術服務轉向經濟實體。與此同時，政府也順勢而為，針對合作社的發展提出了專門的要求和鼓勵措施。《中共中央　國務院關於做好1995年農業和農村工作的意見》（中發〔1995〕6號）提出：「支持農村多種形式的貿工農一體化經濟實體，支持為農業產前、產中、產後服務的互助合作性質的新型經濟組織。」1997年財政部文件（財商字〔1997〕156號）規定：「專業合作社銷售農業產品，應當免徵增值稅」。《中共中央　國務院關於1998年農業和農村工作的意見》（中發〔1998〕2號）提出：「發展多種形式的聯合與合作。農民自主建立的各種專業合作社、專業協會以及其他形式的合作與聯合組織，多數是以農民的勞動聯合和資本聯合為主的集體經濟，有利於引導農民進入市場，完善農業社會化服務體系，要加大鼓勵和大力支持」。據農業部統計，

---

① 趙國翔. 農民專業合作社發展中存在的問題及對策研究［D］. 長春：東北師範大學，2010：3-6.

截至1999年年底，全國農村的專業合作組織有140萬個，平均每個組織固定資產只有4.5萬元，帶動全國農戶總數的比例不足3.5%。[1] 這一時期合作經濟組織的法律地位不明確。有的是以企業名義在工商部門登記，有的是以社團名義在民政部門登記，這使得合作組織定位處於尷尬境地，從而難以有效地開展工作。

　　2001年年底，中國加入WTO後，中央重視農民合作組織在提高農民進入市場的組織化程度方面所發揮的重要作用，通過一系列政策確定了農民專業合作組織的發展形式和保障措施，推動合作社立法。2003年1月8日，在中央農村工作會議上，時任中共中央總書記的胡錦濤發言強調：「要根據需要發展農產品行業協會和農民專業合作組織，建立健全農業社會化服務體系，提高農民進入市場的組織化程度。」《中共中央 國務院關於做好農業和農村工作的意見》（中發〔2003〕3號）提出：「積極發展農產品行業協會和農民專業合作組織，建立健全農業社會化服務體系。農產品行業協會和各種專業合作組織，是聯結農戶、企業和市場的紐帶，對於提高農民的組織化程度，轉變政府職能，增強農業競爭力，具有重要作用。……加快制定有關法律法規，引導農民在自願的基礎上，按照民辦、民管、民受益的原則，發展各種新型的農民專業合作組織。」《中共中央 國務院關於促進農民增加收入若干政策的意見》（中發〔2004〕1號）提出：「積極推進有關農民專業合作組織的立法工作；中央和地方要安排專門資金支持農民專業合作組織開展信息、技術、培訓、質量標準與認證、市場營銷等服務；有關金融機構支持農民專業合作組織建設標準化生產基地、興辦倉儲設施和加工企業、購置農產品運銷設備，財政可適當給予貼息。深化供銷社改革，發揮其帶動農民進入市場的作用。」特別是2004年這份中央一號文件中還明確指出：「鼓勵發展各類農產品專業合作組織、購銷大戶和農民經紀人。積極推進有關農民專業合作組織的立法工作。從2004年起，中央和地方要安排專門資金，支持農民專業合作組織開展信息、技術、培訓、質量標準與認證、市場營銷等服務」。《中共中央 國務院

---

[1] 林德榮. 中國農民專業合作經濟組織的變遷與啟示 [J]. 中國集體經濟, 2009 (13): 8-9.

第六章　農民專業合作組織經營的發展與變遷

關於進一步加強農村工作 提高農業綜合生產能力若干政策的意見》（中發〔2005〕1 號）提出：「支持農民專業合作組織發展，對專業合作組織及其所辦加工、流通實體適當減免有關稅費。集體經濟組織要增強實力，搞好服務，同其他專業合作組織一起發揮聯結龍頭企業和農戶的橋樑和紐帶作用。」到這一階段，合作社的牽頭人出現了明顯的多元化特徵。這一時期外部力量干預過多，以至於合作經濟組織成為政府或「領辦」主體的附庸，違背合作組織「自願、民主、民受益」的基本原則，不重視農民的主體地位。在市場主體的帶動下，合作社的活動地區、範圍打破了傳統的社區限制，跨鄉、跨縣經營的專業合作社開始出現。

隨著中國農業現代化和農業經濟的不斷發展，提升合作組織的發展水準、進一步規範合作組織經營管理的需求日趨凸顯。《中共中央 國務院關於推進社會主義新農村建設的若干意見》（中發〔2006〕1 號）提出：「積極引導和支持農民發展各類專業合作經濟組織，加快立法進程，加大扶持力度，建立有利於農民合作經濟組織發展的信貸、財稅和登記等制度。」2006 年 10 月 31 日，第十屆全國人民代表大會常務委員會第二十四次會議表決通過了《中華人民共和國農民專業合作社法》（以下簡稱《農民專業合作社法》），時任國家主席的胡錦濤簽署第十屆第 57 號主席令予以公布。《農民專業合作社法》的頒布，標誌著中國農民專業合作組織的發展進入快車道（姜長雲，2018）。

《農民專業合作社法》頒布並實施，為農民專業合作經濟組織的發展奠定了法律基礎。企業和農戶對農村經濟組織與體制創新的需求，政府的有力引導和扶持以及農民專業合作經濟組織法律地位的明確，組織體制和內部治理結構日漸完善和規範，使農民專業合作經濟組織開始得到較快的發展，主要體現在模式創新和帶動農戶的總數大幅度上升。據農業部的統計數據顯示，截至 2006 年年底，全國農民專業合作組織成員數為 3,878 萬戶，占全國農戶總數的 15.6%。其中，擁有註冊商標的農民專業合作組織約 2.6 萬個，取得無公害產品、綠色食品、有機食品及無公害生產基地認證的 3,200 多個。[1]

---

[1] 林德榮. 中國農民專業合作經濟組織的變遷與啟示 [J]. 中國集體經濟，2009（13）：8-9.

(三) 2007—2012 年：在《農民專業合作社法》的引導下日益規範和成熟，各級財政加大對合作經濟組織的扶持力度

2007 年是《農民專業合作社法》實施元年，國家出抬各項政策推動合作社法貫徹落實。同時，為滿足農民對合作社的發展要求，黨中央、國務院各項政策更加明確，支持力度更大，措施更加切實。《中共中央 國務院關於積極發展現代農業 紥實推進社會主義新農村建設的若干意見》（中發〔2007〕1號）提出：「大力發展農民專業合作組織。認真貫徹農民專業合作社法，支持農民專業合作組織加快發展。各地要加快制定推動農民專業合作社發展的實施細則……要採取有利於農民專業合作組織發展的稅收和金融政策，增大農民專業合作社建設示範項目資金規模，著力支持農民專業合作組織開展市場營銷、信息服務、技術培訓、農產品加工儲藏和農資採購經營。」

隨著國家各類稅收優惠政策和金融支持政策不斷推出，相關措施更加切實可行。《中共中央 國務院關於切實加強農業基礎建設 進一步促進農業發展農民增收的若干意見》（中發〔2008〕1號）提出：「鼓勵農民專業合作社興辦農產品加工企業或參股龍頭企業。」「全面貫徹落實農民專業合作社法……各級財政要繼續加大對農民專業合作社的扶持，農民專業合作社可以申請承擔國家的有關涉農項目。」2008 年 6 月 24 日，財政部、國家稅務總局發布的《關於農民專業合作社有關稅收政策的通知》（財稅〔2008〕81 號）規定：「對農民專業合作社銷售本社成員生產的農業產品，視同農業生產者銷售自產農業產品免徵增值稅。農民專業合作社向本社成員銷售的農膜、種子、種苗、化肥、農藥、農機，免徵增值稅。與本社成員簽訂的農業產品和農業生產資料購銷合同，免徵印花稅。」從稅收優惠政策方面加大對農民專業合作社的扶持。

黨的十七屆三中全會《關於推進農村改革發展若干重大問題的決定》提出：「扶持農民專業合作社加快發展，使之成為引領農民參與國內外市場競爭的現代農業經營組織」這一重大任務後，《中共中央 國務院關於2009年促進農業穩定發展農民持續增收的若干意見》（中發〔2009〕1號）提出：「加快發展農民專業合作社，開展示範社建設行動。加強合作社人員培訓，各級財

第六章　農民專業合作組織經營的發展與變遷

政給予經費支持。將合作社納入稅務登記系統，免收稅務登記工本費。盡快制定金融支持合作社、有條件的合作社承擔國家涉農項目的具體辦法。」隨後，國家有關部委紛紛出抬政策，扶持合作社發展。2009 年 2 月 16 日，中國銀行業監督管理委員會[①]和農業部聯合下發了《關於做好農民專業合作社金融服務工作的意見》，意見要求各地的農村合作金融機構需要進一步加強和改進針對農民專業合作社的各類金融服務，積極構建農民專業合作社與合作金融機構的互動合作機制。中國進入自 2007 年 7 月 1 日《農民專業合作社法》實施以來合作經濟組織發展的又一個新時期。據農業部統計，2009 年全國 24.64 萬個農民專業合作組織中，從事產加銷綜合服務的有 137,984 個，占 56.0%；以技術和信息服務為主的有 28,528 個，占 11.6%；以運輸倉儲服務為主的有 21,190 個，占 8.6%；從事農產品加工的有 13,552 個，占 5.5%；其他的有 45,091 個，占 18.3%。[②]

《中共中央　國務院關於加大統籌城鄉發展力度　進一步夯實農業農村發展基礎的若干意見》（中發〔2010〕1 號）提出：「大力發展農民專業合作社，深入推進示範社建設行動，對服務能力強、民主管理好的合作社給予補助。各級政府扶持的貸款擔保公司要把農民專業合作社納入服務範圍，支持有條件的合作社興辦農村資金互助社。扶持農民專業合作社自辦農產品加工企業。」2010 年 5 月 4 日，農業部等七部委聯合發布的《關於支持有條件的農民專業合作社承擔國家有關涉農項目的意見》（農經發〔2010〕6 號）明確了支持範圍、條件、方式等。《中共中央　國務院關於加快推進農業科技創新　持續增強農產品供給保障能力的若干意見》（中發〔2012〕1 號）提出：「引導農民專業合作社規範開展信用合作。」「通過政府訂購、定向委託、招投標等方式，扶持農民專業合作社。」「充分發揮農民專業合作社組織農民進入市場、應用先進技術、發展現代農業的積極作用，加大支持力度，加強輔導服務，

[①] 中國銀行業監督管理委員會（簡稱「中國銀監會」）於 2018 年 3 月 13 日在國務院機構改革中與中國保險監督管理委員會（簡稱「保監會」）的職責整合，組建成為中國銀行保險監督管理委員會（簡稱「中國銀保監會」）作為國務院直屬事業單位。
[②] 中國農業年鑒編輯委員會. 中國農業年鑒 [M]. 北京：中國農業出版社，2010：117.

推進示範社建設行動，促進農民專業合作社規範運行。支持農民專業合作社興辦農產品加工企業或參股龍頭企業。」這一時期農民專業合作組織發展迅速。2012年年底，中國農民專業合作社納入統計調查的總量為63.4萬個。2013年年底總量增加到88.4萬個，增幅高達39.5%；被農業部門認定為示範社的有9.1萬個，占當年合作社總數的10.3%；各級財政共扶持合作社3.4萬個，扶持資金總額達55億元，每個合作社平均獲得的扶持資金為16.0萬元；合作社當年貸款餘額為56.3億元。[1]

（四）2013—2017年：黨的十八大召開後，中央日益重視農民專業合作組織發展的規範化和多元化

黨的十八大召開以後，中國農民專業合作社從剛起步時的技術互助和信息傳播等有限的合作，逐步擴展到勞動、資金、技術等全方位的合作，突破生產領域的合作，在生產、加工和流通等領域開展一體化的合作經營。單打獨鬥的合作經濟組織抱團聯社發展的需求日益旺盛，給《農民專業合作社法》的修訂提出新要求。《中共中央 國務院關於加快發展現代農業 進一步增強農村發展活力的若干意見》（中發〔2013〕1號）強調：「大力支持發展多種形式的新型農民合作組織。農民合作社是帶動農戶進入市場的基本主體。」「按照積極發展、逐步規範、強化扶持、提升素質的要求，加大力度、加快步伐發展農民合作社，切實提高引領帶動能力和市場競爭能力。鼓勵農民興辦專業合作和股份合作等多元化、多類型合作社。」「引導農民合作社以產品和產業為紐帶開展合作與聯合，積極探索合作社聯社登記管理辦法。抓緊研究修訂農民專業合作社法。」《中共中央 國務院關於全面深化農村改革 加快推進農業現代化的若干意見》（中發〔2014〕1號）強調：「鼓勵發展專業合作、股份合作等多種形式的農民合作社，引導規範運行，著力加強能力建設。允許財政項目資金直接投向符合條件的合作社，允許財政補助形成的資產轉交合作社持有和管護，有關部門要建立規範透明的管理制度。落實和完善相關稅收優惠政策，支持農民合作社發展農產品加工流通。」《中共中央 國務院關

---

[1] 佚名. 2013年農民專業合作社發展情況［J］. 農村經營管理，2014（5）：46.

於落實發展新理念 加快農業現代化 實現全面小康目標的若干意見》（中發〔2016〕1號）強調：「加強農民合作社示範社建設，支持合作社發展農產品加工流通和直供直銷。」《中共中央 國務院關於深入推進農業供給側結構性改革 加快培育農業農村發展新動能的若干意見》（中發〔2017〕1號）強調：「加強農民合作社規範化建設，積極發展生產、供銷、信用『三位一體』綜合合作。」

2017年12月27日，第十二屆全國人大常委會第三十一次會議表決通過了新修訂的《農民專業合作社法》，國家主席習近平簽署十二屆第83號主席令予以公布。修改後的條例規定：「國家保障農民專業合作社享有與其他市場主體平等的法律地位。」用法律手段保護農民專業合作社及成員權利，做到有法可依；修改後的條例規定：「農民專業合作社可以依法向公司等企業投資」，體現了合作經濟組織作為市場中一般企業重要的市場特徵，確保農民專業合作社享有與其他市場主體平等的重要體現；修改中增加了聯合社理事長、理事應當由成員選派的人員擔任的內容，明確農民專業合作社聯合社的成員大會選舉和表決，實行一社一票，有利於規範農民專業合作社的組織和行為。關於出資形式，修改後放寬了規定：「農民專業合作社成員可以用土地經營權、林權等可以用貨幣估價並可以依法轉讓的非貨幣財產出資。」也就是說，只要符合章程規定、得到全體成員的認可、符合法律和行政法規的規定就都可以，明確了成員可以用土地經營權等財產作價出資，體現了出資的多樣性，進一步強化了對農民專業合作組織及其社員權益的保護措施，增強了對農民專業合作社的扶持力度，有利於提高農戶投資的積極性。

2016年年底，中國農民專業合作社納入統計調查的總量為156.3萬個。截至2017年年底，這一數量增加到175.4萬個，比2016年年底增加了19.1萬個，增幅為12.2%，其中有14.9萬個合作社被農業部門認定為示範社，占合作社總數的8.5%。農民專業合作社成員數達6,794.3萬個（戶），比2016年年底增長5.2%。其中，實行產加銷一體化服務的合作社有93.1萬個，比2016年增長12.2%，占合作社總數的53.1%；以生產服務為主的合作社50.9萬個，比2016年增長13.6%，占合作社總數的29.1%；以購買為主的合作社

占全部合作社的比重為3.3%，以倉儲服務為主的合作社占比為0.9%，以運銷服務為主的合作社占比為2.1%，以加工服務為主的合作社占比為2.0%，以其他服務為主的合作社占比為9.5%。2017年年底各級財政共扶持3.6萬個合作社，每個合作社平均獲得的扶持資金達18.2萬元，扶持資金總額高達65.1億元，比2016年增加了22.1億元，增幅高達33.9%。[1]

（五）2018年至今：黨的十九大召開後，中央圍繞《農民專業合作社法》和鄉村振興的實施制定出抬了各項政策措施，推動農民專業合作組織發揮實現小農戶和現代農業發展有機銜接的主體作用

黨的十九大提出「實施鄉村振興戰略」「實現小農戶和現代農業發展有機銜接」。黨中央、國務院高度重視「三農」工作，中央一號文件和農業部的重大決策部署發展農民專業合作組織。農民專業合作組織作為新型農業經營主體的重要組成部分，《中共中央 國務院關於實施鄉村振興戰略的意見》（中發〔2018〕1號）提出：「統籌兼顧培育新型農業經營主體和扶持小農戶，採取有針對性的措施，把小農生產引入現代農業發展軌道」「注重發揮新型農業經營主體帶動作用」。2018年1月18日，農業部發布的《關於大力實施鄉村振興戰略 加快推進農業轉型升級的意見》明確提出：「貫徹落實新修訂的農民專業合作社法，開展國家農民合作社示範社評定。」「鼓勵將政府補貼量化到小農戶、折股到合作社，支持合作社通過統一服務帶動小農戶應用先進品種技術，引導推動龍頭企業等與合作社、小農戶建立緊密利益聯結關係，通過保底分紅、股份合作、利潤返還等方式，實現農民分享農業全產業鏈增值收益，大力提升生產性服務業對小農戶的服務覆蓋率。」

《農民專業合作社法》頒布至今已有十餘年，農民合作社發展取得顯著成效。截止到2019年3月1日，在市場監督管理部門依法登記註冊的農民專業合作社已經超過210萬個。[2]雖然農民專業合作組織數量擴張快速，但是一些合作社的運行管理很不規範，與農戶沒有建立起緊密的利益聯結，導致合作

---

[1] 佚名.2017年農民專業合作社發展情況［J］.農村經營管理，2018（10）：22-23.
[2] 佚名.讓黨的農村政策惠及廣大小農戶——中央農辦副主任、農業農村部副部長韓俊等介紹《關於促進小農戶和現代農業發展有機銜接的意見》並答記者問［J］.農村工作通訊，2019（5）：10-16.

組織發展的質量總體還不太高。《中共中央 國務院關於堅持農業農村優先發展 做好「三農」工作的若干意見》（中發〔2019〕1號）強調：「突出抓好家庭農場和農民合作社兩類新型農業經營主體，啓動家庭農場培育計劃，開展農民合作社規範提升行動，深入推進示範合作社建設，建立健全支持家庭農場、農民合作社發展的政策體系和管理制度。落實扶持小農戶和現代農業發展有機銜接的政策，完善『農戶+合作社』、『農戶+公司』利益聯結機制。」2019年2月19日，針對合作社有名無實、不規範的情況，中央農辦、農業農村部等11部門貫徹落實一號文件精神，聯合下發了《開展農民專業合作社「空殼社」專項清理工作方案》（中農發〔2019〕3號），在全國範圍內集中開展農民專業合作社專項清理。

「大國小農」是中國的基本國情、農情，黨中央、國務院高度重視農戶家庭經營在中國農業發展和農村經濟中的作用。2019年2月21日，中共中央辦公廳、國務院辦公廳印發的《關於促進小農戶和現代農業發展有機銜接的意見》（中辦發〔2019〕8號）提出：「創新合作社組織小農戶機制。堅持農戶成員在合作社中的主體地位，發揮農戶成員在合作社中的民主管理、民主監督作用，提升合作社運行質量，讓農戶成員切實受益。鼓勵小農戶利用實物、土地經營權、林權等作價出資辦社入社，盤活農戶資源要素。財政補助資金形成的資產，可以量化到小農戶，再作為入社或入股的股份。支持合作社根據小農戶生產發展需要，加強農產品初加工、倉儲物流、市場營銷等關鍵環節建設，積極發展農戶+合作社、農戶+合作社+工廠或公司等模式。健全盈餘分配機制，可分配盈餘按照成員與合作社的交易量（交易額）比例、成員所占出資份額統籌返還，並按規定完成優先支付權益，使小農戶共享合作收益。扶持農民用水合作組織多元化創新發展。支持合作社依法自願組建聯合社，提升小農戶合作層次和規模。」

第二節　農民專業合作組織的運行機制

一、農民專業合作組織的內部治理

（一）農民專業合作組織的民主管理

農民專業合作組織的民主管理主要體現在自願與自主的結合。《農民專業合作社法》第四條明確指出：「入社自願、退社自由；成員地位平等，實行民主管理。」合作經濟組織完全建立在自願組合的基礎上，在沒有外界干預的條件下農民的自主選擇，聯合各方彼此信任，需求一致。合作經濟組織通過民主協商制定一系列切實可行的章程和制度，將有關問題以文字形式確定下來，具有法律效力。入社自願的原則避免了由於人為組合或行政撮合所帶來的逆反心理，使全體成員始終保持應有的責任感和生產熱情。這是合作經濟組織具有旺盛生命力的重要原因。基於自願原則，合作成員在企業經營過程中，擁有充分的重新選擇的權利。農民既可以離開原來的合作經濟組織，又可以是幾個合作經濟組織的成員。這樣自願組合與自願退出兩種機制的交互作用，既催發了新組織的誕生，又加速了舊組織的瓦解，從而形成經濟發展的強大動力。

民主管理是農民專業合作組織發展的制度保障和凝聚力所在，主要體現在入社社員是合作組織的主人，凡是涉及成員利益的事項，都必須交由社員大會（社員代表大會）民主商議決定，以防任何個人和組織干涉甚至侵害成員利益。《農民專業合作社法》第二十一條規定：「農民專業合作社成員享有下列權利：參加成員大會，並享有表決權、選舉權和被選舉權，按照章程規定對本社實行民主管理；查閱本社的章程、成員名冊、成員大會或者成員代表大會記錄、理事會會議決議、監事會會議決議、財務會計報告、會計帳簿和財務審計報告。」第二十二條規定：「農民專業合作社成員大會選舉和表決，實行一人一票制，成員各享有一票的基本表決權。出資額或者與本社交易量

（額）較大的成員按照章程規定，可以享有附加表決權。」《農民專業合作社法》從表決權和決議方式兩個方面，規定了成員如何自主行使決策權、如何保障成員行使決策權。為了進一步實現民主管理，防止個人或組織操縱和利用，按照《農民專業合作社法》的規定，全體成員、監事會、執行監事以及政府部門都要履行對農民專業合作社的監督，以保證其規範健康運行，切實維護成員的經濟利益和合法權益。

（二）農民專業合作組織的治理機制

1. 產權激勵機制

勞動者的積極性是以其切身利益為基礎的，能否公平合理地通過個人所付出的勞動和貢獻，獲取應有的報酬，這是勞動者積極性能否得到充分發揮的基本條件，也是合作組織是否具有有效的激勵機制的基本衡量尺度。合作組織的成員，既是勞動者，又是投資者，也是受惠者。這一特徵構成了合作組織成員的個人利益與組織利益一致的相關機制。這是合作組織激勵機制的客觀基礎。在實踐中要真正實現產權激勵機制，還必須做到產權明晰。既要求合理地處理產權配置，真正體現合作組織成員所有者的權利，又要求公正合理地進行收益分配，保護和實現成員的合法權益。「農民專業合作社成員大會選舉和表決，實行一人一票制，成員各享有一票的基本表決權。出資額或者與本社交易量（額）較大的成員按照章程規定，可以享有附加表決權，但不得超過本社成員基本表決權總票數的百分之二十。」產權激勵機制發揮作用，還需要保證合作組織成員及時獲得必要的教育和培訓，不斷提高各成員行使產權的素質和技能，最終形成有效的激勵，保證合作組織「民辦、民管、民受益」。

2. 委託代理關係下的決策機制

農民專業合作組織的決策機制主要包括經營決策、投資決策、利益分配及其他關係到合作組織命運的重大決策。遵循合作制基本原則建立起來的較規範的決策機制，由「社員大會—理事會—經理負責制」三級組織構成。其中，社員（代表）大會是合作組織的最高權力機構，重大決策要由合作組織的全體成員（或代表）大會討論決定；由社員（代表）大會選舉產生的常設

機構理事會代表成員對合作組織進行經營決策，執行社員（代表）大會的決議。因此，日常的決策職能則由社員大會委託理事會代理行使。農民專業合作組織中的利益相關者主要有合作組織的投資者、經營者和惠顧者。除了合作組織的社員入股投資以外，合作組織還有來自外部的投資。外部投資者包括政府、企業或其他社會團體。因此，合作組織的投資者由入股農戶和外部投資者構成。合作組織的經營者通常是指合作組織的理事會成員。合作組織的惠顧者是指「與合作社發生農產品或服務交易關係的合作社社員或非社員」[1]。理事會成員本身也是合作組織社員，他們的農產品通過合作組織進行銷售，因此，理事會成員既是合作組織的經營者，也是合作組織的惠顧者。

農民專業合作組織的決策機制最突出的特點表現在處理委託代理關係上，主要有三種類型：第一類是外部投資者與合作組織經營者之間的委託代理關係。第二類是合作組織內部普通社員和經營者之間的委託代理關係。這是中國農民專業合作組織最常見的一種委託代理關係。第三類是合作組織經營者不完全委託代理關係。當合作組織經營者的管理者、惠顧者、所有者多重身分重疊，納入合作組織的統一管理的屬於經營者入股的那部分資金，並沒有實現其所有權和經營權完全分離，出現了不完全委託代理關係。

合作社「委託代理」關係的特點有：一是合作社中代理人的實力較強。一般來說，在委託代理關係中，為了實現自身的利益，委託人把從事某項活動的決策權授權給代理人，並最終決定著契約的形式和內容，而代理人則通過經營決策行為獲取相應的報酬。由於普通農戶社員的資源稟賦和經營能力較弱，從中國農民專業合作社的運行實踐來看，合作社代理人通常擁有較強的物質資本、人力資本和社會資本，對合作組織重大決策的影響更大。二是合作組織內部信息不對稱。由於委託人和代理人擬定契約時在信息獲取能力上雙方存在較大差異，代理人持有委託人不知道的、第三方也無法或者難以監測到的信息，要素稟賦和資源優勢也明顯強於委託人。在合作組織的經營

---

[1] 徐旭初，吳彬. 異化抑或創新？——對中國農民合作社特殊性的理論思考 [J]. 中國農村經濟，2017（12）：2-17.

過程中，代理人具有明顯的信息優勢。因此，委託人難以有效監測代理人的努力程度、代理人主導合作組織內部盈餘分配的比例等，使得委託人無法制定出能對代理人的「隱藏行動」進行有效的激勵和監督的完全契約。而解決好農民專業合作組織的委託代理關係，保護委託人的利益，是合作組織能否長期生存的關鍵。

3. 監督約束機制

第一，責任監督約束。按照《農民專業合作社法》和合作組織章程的規定，社員（代表）大會對重大投資經營與人事的決策、監督、任免權；監事會的監督權；董事會對經理的任免權和對重要經營管理活動的決策、監督權；財務部門對生產經營活動的財務監督等。第四十五條規定：「設立執行監事或者監事會的農民專業合作社，由執行監事或者監事會負責對本社的財務進行內部審計，審計結果應當向成員大會報告。成員大會也可以委託社會仲介機構對本社的財務進行審計。」通過建立健全合作社管理體制，合作經濟組織內部各職能部門履行職責，相互監督約束。

第二，政策法律約束。《農民專業合作社法》第二十六條規定：「農民專業合作社成員不遵守農民專業合作社的章程、成員大會或者成員代表大會的決議，或者嚴重危害其他成員及農民專業合作社利益的，可以予以除名。」第九章法律責任列明了四類法律責任：①第六十九條規定：「侵占、挪用、截留、私分或者以其他方式侵犯農民專業合作社及其成員的合法財產，非法干預農民專業合作社及其成員的生產經營活動，向農民專業合作社及其成員攤派，強迫農民專業合作社及其成員接受有償服務，造成農民專業合作社經濟損失的，依法追究法律責任。」②第七十條規定：「農民專業合作社向登記機關提供虛假登記材料或者採取其他詐欺手段取得登記的，由登記機關責令改正，可以處五千元以下罰款；情節嚴重的，撤銷登記或者吊銷營業執照。」③第七十一條規定：「農民專業合作社連續兩年未從事經營活動的，吊銷其營業執照。」④第七十二條規定：「農民專業合作社在依法向有關主管部門提供的財務報告等材料中，作虛假記載或者隱瞞重要事實的，依法追究法律責任。」這些法律規定在很大程度上保護了農民專業合作社及其成員的利益。

4. 累積與發展機制

合作組織的累積與發展機制與其他企業制度的不同之處在於累積資產的所有權仍然歸全體勞動者所有，只是作為不可分割的公共資產，其產權既不可提取，也不可轉讓。成員帳戶中記載的公積金份額是一項真實的財產權利，其債權主體是成員個人。因此，《農民專業合作社法》第二十八條規定：「成員資格終止的，農民專業合作社應當按照章程規定的方式和期限，退還記載在該成員帳戶內的出資額和公積金份額。資格終止的成員應當按照章程規定分攤資格終止前本社的虧損及債務。」從財務管理要求方面考慮，農民專業合作組織提取公積金是以擴大生產經營週轉規模、提高發展實力為主要目的和出發點的。第四十二條規定：「農民專業合作社可以按照章程規定或者成員大會決議從當年盈餘中提取公積金。公積金用於彌補虧損、擴大生產經營或者轉為成員出資。每年提取的公積金按照章程規定量化為每個成員的份額。」因此，根據合作組織章程規定的公積金量化方式，合作組織成員民主管理，共同自覺執行，在公平和自覺的基礎上形成合作組織的累積與發展機制。

二、農民專業合作組織利益聯結機制

在農民專業合作組織的產業化經營帶動下，農民通過要素投入包括產品、資金、技術、土地、勞動等自願入股參加合作組織，以產權為聯結紐帶，在合作組織的帶動下農戶獲得合作組織提供的產前、產中、產後各類社會化服務，參與農產品生產、加工、銷售一體化經營，遵照合作組織章程對風險和合作盈餘進行分配。由於農民專業合作組織依託各類生產要素開展聯合與合作，利益分配既要堅持經典合作制的分配方式，即按交易額返利、按比例提取公積金和公益金、按股分紅；又要體現全部生產要素參與分配，通過按勞取酬、土地收益、資金報酬和技術收益等分享合作組織在生產、流通、加工各環節創造的利潤。不論以哪種形式帶領農戶經營，農民專業合作組織的利益分配方式主要有成本節約、收益保底、利潤返還和按股分紅。利益聯結機制的核心在於商品契約與要素契約的有機融合。由於合作組織與農戶的利益

第六章 農民專業合作組織經營的發展與變遷

聯結緊密程度存在很大差異，逐漸從鬆散型、半緊密型向緊密型利益聯結機制演進。

（一）利益分配方式

1. 收益保底

收益保底有兩種情況：①最低保護收購價。農民專業合作組織與社員簽訂生產合同，根據農產品生產成本，約定農產品最低保護收購價。在市場價格下跌的市場行情下，按高於市場價格的保護價格收購社員的產品，可以有效地避免農產品市場價格漲落對農民生產和收益的影響。②入社股金收益保底。農民專業合作組織當年總收益扣除必要管理費用後，按入社約定的每股保底收益平均分配，剩餘純利潤按股分紅，在留存集體累積和風險基金的基礎上派發紅利。每股保底收益既可以以定量的稻穀來替代相應數額的貨幣進行分配，也可以用貨幣直接分配。2018年12月24日，農業農村部、國家發展改革委、財政部、中國人民銀行、國家稅務總局、國家市場監督管理總局六部門聯合印發《關於開展土地經營權入股 發展農業產業化經營試點的指導意見》明確規定了土地經營權入股發展農業產業化經營的基本原則、重點任務、政策保障等，通過推行「保底收益＋按股分紅」的分配方式，保障農民特別是貧困戶通過土地經營權入股獲得穩定的收益。

2. 利潤返還

農民專業合作組織的盈餘在扣除一定比例的公共累積後，主要按社員購買合作社的物資和交售合作社產品的數量進行利潤返還，使農民分享到加工、銷售環節的利潤。《農民專業合作社法》第四十二條規定：「農民專業合作社可以按照章程規定或者成員大會決議從當年盈餘中提取公積金。公積金用於彌補虧損、擴大生產經營或者轉為成員出資。每年提取的公積金按照章程規定量化為每個成員的份額。」第四十三條規定：「農民專業合作社應當為每個成員設立成員帳戶，主要記載下列內容：（一）該成員的出資額；（二）量化為該成員的公積金份額；（三）該成員與本社的交易量（額）。」第四十四條規定：「在彌補虧損、提取公積金後的當年盈餘，為農民專業合作社的可分配盈餘。可分配盈餘按照下列規定返還或者分配給成員。按成員與本社的交易量

（額）比例返還，返還總額不得低於可分配盈餘的百分之六十；按前項規定返還後的剩餘部分，以成員記帳中記載的出資額和公積金份額，以及本社接受國家財政直接補助和他人捐贈形成的財產平均量化到成員的份額，按比例分配給本社成員。具體分配辦法按照章程規定或者經成員大會決議確定。」

3. 按股分紅

農民專業合作組織是由社員自願入股組建起來的，不論用資金入股，還是以實物、勞力、技術、土地等各類要素入股，參股入社是合作社的重要組織特徵。社員取得資格以後，合作組織必須發股金證、社員證和建立股金帳戶等方式為其明晰產權，並嚴格規定股金的轉讓、饋贈、繼承等辦法。入社社員每年按照約定取得專業合作組織的股金分紅，但合作組織成員身分股的分紅率一般不得高於銀行同期存款利率，投資股的分紅可以根據盈利情況由社員代表大會確定。2016年中央一號文件明確提出「鼓勵發展股份合作，引導農戶自願以土地經營權等入股龍頭企業和農民合作社，採取『保底收益+按股分紅』等方式，讓農戶分享加工銷售環節收益」。2017年，全國各類合作社經營收入5,889.6億元，平均每個合作社33.4萬元；當年合作社可分配盈餘1,116.8億元，平均每個合作社6.4萬元，為每個社員平均分配1,643.8元。合作社可分配盈餘中按交易量返還的為588.3億元，占可分配盈餘的52.7%；有36.8萬個合作社按交易量返還可分配盈餘，占合作社總數的21.0%。[①]

（二）利益聯結機制的原則和核心

1. 利益聯結機制遵循的基本原則

首先，在分配順序上，合作組織按交易量（額）的份額向社員進行返還，然後再按股金向社員進行分紅。其次，在分配比例上，由每個合作組織的章程或成員大會規定在可分配盈餘中合作組織按照交易量（額）返還和按照股金分紅各自所占的比例，但按交易量（額）比例返還的總額不得低於整個可分配盈餘的60%，股金分紅總額不得高於整個可分配盈餘的40%。這也是《農民專業合作社法》嚴格規定的，體現了按交易量（額）返還為主、按股

---

① 佚名.2017年農民專業合作社發展情況［J］.農村經營管理，2018（10）：22-23.

金分紅為輔的農民專業合作組織的基本分配原則。專業合作組織的主體是普通入社農戶。專業合作組織可分配盈餘以按交易量（額）分配為主的辦法，承認農戶的勞動對專業合作組織發展的貢獻，通過勞動和資本的結合，實現社員互助合作。最後，股金分紅不能替代按交易量（額）返還。實踐中，某些農民專業合作組織不按交易量（額）返還，只給入股成員分紅，或者用股金分紅完全代替了按交易量（額）返還，或者把按交易量（額）返還和按股金分紅二者混淆。實質上這些做法不符合合作經濟的基本分配原則，只實行按股金分配盈餘、只承認了股金的貢獻，不能體現勞動和資本的結合，與一般公司的分配方式完全一樣。真正意義上的農民專業合作組織帶動農戶經營所建立的緊密型利益聯結是能夠充分尊重農民意願，充分體現農民生產參與、農民出資、農民受益、農民主體地位，真正把資源變股權、農民變股東，真正讓社員各方持續獲得收益。

2. 利益聯結機制的核心

農民專業合作組織的利益聯結機制的核心在於商品契約與要素契約的有機融合。由於土地、勞動等生產要素的價格難以確定，農業經營中採取的商品契約往往多於要素契約。農民專業合作組織保持了以商品契約為紐帶，採用產銷一體化經營將各成員聯合起來，從而避免了社員間農業生產中勞動投入的貢獻難以界定和監督的難題，防止社員機會主義行為。同時，專業合作組織融合了要素契約，鼓勵社員投入的資金、技術、土地等生產資料參與合作社發展並給予相應的股份分紅作為回報。入社農戶不僅解決了農產品銷售得到保底收益，還可以享受專業合作組織提供的產前、產中和產後各項服務。在這種縱向一體化經營的情形中，產業鏈條上的各環節都屬於專業合作組織這一個主體經營管理的範疇，而且農民專業合作組織各級主體之間的產權關係是明晰的，成員在專業合作組織中具有明晰的股份，並按照合作社章程規定的方案進行利潤返還和股份分紅等各項分配。專業合作組織實現了剩餘控制權和剩餘索取權的統一，合作組織與農戶之間的利益分配不再是非合作的零和博弈，而是合作的正和博弈。全體社員通過民主管理專業合作組織，實現了農戶個人和專業合作組織的合二為一。合作組織和農戶兩個經營主體的

經營都依賴於對方各自所控制的資源,通過資源變股權,實現雙方合作互動,產生合作剩餘,帶給各自最大利益。

(三) 利益聯結機制由鬆散向緊密演進

農民專業合作組織是農民為保護個體利益聯合起來的組織,其出發點是通過組織小農戶參與市場競爭從而獲得經濟回報,遵循勞動在組織中占主導地位的原則。由於專業合作組織領辦主體不同、成員構成不同、規範程度不同、發展階段不同,合作組織與農戶的利益聯結緊密程度存在很大差異。在專業合作組織成立初期,或者在行政干預和強行推動下形成的「空殼」專業合作組織,合作組織與社員之間以市場交易為主,合作組織主要購買社員的農產品進入市場銷售賺取差價,社員不享受或者有償接受專業合作組織提供的生產所需的服務,而不承擔合作組織經營的風險,不參與盈餘分配。農民專業合作組織異化為合作社理事會成員合夥經營,由理事會成員承擔合作組織經營的風險和收益。因此,鬆散型利益聯結的農民專業合作組織和農戶之間的利益關係不穩定,農民難以從中得到實惠,商品契約違約風險較大。

實踐中,農民專業合作組織帶動農戶經營的利益聯結多是半緊密型。農民專業合作組織與社員以契約或服務為紐帶,合作組織與農戶簽訂協議,按照合作社章程農戶繳納股金入社,農民專業合作組織為農戶提供產品銷售、物資供應、技術服務、市場信息、農產品儲藏、運輸、加工等服務,將銷售收入扣除成本費用和公積金後按照交易量(額)對社員返還利潤,社員選舉出理事會和監事會管理和營運合作社。半緊密型利益聯結的合作組織並未以產權為紐帶形成利益共享、風險共擔的利益共同體,普通農戶入社股金數額少、比例小,加上民主管理程度低,農民專業合作組織重大事項的決策容易被少數人掌控,普通農戶的權益很容易受到侵害。

隨著農民專業合作組織不斷發展壯大,民主管理充分運行,勞動力、資本、土地和信息等生產要素在合作組織產業化經營發展中的作用都能得到相應的回報。小農戶不僅希望借助合作組織這一平臺解決農產品的生產、銷售難題,而且密切關心合作組織的經營管理狀況,關注合作組織日常生產經營並積極參與行使表決權等。此時,農民專業合作組織與眾多小農戶成員之間才真正地形成了緊密型利益聯結,小農戶的合法利益得到了充分體現。

第三節　農民專業合作組織運行中存在的問題

一、「委託—代理」問題突出

當前農民專業合作組織絕大多數已建立了社員代表大會、理事會和監事會，理事會設立理事長來負責合作組織的日常經營管理。普通農戶社員作為委託人，合作組織經營者作為代理人，二者之間形成了農民專業合作組織最為常見的「委託—代理」關係。當代理人與委託人利益保持一致即目標函數一致時，委託代理是非常有效的。但現實中卻是做不到的，因為中國多數農民專業合作組織的成員異質性較強，農民和代理人之間的利益訴求往往不一致。代理人有自己的目標函數，可能會為了自己利益最大化而捨棄合作經濟組織利益最大化。由於地理條件、文化水準等因素限制了農戶作為委託人對代理人有效的監督，存在信息的不對稱和不確定性，必然產生「委託—代理」問題。隨著合作經濟的不斷發展壯大，「委託—代理」關係成為合作組織運行存在的最突出的問題。

在實踐中，能人控制著農民專業合作組織的發展和營運。理事長是所謂的能人，要素稟賦和資源優勢明顯，而大多數合作組織成員是弱勢群體。這些弱勢成員很難獲取合作組織真實的經營信息。由於委託人（普通農戶社員）和代理人（理事長或理事會成員）在擬定契約時雙方獲取信息的能力存在較大的差異，委託人難以制定出能對代理人有效激勵和監督的完全契約。信息不對稱可能導致代理人侵占合作組織資產、挪用資金等惡意損害弱勢成員利益的事件發生。

這種委託代理關係不可避免地產生道德風險問題，不再是代理人為委託人的利益進行組織管理，而是代理人利用委託人的資源、身分來滿足代理人的利益，成為其獲利渠道。這往往導致大多數成員對合作經濟組織的信任度非常低，造成委託人和代理人之間的關係鬆散，甚至名存實亡。因此，農民專業合作組織也可能遠離農戶中的弱者，未能發揮帶動農戶的功能。

二、缺少「德才兼備」的能人

農民專業合作組織的健康運行離不開「德才兼備」的能人。以市場競爭為導向的農民專業合作組織中的關鍵資源所有者如經營大戶、農業企業等占據主導地位成為必然。[1] 由能人大戶領辦的合作組織已成為中國農民專業合作組織的重要組織形式之一。能人較一般的社員具有先進的種植技術或者運輸設備和銷售渠道，市場洞察力強，易於接受新事物。另外，這些所謂的能人是相對成功者，他們比一般農戶的收入水準都高，在日常生活中有較強的影響力和示範作用，比較容易受到當地農戶的追捧。[2] 理事會是合作社日常經營管理和服務的決策核心，決定了對內的利益分配和對外的重大投資活動等。在農民專業合作組織中，普通社員傾向於認為擁有合作組織發展所需的關鍵性生產要素的社員，或者出資額比較大的社員出於自身利益的考慮會更加認真負責地經營管理合作組織，所以更容易選舉這些社員進入理事會。在「能人主導型」合作組織中，理事長通常由生產大戶、技術骨幹、農民經紀人等擔任。[3]

能人領辦型合作組織建立在傳統農村社會關係基礎之上。在合作組織建立初期，由於社員對合作組織這一新生事物瞭解不多，與合作組織的重複交易次數較少，社員與組織之間的承諾水準也較低。合作組織的發展壯大不僅依賴其與成員簽訂的正式契約，還有賴於關係治理。在能人治理型合作組織中，由於缺乏與正式治理相契合的社會環境，關係治理成為當前合作組織治理的重要機制。能人依賴鄉土社會中的關係交往法則，利用熟人社會的信任動員農戶參加合作組織並配合合作組織的工作。同時通過加強能人與社員之間的互惠、打造社長個人聲譽和合作社聲譽、注重與社員溝通和協調等關係治理行為，降低社員投機行為發生的可能性，保持合作行為的長久性，從而

---

[1] 黃祖輝，邵科. 合作社的本質規定性及其漂移 [J]. 浙江大學學報（人文社會科學版），2009 (7)：12-16.
[2] 劉小童，李錄堂，張然，等. 農民專業合作社能人治理與合作社經營績效關係研究——以楊凌示範區為例 [J]. 貴州社會科學，2013 (12)：59-65.
[3] 程婧涵.「能人主導型」合作社治理機制對績效的影響 [D]. 蚌埠：安徽財經大學，2015.

第六章　農民專業合作組織經營的發展與變遷

保證合作組織的合作效益。普通農戶加入能人領辦型合作組織，是希望借助能人的信息優勢、能力優勢，獲取一定的經濟利益以及其他方面的服務，如降低農產品的生產成本、獲取穩定的農產品銷售渠道、獲取更高的銷售價格和合作社的利潤分紅等。因此，能人領辦型合作組織通過互惠可以創建成員對合作組織的共同認知，促進成員共同願景的達成，從而有利於合作組織的長期發展。

能人領辦的合作組織已成為專業合作組織快速發展的重要組織形式。要想真正辦好合作組織，需要能人有無私奉獻的精神和高尚的道德情操。但目前能人領辦的合作組織良莠不齊，仍存在諸多不規範問題。特別是有的能人有「才」缺「德」，導致內部治理結構不健全。有的能人鑽國家政策的空子，為了獲取補貼而成立「空殼合作社」「假合作社」「一人合作社」等，「掛羊頭賣狗肉」，導致農民對能人領辦型合作社的認可程度並不高。有的能人不注重樹立講誠信、講信用的個人形象，在合作社的生產成本、銷售價格等方面不能做到信息公開，給社員留下「以權謀私」的負面評價，無法體現合作組織的合作優勢和互助功能。[①] 還有的能人持股份額過大，形成大股東「壟斷」局面，嚴重降低其他社員的心理認同；同時，能人持股越多，對合作組織的控制力越強，越不利於合作社的民主管理。

此外，由於一些合作組織缺少「德才兼備」的能人，合作組織經營績效差，能人領辦者的社會聲望低，這深深打擊了那些既想通過合作組織聯合開拓市場以提高自己經濟收入、又想通過合作組織平臺提高個人社會聲望的「德才兼備」的能人領辦合作組織的積極性。

三、農戶增收效果仍不明顯

中國農民專業合作組織整體規模偏小，服務功能單一，服務層次低，因此經營效益不盡如人意。農民專業合作組織經過多年的發展，多數合作經濟

---

① 楊燦君.「能人治社」中的關係治理研究——基於35家能人領辦型合作社的實證研究 [J]. 南京農業大學學報（社會科學版），2016（2）：44-53，153.

組織在幫助農戶解決生產和銷售方面的問題起到了一定效果,但是在帶動農戶增收方面的作用不顯著,多數農戶在加入合作組織前後的家庭經營收入變化不大。據農業部統計資料顯示,2011年第一季度末全國工商登記在冊的合作社平均註冊社員人數19.1人;全國只有重慶、西藏、雲南、北京、天津、江蘇六省(區、市)達到平均註冊社員人數水準,其餘省(區、市)的合作社平均社員人數都低於全國平均水準,其中最低的地區合作社平均社員人數僅為7.6人,僅比法定設立人數(不少於5人)多2.6人。這個註冊社員人數還存在嚴重的虛報。不少合作社拿別人的身分證到工商部門註冊,無須檢驗核實。農民專業合作社的註冊資金規模也普遍較小。據國家工商總局數據顯示,2012年年底全國農民專業合作社平均註冊資金額僅為十多萬元。實際上,農民專業合作社的註冊資金存在嚴重的虛報問題,無須出具驗資報告,工商部門也不進行任何驗資。90%的合作社註冊資金存在嚴重的虛報。因此,實踐中大多數農村合作經濟組織規模小、經營能力有限,沒有取得良好的經濟績效,一般的估計是「三三開」,即1/3的合作社經濟效益好,1/3的合作社經濟效益一般,1/3的合作社經濟效益較差。[1] 農民專業合作組織經濟實力有限,因此對農戶的帶動幫扶能力非常有限。

當前多數農民專業合作組織處於發展初級階段,在加工和流通環節的利潤流失嚴重。農民專業合作組織要分享到農產品加工和流通環節的增值效益,需要加強農產品產後重要環節的開發,如產品分級、包裝、冷藏、儲藏、運銷、品牌和市場開拓等。農產品加工和流通環節的經濟效益顯著高於生產環節。例如,一般情況下,流通環節的利潤分配占比為25%~40%。由於農產品同質化競爭異常激烈,近年來農產品價格波動異常明顯,合作組織在農產品銷售環節競爭激烈,進一步擠壓生產環節利潤空間。農民專業合作組織經濟實力單薄,不利於建立對外聯結市場的談判地位和對內聯結農戶的管理權威,不利於構建緊密型利益聯結機制。實踐中多數合作組織的發展享受著政府在生產、銷售、補貼等方面優惠政策,一旦剝離這些優惠,合作組織將面臨嚴峻的生存考驗,對農戶的帶動幫扶作用也就無從談起。

---

[1] 傅晨. 中國農業改革與發展前沿研究 [M]. 北京:中國農業出版社,2013:83.

第七章
農業適度規模經營探索

改革開放 40 餘年來，中國農業發展歷程是通過制度、技術的創新不斷突破要素約束的發展歷程。農業適度規模經營就是這一發展歷程中的一項重要內容。一方面，中國大部分地區人多地少的資源禀賦和土地的細碎化現象決定了中國不能走大農場的規模經營模式，需要適度地發展規模經營；另一方面，伴隨著農業生產比較效益下降，大量青壯年勞動力向城市或者非農部門轉移，造成了農業勞動力成本上漲和農業勞動力結構呈現老齡化趨勢，呈現出較嚴重的農業勞動力短缺和土地摞荒的現象。因此，在土地和勞動力要素短缺的背景下，為解決「誰來種田」和土地摞荒等問題，中央和地方政府推進了「三權分置」、農地確權和推進工商資本下鄉等一系列舉措，希望通過土地經營權流轉和新型農業經營主體的培育，推進農業的適度規模經營（圖7-1）。

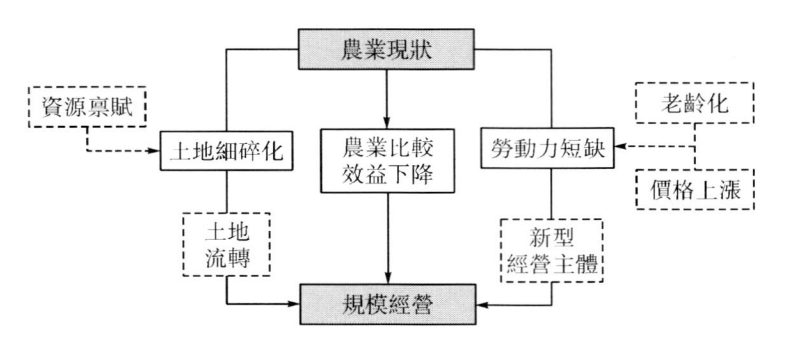

圖 7-1　規模經營的邏輯示意圖

　　20 世紀 80 年代，伴隨著糧食生產出現徘徊、農業比較效益下降，中國的農業適度規模經營開始產生。這是以北京順義、江蘇省蘇南地區、山東平度等地開展試點為特點的適度規模經營實踐，這一時期適度規模經營發展速度較緩慢。20 世紀 90 年代，伴隨著城鎮化發展和鄉鎮企業的衰落，勞動力轉移呈現出「離土又離鄉，進廠又進城」的特點，農民對土地的依賴下降。一系列政策和法律強化土地產權的穩定性與土地流轉的合法性，加快了土地流轉的步伐，推進了規模經營的實現。進入 21 世紀以來，國家正式以法律條文形式為農地流轉的規範提供了直接的法律依據。在此基礎上，不僅聚焦於土地要素的集約化，還著眼於培育規模經營主體和鼓勵工商資本下鄉。農業稅的廢止使農民不僅降低了農業生產的成本，還可以獲得一定的補貼，這就帶來了土地流轉的新形勢，進一步激發了農業規模經營的積極性。這一階段開展的農村土地「三權分置」改革是中國農業經營制度的又一次重大創新。「三權分置」改革通過放活了土地經營權，盤活了農村土地產權，進一步促進了農業適度規模經營。

第一節　農業適度規模經營產生的背景

20世紀80年代中期，伴隨著糧食生產出現徘徊、農業比較效益下降、勞動力逐步流出農業、土地撂荒現象等農業形勢的「四大變化」，中國開始推進農業適度規模經營。

一、糧食生產出現徘徊

1980—1984年，中國農業全要素生產率提高了20%，被稱為農業發展史上的「奇跡」，家庭承包經營制得到了過去制度安排下不可能得到的績效[1]。

然而，糧食在1985年出現了大幅度減產、糧食播種面積下降，這是未曾預料到的結果。1985年糧食產量較1984年下降了2,819.7萬噸。1984—1989年，糧食產量增長率一直波動，糧食產量平均年增長僅0.1%左右，1989年增長率恢復到3.4%，仍然較1984年增長率低1.5%（圖7-2）。1985年糧食播種面積較1984年下降了4,038.8千公頃。造成這一現象的主要原因是：第一，1985年政府取消了實行30多年的農產品統派統購制度，改為合同定購，並實施糧食價格「雙軌制」。但是吉林、河南、安徽等糧食主產區由於糧食豐產、倉儲能力不足和流通體系制約，出現了「賣糧難」的問題。因此，1985年，政府相應降低了糧食收購價格，對農民種糧的積極性造成挫傷。第二，1985年之後，雖然糧食收購價格上漲，但是與之對應的是農藥、化肥等農業生產資料價格更大幅度地上漲，導致農民「增產不增收」。1985年，以上一年為100測算，糧食收購價格指數為101.8，而農業生產資料價格指數達到了104.8。

---

[1] 張紅宇. 新中國農村的土地制度變遷 [M]. 長沙：湖南人民出版社，2014：58.

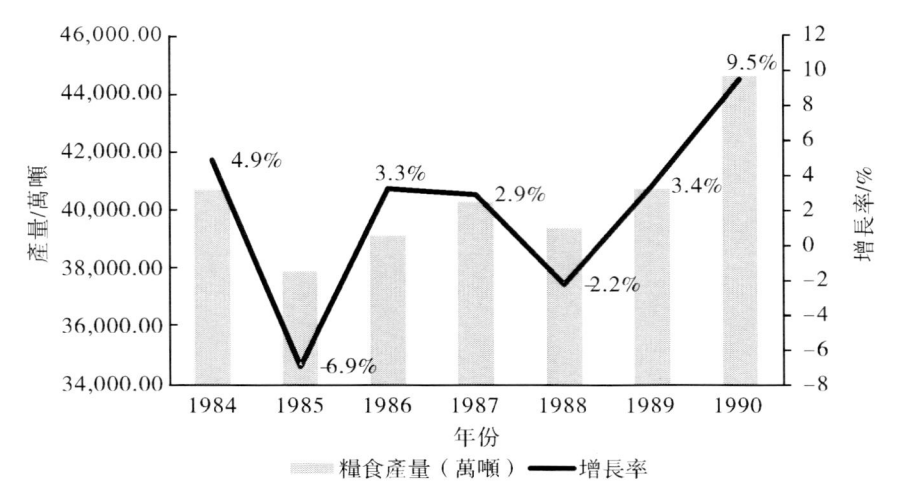

图 7-2　1984—1990 年糧食產量和糧食增長率

數據來源：歷年《中國統計年鑑》。

二、農業比較效益下降

第一，農業自身效益不高，增長不明顯。在前述糧食供給價格下降、農業生產成本上漲的背景下，加之農民耕地規模有限，農業特別是種糧效益不高。

第二，勞動力非農收益遠遠高於農業收益。種糧收入低於種植經濟作物收入，種糧收入更低於非農產業收入，進一步打擊了農民種糧的積極性。例如，江蘇省蘇州、無錫、常州三市 1984 年平均每個農村勞動力的務工收入為 1,217 元，經商收入為 1,029 元，從事副業收入為 975 元，種經濟作物收入為 848 元，種糧食收入為 669 元[1]。又如，北京市順義縣在 1986 年左右開始實施規模經營的其中一個原因就在於農村土地的生產效率低下，農民難以從土地經營中獲取到合意的收入，大量農民向非農產業轉移[2]。

---

[1] 李建勇，胡小平. 關於糧食生產問題的若干思考 [J]. 天府新論，1987 (2)：14-19.
[2] 張紅宇. 新中國農村的土地制度變遷 [M]. 長沙：湖南人民出版社，2014：84.

三、勞動力逐步流出農業

在家庭聯產承包責任制背景下，務農人口普遍處於土地過少引起的不充分就業或隱性失業，土地能夠吸納的勞動力有限，非農就業成為解決剩餘勞動力的主要途徑。改革開放初期，農村勞動力自由流動得到逐步恢復，農村勞動力開始向城鎮和非農部門流動。但是由於尚處於計劃經濟體制下的城市對商品糧和副食品供給不足，加上大量知青返城，城鎮內部就業壓力增加。1981年，《國務院關於嚴格控制農村勞動力進城做工和農業人口轉為非農業人口的通知》強化了政府對農村勞動力流動的管理和限制。在政府對勞動力流動的嚴格限制下，1982年農村外出就業勞動力僅有約200萬人。

1984—1988年是中國農村工業化的起飛階段，鄉鎮企業得到迅速發展。城市建設快速推進，加大了對勞動力的需求。國家也開始放寬農村勞動力流動限制。例如1984年《中共中央關於1984年農村工作的通知》開始允許務工、經商、辦服務業的農民到集鎮落戶。1984年《國務院關於合作商業和個人販運農副產品若干問題的規定》提出允許農村集體和農民個人從事長途販運，銷售「三類農副產品」和統購、派購任務以外允許上市的農副產品。因此，農村勞動力外遷人數連年上升，1989年平均外遷勞動力增加到500萬人，外出數量3,000萬，是1982年的15倍，遷移大潮初現端倪[1][2]。

因此，勞動力逐步流出農業和農民對土地的依賴下降為土地集中開展適度規模經營創造了條件。

四、土地撂荒現象出現

中國的耕地撂荒始於20世紀80年代，並隨著經濟的發展呈現出愈演愈烈、越來越複雜的特點。特別是在經濟發展較快的沿海地區，農村勞動力大

---

[1] 張曉山.中國農村改革30年：回顧與思考[J].學習與探索，2008（6）：1-19.
[2] 王德文，蔡昉.中國農村勞動力流動與消除貧困[J].中國勞動經濟學，2006，3（3）：46-70.

量向鄉鎮企業等非農業部門轉移，農民收入 65% 以上來自第二產業和第三產業[①]。在農產品價格偏低而這些地區的第二產業和第三產業又比較發達的背景下，農民從事農業比較效益低下，特別是種糧比較效益低，農民不願種糧[②]。這就造成部分沿海發達地區出現土地撂荒現象。撂荒分為明荒和暗荒兩種類型：明荒，即在本應該種植的時段內（一般達到一季），農民不種植任何作物而讓田塊荒蕪的現象；暗荒，即農民雖然在田地上種植農作物，但是在農業經營中的要素投入明顯不足或低於正常水準，導致耕地利用程度下降、產出水準降低。[③] 例如，1993 年廣東省撂荒 50 萬畝，浙江省冬季撂荒高達 700 萬畝，占全省耕地面積的 28%[④]。這就造成了中國土地資源「有田無人種，有人無田種」的悖論，一方面土地是中國農業生產環節稀缺的要素，另一方面又存在較嚴重的土地撂荒現象。

五、適度規模經營產生

糧食價格下降、農民生產規模狹小和勞動力流轉造成農業比較效益下降，農業比較效益下降又進一步降低農民種糧積極性，加劇勞動力流轉。勞動力轉移和農業比較效益下降的雙重作用導致土地撂荒。即使不出現土地撂荒，由於勞動力轉移往往實現的是家庭內部的分工，即家庭中部分青壯年勞動力外出務工，並沒有推進社會性的專業化分工，這就導致農業經營出現兼業化和副業化。在農業形勢的「四大變化」背景下，一些地方也出現了農戶自發流轉土地，開展適度規模經營的行為。在江蘇蘇南等鄉鎮企業發達地區，土地撂荒和農業比較效益低下問題更加嚴重。當地政府為了保障糧食安全，完

---

① 俞可平. 論農業「適度規模經營」問題——警惕強制性「兩田制」對農民的剝奪 [J]. 馬克思主義與現實, 1997 (6)：43-46.
② 同①.
③ 譚術魁. 耕地撂荒程度描述、可持續性評判指標體系及其模式 [J]. 中國土地科學, 2003 (6)：3-8.
④ 同①.

第七章　農業適度規模經營探索

成糧食定購任務，採取了加強農田水利建設、增加農業機械投入、健全農業服務體系等一系列措施，鼓勵適度規模經營。因此，中國農業適度規模經營首先發源於江蘇蘇南、浙江沿海、珠三角等經濟發達地區[1][2]。普羅斯特曼等通過對江蘇省吳縣3個村莊的調查發現，1987年左右3個村開始了規模經營。其做法是村幹部首先宣傳規模經營的重要性，然後將全村土地收回，重新劃分為口糧田和責任田。口糧田通過抽簽均分給農戶，責任田集中開展規模經營。甚至也出現了有些農戶自願放棄了口糧田納入規模經營（其中一個村高達20%的村民交出了口糧田）。村裡也通過物質獎勵等方式鼓勵農民放棄口糧田[3]。

規模經營在沿海發達地區一出現就引起了中央的重視。1984年中央一號文件《關於1984年農村工作的通知》首次提出「鼓勵土地逐步向種田能手集中」。鼓勵願意種糧的農民通過集中別人不願耕種的土地來擴大生產規模。當時不少人認為這是中國改造傳統農業、建立現代農業的重要契機。考慮到中國人多地少的資源稟賦和土地大規模集中的難度，在中國不可能大規模發展西方發達國家那種現代化農場。1987年中共中央發出《把農村改革引向深入》，文件提出「適度規模」的概念，強調農業規模經營的「適度」。並在北京、江蘇等地開展了適度規模經營的試點。農業生產的適度規模經營正是在這樣的背景下產生並不斷發展。

---

[1] 俞可平.論農業「適度規模經營」問題——警惕強制性「兩田制」對農民的剝奪 [J].馬克思主義與現實，1997（6）：43-46.
[2] 徐美銀.基於農民認知視角的中國農地制度變遷研究 [D].南京：南京農業大學，2010.
[3] 羅伊・普羅斯特曼，李平，蒂姆・漢斯達德.中國農業的規模經營：政策適當嗎？[J].中國農村觀察，1996（6）：17-29，63.

第二節 適度規模經營的理論基礎

一、適度規模經營的概念

　　適度規模經營的概念是在規模經營基礎上提出的。規模經營是指各種生產要素以一定數量的規模化組合進行的經營。規模經營首先是指生產的規模化，即生產過程中各生產要素的規模化使用，特別是生產資料的規模化使用。規模經營帶來的規模經濟是伴隨著經濟規模的擴大而使單位農產品的平均成本不斷降低的一種投入產出關係。為簡便起見，目前許多研究農業規模經營的論著中，往往以土地面積作為度量農業生產規模的基本尺度[1]。土地是農業生產中最不可少的、最基本的投入要素和生產資料，因而土地適度規模化使用基礎上的生產資料的規模化使用，是農業規模經營的基本內涵。本書涉及的農業適度規模經營，核心是指以土地適度規模為基礎的農業規模化生產。

　　適度規模經營是在實踐中創造出的具有中國特色的農業經營概念。其原因是：第一，形成規模經營需要資本、技術、企業家能力等相關要素的匹配。第二，中國人多地少的資源稟賦和自給半自給的小農生產者特徵，以及農村土地的社會屬性決定了土地集中，特別是大規模集中的交易成本高昂，不可能像美國等發達國家那樣集中大規模土地開展規模經營。第三，在家庭為單位的經營方式背景下，其經營規模受到家庭勞動力的影響（雖然可以採用雇工、機械化等方式補充或替代勞動力的不足），決定了中國的規模經營需要「適度」。這也強調了中國的規模經營應堅持家庭承包經營制基礎上的適度規模經營。

　　適度規模經營是指在既有的生產力水準和經營條件下，適度擴大生產經營單位的規模，使土地、資本、勞動力等生產要素配置趨向合理，以達到在

---

[1]　許慶，尹榮梁.中國農地適度規模經營問題研究綜述 [J].中國土地科學，2010，24（4）：75-81.

第七章　農業適度規模經營探索

當前條件下最佳或次佳的經營效益的活動①。「適度」服從兩個原則：一是規模經濟原則，即上述強調的隨著土地規模增加，平均成本的下降。二是比較利益原則。這一原則與農業經營者的機會成本相關。適度規模經營是全社會勞動者的收入水準具有不斷上升的趨勢使從事專業化生產的農民的收入相當於或略高於當地、當時農村社會的平均水準的一種農地經營方式。因此，以不低於勞動力平均收入水準作為規模效益的起點目標，依據畝均農業純收入計算達到這一目標的經營規模，然後再算出現有生產技術條件下每個勞動力實際所能耕種的土地數量。將兩種計算結果進行調整，可測算出適度規模經營的臨界規模②。臨界規模時由於經營規模合理，不需要雇請零工，單位產品的成本費用低，可以獲得較高經濟效益，具有很強的可行性。臨界規模是推行適度規模經營的第一階段目標。在達到臨界規模以後，農戶經營規模進一步擴大，可能就會改變原有的生產成本，如增加雇工成本、機械化成本以及土地流轉成本等。從理論上來看，在目標函數不變條件下，伴隨著規模的擴大，會產生生產函數的變化，因此會產生在不同生產函數條件下的適度規模經營均衡點。當然，在不同目標函數下，其適度規模的「度」也將不同。後文將專門討論適度規模經營的「度」的測算。

二、適度規模經營的測算

規模經營有一個「度」的界限，農業規模經營必須具有一定數量的可耕地，但並非耕地規模越大越好，在一定的技術條件下，如果經營面積過大，勞動力和機械等要素配置不足，會導致粗放經營、單產下降、收益減少等土地利用的不經濟；反之，如果農地規模過小則會導致其他要素配置和利用不

---

① 許慶，尹榮梁，章輝.規模經濟、規模報酬與農業適度規模經營——基於中國糧食生產的實證研究［J］.經濟研究，2011，46（3）：59-71，94.
② 雷起荃，胡小平，徐芳，等.建立穩定的糧食供給機制及實現途徑［J］.經濟研究，1989（3）：54-60.

當,同樣產生不經濟。① 因此,必須準確地測算農戶經營的適度規模。對於適度經營規模的確定標準,現有文獻主要從產出效率、收入最大化以及均等化三方面來討論。

(一) 產出效率視角的適度規模經營測算

劉秋香等用土地產出率、勞均產出率衡量經營規模的適度,對農業適度經營規模進行定量測算,得出河南省南陽地區的農業適度經營規模為勞均耕地 0.33~0.47 公頃②。齊城以勞動生產率作為評價土地適度規模經營的標準,利用信陽市有關農業生產數據得出達到勞動力工作滿負荷時的經營規模應為 5.12 畝③。錢克明和彭廷軍在南方調研時發現專業大戶的總收入雖然較高,但單產水準比 50 畝以下的經營戶要低,還發現了南方小麥、水稻、玉米規模報酬變化的轉折區間在 30~50 畝,一般少於 30 畝時規模報酬遞增,大於 50 畝時規模報酬遞減④。郭慶海則認為已有研究已經驗證農業土地規模與規模經濟呈現 U 形關係,由於土地供給彈性低的特徵,U 形的拐點所需規模往往超出了現在大多規模經營的土地規模,即在土地可獲性的約束下可實現的經營規模。這就造成了以現有農地規模來看,在土地規模擴大過程中還無法達到理論意義上的適度規模經營⑤。倪國華和蔡昉也認為糧食播種面積與畝均糧食產量之間呈 U 形結構,在 616~619 畝之前「反向關係」是成立的,在 616~619 畝之後,畝均糧食產量隨糧食播種面積的增加而同步增長⑥。因此,中國普遍的經營規模還未到達 U 形的拐點。他們進一步提出,對於一個不以種糧

---

① 雷起荃,胡小平,徐芳,等.建立穩定的糧食供給機制及實現途徑 [J].經濟研究,1989 (3):54-60.
② 劉秋香,鄭國清,趙理.農業適度經營規模的定量研究 [J].河南農業大學學報,1993 (3):244-247.
③ 齊城.農村勞動力轉移與土地適度規模經營實證分析——以河南省信陽市為例 [J].農業經濟問題,2008 (4):38-41.
④ 錢克明,彭廷軍.中國農戶糧食生產適度規模的經濟學分析 [J].農業經濟問題,2014,35 (3):4-7,110.
⑤ 郭慶海.土地適度規模經營尺度:效率抑或收入 [J].農業經濟問題,2014,35 (7):4-10.
⑥ 倪國華,蔡昉.農戶究竟需要多大的農地經營規模?——農地經營規模決策圖譜研究 [J].經濟研究,2015,50 (3):159-171.

第七章　農業適度規模經營探索

為主的家庭綜合農場而言，在現有生產力水準下，使家庭勞動稟賦達到最大化利用的農地經營規模是 131~135 畝。

（二）收入視角的適度規模經營測算

許治民根據霍邱縣隨機調查的 50 戶戶營百畝以上種田專業戶有關經營規模和土地投入等資料，對經營效果進行分析後得出適度的經營規模應在勞均耕地 10~15 畝①。張麗麗等通過對河南、山東、河北三省的小麥經營狀況進行實地調研，採用農戶家庭利潤最大化模型，研究出中國小麥主產區農地經營規模為 8.3 公頃左右②。李文明等以水稻生產利潤最大化或單位產品成本最小化為導向，發現耕地經營的適度標準應該在 80 畝以上③。

（三）收入均等化視角的適度規模經營測算

雷起荃等以專業從事糧食生產的純收入不低於當地勞動力平均收入為規模效益的起點目標，測算出四川平原地區農戶（按每戶標準勞動力 2 人計算）專門從事糧食生產的臨界規模約為 10 畝④。柯福豔等把城鎮居民的人均可支配收入作為蔬菜種植農戶的機會成本，利用二次迴歸模型，求出了考慮機會成本下的最優種植規模為 0.095 公頃⑤。何秀榮按照當地 2.5 萬元的勞均年可支配收入測算，並將適度規模就此收入水準按照 1 倍的上浮，得出農地適度經營規模 62.5~123 畝的範圍⑥。

（四）區域分異視角的適度規模經營測算

不同區域的自然資源稟賦條件和經濟社會發展水準決定了農地經營規模不可能遵循同一標準⑦。根據區域分異的規律，中國農業區域劃分為九大類

---

① 許治民.種植專業戶經營規模適度分析 [J].安徽農業科學，1994（1）：85-88.
② 張麗麗，張丹，朱俊峰.中國小麥主產區農地經營規模與效率的實證研究——基於山東、河南、河北三省的問卷調查 [J].中國農學通報，2013，29（17）：85-89.
③ 李文明，羅丹，陳潔，等.農業適度規模經營：規模效益、產出水準與生產成本——基於 1,552 個水稻種植戶的調查數據 [J].中國農村經濟，2015（3）：4-17，43.
④ 雷起荃，胡小平，徐芳，等.建立穩定的糧食供給機制及實現途徑 [J].經濟研究，1989（3）：54-60.
⑤ 柯福豔，徐紅玳，毛小報.土地適度規模經營與農戶經營行為特徵研究——基於浙江蔬菜產業調查 [J].農業現代化研究，2015，36（3）：374-379.
⑥ 何秀榮.關於中國農業經營規模的思考 [J].農業經濟問題，2016，37（9）：4-15.
⑦ 郭慶海.土地適度規模經營尺度：效率抑或收入 [J].農業經濟問題，2014，35（7）：4-10.

（表7-1），在東部地區，非農產業發展迅速，農業勞動力大量轉移，農業規模化經營已經具備一定的現實基礎，另外由於勞動力價格較高，宜形成以土地節約型技術為主、以勞動力節約型技術為輔的規模經營模式。在中西部地區，農民對土地的依賴程度還相當高，傳統農業的特徵還很明顯，根據糧食產量增長、質量提高和專用性增加的市場需求情況，當前廣泛選擇節約耕地型的農業產業更具有現實可能性，但要完成從傳統農業向現代農業的轉型，就必須進行適度的規模經營，這又要求在一定程度上選擇一些勞動力和技術均較為密集的產業[1]。張紅宇根據調研發現不同地區出現了差異化的適度經營規模標準，安徽提出集中連片規模應在200畝左右；重慶提出適度經營規模應達到50畝（一年兩熟地區）或100畝（一年一熟地區）以上；上海則提出經營規模以100~150畝為宜；而黑龍江等土地資源豐富的平原地區，農業機械化程度相對較高，適度經營規模明顯高於其他地區[2]。

表7-1　中國各農業區種植業家庭農場勞均種植面積和平均規模[3]

農業分區	勞均面積/公頃	平均規模/公頃	案例區
東北區	0.89	85	吉林延邊
內蒙古及長城沿線區	0.88	200	內蒙古牙克石
黃淮海地區	0.33	10	北京順義
	—	20	山東青島
黃土高原區	0.47	3.3	山西河曲
長江中下游區	0.32	8.4	安徽金安區
	—	5.2	浙江建德
	—	3.5	江蘇蘇州
	—	8	上海松江

---

[1] 施晟，衛龍寶，伍駿騫. 中國現代農業發展的階段定位及區域聚類分析[J]. 經濟學家，2012(4)：63-69.

[2] 張紅宇. 家庭農場並非規模越大越好 各地標準不一[EB/OL].（2014-02-27）[2019-03-20]. http://politics.people.com.cn/n/2014/0227/c70731-24481782.html.

[3] 蘇昕，王可山，張淑敏. 中國家庭農場發展及其規模探討——基於資源稟賦視角[J]. 農業經濟問題，2014，35(5)：8-14.

第七章　農業適度規模經營探索

表7-1(續)

農業分區	勞均面積/公頃	平均規模/公頃	案例區
華南區	0.22	2	廣東清遠
西南區	0.23	11	四川阿壩州
甘新區	0.48	60	新疆石河子
青藏區	0.44	—	—

總之，適度規模是一個動態概念，隨著時間、空間、經濟要素、技術條件的變化，適度界限也會相應變化。土地的可獲得性和土地集中的交易成本也將影響適度規模的「度」。另外，「度」的測算還取決於規模經營的目標。從理論上看，是對農業生產的目標函數的進一步認知。從時間上看，是規模經營的目標變遷。而關於規模經營的目標，主要可以分為效率目標和效益目標：一是以降低農業生產成本為目標或者以提高土地生產效率、勞動生產率為目標。二是實現農業總收益的增加。對農戶而言，擴大土地經營規模可能並不只是為了降低單位農產品的生產成本或是增加農產品產量，降低成本、增加農產品產量只是增加收益的一種手段而已，增加經營的收益才是最終目的。[1] 因此，以糧食生產為例，按照效率標準來看，農地適度經營規模是131~135 畝；按照效益標準來看，適度經營的臨界規模約為 10 畝，農地適度經營規模為 62.5~123 畝的範圍。

然而，需要說明的是，研究者和決策者都希望看到如下結果：土地的單位面積產量隨土地經營規模的集中而不斷增加，在工業化與城鎮化逐步吸收了大量農業剩餘勞動力之後，農地經營規模逐步擴大，糧食安全得到更加有力的保障，實現糧食增產和農民增收「雙重目標」[2]。對於農業規模經營，如果單從農業生產目標來看，中國農業規模經營的導向應該是以「大」為標準，因為與均衡的規模經濟拐點還有差距。但是如果通過規模經營來保障糧食安

---

[1] 許慶，尹榮梁，章輝. 規模經濟、規模報酬與農業適度規模經營——基於中國糧食生產的實證研究 [J]. 經濟研究，2011，46（3）：59-71，94.
[2] 倪國華，蔡昉. 農戶究竟需要多大的農地經營規模？——農地經營規模決策圖譜研究 [J]. 經濟研究，2015，50（3）：159-171.

全問題並解決在勞動力稀缺背景下誰來種地的問題，那麼適度規模經營是在實現農業多功能目標基礎上的最優選擇。

因此，在農地經營規模不斷集中成為不可逆轉的發展趨勢的背景下，仍陷於「反向關係」還是「規模報酬遞增」的爭論已無太大意義，尊重農戶自身意願，借助市場力量實現農地經營規模的逐步集中，成為未來頂層設計的基本共識①。

第三節　農業適度規模經營的實踐探索

本節將按照20世紀80年代、20世紀90年代和21世紀以來三個階段梳理農業適度規模經營的實踐探索。在此基礎上，總結中國適度規模經營的主要形式。

一、20世紀80年代的農業適度規模經營

隨著20世紀80年代家庭承包經營制的實施，農民獲得了經營的自主權。然而，產生了農業生產效率低下與非農機會增加、非農效率提高並存的現象。由此，在部分地區開始初步嘗試適度規模經營，但這一階段規模經營發展速度較緩慢。原因在於：第一，農村勞動力轉移呈現出「離土不離鄉，進廠不進城」的特點，農民對土地依賴較強。第二，鼓勵土地集中還只是初步嘗試，作為家庭承包制度實施中的特別情況加以對待，對土地集中、承包經營權的處分形式限制嚴格，土地要素市場尚不成熟，土地流轉行為較少發生。第三，

---

① 倪國華，蔡昉. 農戶究竟需要多大的農地經營規模？——農地經營規模決策圖譜研究 [J]. 經濟研究，2015, 50 (3)：159-171.

第七章　農業適度規模經營探索

這一階段是以北京順義、江蘇蘇南地區、山東平度等地試點為特點的適度規模經營模式。

(一) 勞動力轉移的「離土不離鄉」

改革開放以來，農村勞動力流動出現了三次浪潮：第一次是以在本地鄉鎮企業就業為主的就地轉移；第二次是以城市為目的地的異地轉移、跨省轉移；第三次是以長期在所工作的城市居住為特徵，一部分農民舉家遷移，逐步實現農民工市民化過程[1][2]。

在農村勞動力轉移的「離土不離鄉」階段，農村勞動力外出數量很小。1982年勞動力出鄉數量為200萬人，而平均勞動力遷移僅在50萬人左右。到1989年勞動力出鄉數量達到3,000萬人，平均勞動力遷移僅在400萬人左右[3]。這表明當時的勞動力流動範圍局限在農村內部，但是已經有不少農民開始從事非農勞動。1984年農村非農就業人口[4]就達到了5,100萬人，高於1989年的勞動力出鄉數量，占鄉村就業人口的14%左右。1984—1989年，非農產業就業人數不斷增加，到1989年，農村非農產業就業人數達到8,508萬人，占鄉村就業人口的20%（圖7-3）。

由於當時國家政策層面的限制，城鄉對立的二元經濟制度和嚴格的戶籍制度限制了農村勞動力的出鄉積極性。在保有農地的情況下既需要進行農業生產維持口糧安全，又要完成國家的糧食合同訂購任務，使得農民難以拋棄農業生產出鄉務工，同時鄉鎮企業和庭院經濟的興起都使得農民在務工層面採取了「就近原則」。隨著國家逐步放寬戶籍制度，允許務工、經商、辦服務業的農民自理口糧到集鎮落戶，也有不少農民開始「離土又離鄉」。

這一時期在勞動力轉移背景下，農民仍然可以兼顧農業生產。因為農業生產時間並不像工業生產時間那麼固定，鄉鎮企業的工人完全可以實現在工

---

[1] 實際上勞動力轉移的階段劃分的三次浪潮是顯現其轉移的特性，不可能截然分開階段，每一次浪潮都是就地轉移和異地轉移並存，即使在第一次浪潮中，也已經有農民到沿海去打工了。
[2] 張曉山. 中國農村改革30年：回顧與思考[J]. 學習與探索，2008 (6)：1-19.
[3] 同[2].
[4] 農村非農就業人數=鄉村就業人口−第一產業就業人數。

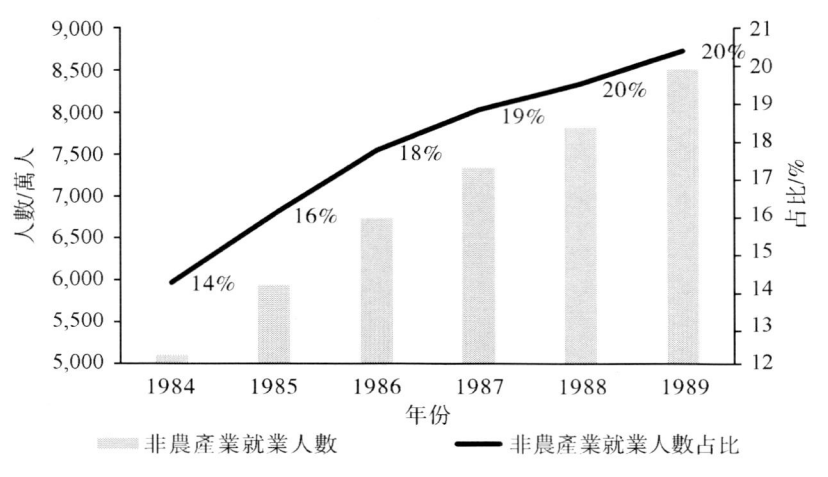

图 7-3　1984—1989 年農村非農產業就業人數及占比

資料來源：《中國農村統計年鑒》。

廠工作之外完成農活，即使是農忙季節，工廠放很短一段時間的假即可。另外，農民對土地依賴仍然較強，大多不願意放棄土地。例如，在四川省成都平原地區，雖然勞動力轉移率已經高達 30%~40%，但是真正放棄土地經營的農戶不到 5%[1]。

（二）土地向種糧大戶集中的提出和土地流轉的初步嘗試

為實現土地產出與非農產業收入平衡，在土地細碎化背景下，需要促進土地要素的優化配置，通過擴大經營規模提高效益。因此，正如前文所述規模經營首先在沿海發達地區出現。

規模經營一出現就引起了中央的重視。1984 年中央一號文件《關於 1984 年農村工作的通知》明確提出「鼓勵土地逐步向種田能手集中」。這是土地規模經營政策的最初表述。1984 年中央一號文件還提出：「在延長承包期以前，群眾有調整土地要求的，可以本著『大穩定，小調整』的原則，經過充分商量，由集體統一調整……社員在承包期內，因無力耕種或轉營他業而要求不包或少包土地的，可以將土地交給集體統一安排，也可以經集體同意，由社

---

[1] 胡小平. 糧食適度規模經營及其比較效益 [J]. 中國社會科學，1994（6）：36-49.

第七章　農業適度規模經營探索

員自找對象協商轉包，但不能擅自改變向集體承包合同的內容。」逐步開始鼓勵集體經濟內部實施土地流轉。但是，1984年中央一號文件提出的鼓勵土地集中還是相對審慎的，文件對土地流轉的方式和流轉價格給予了嚴格限制，為農民間可能出現的多種方式土地流轉設置了政策障礙。例如，流轉方式強調了「轉包」，是指承包方將部分或全部土地經營權以一定期限轉給同一集體經濟組織的其他農戶從事農業生產經營。這就將土地流轉的範圍限制在了集體經濟組織內部。這是因為，在20世紀80年代初，人們認為承包到戶後自己不種、把集體土地出租給別人種，這就是「二地主」，不勞而獲，甚至是剝削行為[1]。1982年的憲法還明確規定「土地不得出租和非法轉讓」，實際上在1984年中央一號文件中，既同意可以「協商轉包」，又提出「自留地、承包地均不準買賣，不準出租」。但現實中，人口要流動就一定會帶來土地經營權的轉讓，這是不可避免的。「鼓勵土地逐步向種田能手集中。」但是不準出租，這就存在一定的矛盾。因此，為了規避「出租」，就創造了「流轉」這個詞[2]。實際上當時對轉包行為的性質，轉包的究竟是承包權、經營權還是承包經營權並沒有明確說明，因為當時轉包行為較少發生，所以這些問題並無大礙[3]。從承包方來看，政策限定了土地流轉需要在集體內部，無法更大範圍實現土地資源流轉和合理配置。因此，即使到1990年，全國轉包、轉讓土地的農戶數占總數的不到1%，流轉耕地面積僅占全國耕地面積的0.44%[4]。

為進一步擴大土地流轉範圍，為規模經營創造制度上的條件，1986年中央一號文件《關於1986年農村工作的部署》在1984年中央一號文件的基礎上，增加了適度規模的表述，明確提出「鼓勵土地向種田能手集中，發展適度規模的種植專業戶」。這是中央首次明確提出土地適度規模經營的概念。1988年全國人大修改憲法，將1982年的「土地不得出租和非法轉讓」修改為

---

[1] 陳錫文，羅丹，張徵. 中國農村改革40年 [M]. 北京：人民出版社，2018：59.
[2] 同[1].
[3] 同[1].
[4] 農業部農村合作經濟研究課題組. 中國農村土地承包經營制度及合作組織運行考察 [J]. 農業經濟問題，1993（11）：45-53.

「土地的使用權可以出租,並依法轉讓」,在憲法層面確立了通過出租和轉讓方式發展土地適度規模經營。實際上是將土地經營權流轉範圍從局限於村集體內部,擴大到了村集體外部,即承包方可以將部分或全部土地承包經營權以一定期限租賃給他人(而不僅是集體經濟組織內部成員)從事農業生產經營。這就為規模經營和鼓勵更多經營主體從事規模經營提供了條件和保障。

另外,在這一時期,土地流轉價格是以一定數量的平價口糧體現的。1984年中央一號文件提出:「在目前實行糧食統購統銷制度的條件下,可以允許由轉入戶為轉出戶提供一定數量的平價口糧。」由於政策對土地所有權的有償轉讓有較嚴格的限制,有一部分地區的農民在實踐中採取了一種比較隱蔽的形式——兩田制。兩田制的具體辦法是把土地劃分為口糧田和責任田,農戶留足口糧田以後,把責任田(剩餘土地)轉讓給規模經營戶耕種。出讓土地的一方把口糧田所應負擔的糧食定購任務轉移到責任田上。由於糧食定購價與集市貿易價之間有較大的價差,這種土地轉讓實際上是一種有償轉讓。在取消糧食定購任務,放開糧價以後,沒有定購價與集市價的價差,這種轉讓從有償變成了無償[1]。

(三)規模經營試點探索

20世紀80年代末,隨著蘇南地區農業適度規模經營的興起,其他東部沿海經濟發達地區或者大中城市郊區等具備條件的地方也開展了適度規模經營的試點。1987年,中共中央發出《把農村改革引向深入》的通知,提出「在京、津、滬郊區,蘇南地區和珠江三角洲,可分別選擇一兩個縣,有計劃地興辦具有適度規模的家庭農場或合作農場,也可以組織其他形式的專業承包,以便探索土地集約經營的經驗」。規定有條件的地區可以有計劃地探索實施土地規模化、集約化經營。當然,這一通知中也強調了規模經營的試點範圍,並規定「目前,在多數地方尚不具備擴大經營規模的條件,應大力組織機耕、灌溉、植保、籽種等共同服務,以實現一定規模效益」。在此基礎上,國務院作出了建立農村改革試驗區的決定,開始在蘇南無錫、吳縣、常熟三縣市,

---

[1] 胡小平.糧食適度規模經營及其比較效益[J].中國社會科學,1994(6):36-49.

第七章　農業適度規模經營探索

山東平度市、北京順義縣、廣東南海市、浙江溫州市等地區進行農業土地適度規模經營試驗。各試驗區根據當地經濟發展條件制定了內容不同的試驗方案。

1. 北京順義縣集體農場模式

順義縣位於北京市郊區，經濟較發達。20世紀80年代以來，與東部沿海地區類似，順義縣出現了勞動力流動，土地兼業化經營，土地生產效率下降。另外，當地集體經濟較發達，通過多年的農田基礎設施建設，為規模經營累積了物質條件。

然而，社區的支持還需要建立在土地要素規模化的基礎上，在缺乏土地使用權流轉的市場環境下，北京順義縣採取了三種經營方式：第一，由村辦集體農場，村集體統一經營。在農戶放棄土地承包權的情況下，通過行政的手段，由村集體組織直接負責進行土地的統一調整和重新發包，到1993年，在全部耕地中，集體農場集中經營的糧田占62.8%，勞均經營面積達146.8畝。第二，通過重新發包的方式，由專業戶重新承包。由專業承包到勞的糧田占28.6%，勞均36.7畝。第三，由農戶家庭分散承包經營的糧田僅占8.4%，勞均8.9畝。[1]

由此，順義縣成為當時全國唯一基本實現糧田規模經營的縣，是各試驗區中土地規模化經營程度最高的地區。

2. 江蘇蘇南和廣東南海模式

江蘇蘇南和廣東南海等地開展了建立在以種糧大戶和以村服務組織為依託的村或站辦農場基礎上的規模經營。與北京順義模式最大的區別在於土地規模經營是以家庭經營為主體，包括家庭農場（種田大戶）、兩田制集中責任田基礎上形成的規模經營和村辦農場（農業車間）[2]。到1993年，蘇南無錫、吳縣、常熟三縣（市）的土地規模經營單位（指勞均經營農地面積15畝以上）已發展到2,816個，經營面積達22.58萬畝，占責任田總面積的比重從

---

[1] 農業部農村改革試驗區辦公室. 從小規模均田制走向適度規模經營——全國農村改革試驗區土地適度規模經營階段性試驗研究報告 [J]. 中國農村經濟, 1994（12）: 3-10.
[2] 張紅宇. 新中國農村的土地制度變遷 [M]. 長沙：湖南人民出版社, 2014: 85.

1988年的1.1%提高到現在的2.4%，其中發展較快的無錫縣，規模經營面積已占責任田面積的54%，占全縣糧田面積的18%。三縣（市）已有30多個村實行了全部責任田的規模經營，20多個村實行了全部糧田的規模經營①。

3. 山東平度的「兩田制」

1987年，山東省委省政府設立了平度市為土地規模經營試驗區。1988年，國務院批准將平度市列為全國農村改革試驗區，平度市開始推行「兩田制」。1989年又推行與「兩田制」相匹配的制度建設。「兩田制」的做法是把耕地分為口糧田和責任田。口糧田按家庭人口平均分配，人人有份，這部分耕地只負擔農業稅，其他收入歸農民，注重的是公平。另一部分地是責任田，這部分土地用來招標，能者經營，除了承擔農業稅外，還需繳納承包費。1988—1993年，山東省平度市有8,929戶農戶轉包出讓了土地，有47%的農戶承包土地面積有所增加，全市相對集中土地34萬畝，占耕地總面積的13.2%②。但這種模式的缺點是收回承包土地涉及土地大調整，使財力弱而勞力多的農民喪失經營權；不少地方調整期過短，形成新的不穩定③。

各試驗區在開展試驗前幾年也進展緩慢，直到1991年以後才出現明顯改觀。這些地方試驗的成效加強了推進適度規模經營的信心和動力。主要體現在：第一，提高了土地生產率。試驗地區的土地單產特別是糧食單產水準都超過了當地小規模兼業農戶，這打消了人們對實行土地適度規模經營是否會導致單產下降的擔心。第二，提高了農民收入。1993年對蘇南三縣（市）調研發現，規模經營單位勞均年收入達7,152元，是當地普通務農人員收入的

---

① 農業部農村改革試驗區辦公室. 從小規模均田制走向適度規模經營——全國農村改革試驗區土地適度規模經營階段性試驗研究報告[J]. 中國農村經濟，1994（12）：3-10.
② 同①.
③ 隨著「兩田制」在全國範圍內的推廣，一些地方出現由原來的農民自願實施，變成了強制推進。一些地方還出現了集體以多留機動地、搞「兩田制」、以農業結構調整名義減少甚至收回農戶承包地的現象，以及以「兩田制」形式向農民徵收更多「承包費」等偏離「兩田制」初衷的問題。農民對「兩田制」開始表現出強烈的不滿。政府也意識到「兩田制」可能帶來的一系列問題，因此，1997年中央明確提出不提倡推行「兩田制」，凡是沒有搞「兩田制」的地方，不要再搞。

2.9 倍，是務工人員收入的 2.2 倍①。第三，加大了對農業的投入，改善了農業生產條件。第四，提高了務農人員的素質。各地區在實施土地規模經營試驗時，都注意選擇那些真正懂技術、會經營的農民作為規模經營的骨幹力量，使一度出現的務農人員素質下降和後繼乏人的狀況有所改善，也推進了農村分工、分業的發展②。

然而，這一時期對適度規模經營的探索也存在一定的問題：第一，規模經營推進過程中出現了行政強迫命令，違背了農民意願。第二，規模經營常伴隨土地的「大調整」，影響了農戶土地穩定性。第三，規模經營後，在一定程度上方便了土地「農轉非」。有部分村莊在規模經營過程中把農用土地收回後用於商業或工業③。第四，從事規模經營的土地承包期限較短，影響了承包農戶預期和對土地的投入。④ 第五，規模經營試點地區對規模經營的大量補貼，實際上是以犧牲小農利益補貼大農。一般是村集體集中村莊 80% 以上的土地，承包給若干個大戶經營，每個大戶種植的土地面積為 50~100 畝。合約條件是：村集體免租金提供給種植大戶土地，免費或低額收取農機、農技服務費，外加一定量的生產資料補貼，種田大戶則必須替村集體完成全村上繳的國家糧食任務⑤。

二、20 世紀 90 年代的農業適度規模經營

20 世紀 90 年代，適度規模經營加速發展。勞動力轉移、土地流轉和制度保障是推動農業適度規模經營加速發展的原因。伴隨著城鎮化發展和鄉鎮企業的衰落，勞動力轉移從「離土不離鄉，進廠不進城」發展到「離土又離鄉，

---

① 農業部農村改革試驗區辦公室. 從小規模均田制走向適度規模經營——全國農村改革試驗區土地適度規模經營階段性試驗研究報告 [J]. 中國農村經濟，1994（12）：3-10.
② 張紅宇. 新中國農村的土地制度變遷 [M]. 長沙：湖南人民出版社，2014：86.
③ 羅伊·普羅斯特曼，李平，蒂姆·漢斯達德. 中國農業的規模經營：政策適當嗎？[J]. 中國農村觀察，1996（6）：17-29，63.
④ 同②88.
⑤ 張曙光. 土地流轉與農業現代化 [J]. 管理世界，2010（7）：66-85，97.

進廠又進城」階段，農民對土地的依賴下降。在這一階段，通過一系列政策和法律強化土地產權的穩定性與土地流轉的合法性，加快了土地流轉的步伐，推進了規模經營的實現。

(一) 勞動力轉移的「離土又離鄉」

20世紀80年代末，限制農村勞動力流動的政策開始放寬，區域差距、城鄉差距也不斷擴大，農村勞動力開始跨區域向城市流動。但是，由於各地對大量流入的農民工普遍準備不足，流動人口給交通、治安等方面帶來了較大的壓力。1989年《國務院辦公廳關於嚴格控制民工盲目外出的緊急通知》要求各地嚴格控制農民工盲目外出。1990年，中央要求農民多餘勞動力「離土不離鄉」，引導農村多餘勞動力就地消化和轉移。

20世紀90年代初期，農民工出鄉人數有所減少，直到1993年左右才開始恢復增長。農民開始逐步「離土又離鄉」，即前述以城市為目的地的異地轉移、跨省轉移。其原因是：第一，除沿海以外的農村地區鄉鎮企業大量倒閉，鄉鎮企業對農村勞動力的吸納能力下降甚至停滯。第二，城鎮化和工業化的快速發展，增加了對農村勞動力的需求，中央和地方政府開始明確鼓勵並規範流動人口向城市遷移，逐漸清除了阻礙勞動力流動的各種障礙。1989年農民工出鄉數量為3,000萬人，到1993年已經達到6,200萬，是1989年的2.1倍左右。1997年增長到7,720萬，是1989年的2.6倍左右。1996年，第二次全國農業普查報告顯示，現有農村從業人員的從業地區主要在當地鄉村，但離開本鄉到縣內、省內和省外從業的人員也占一定的比重，農村的就業問題已不只局限在農業和農村內部。全國農村從業人員中，在本鄉內從事勞動的從業人員為48,862.98萬人，占從業人員總數的87.12%；在本鄉以外從事勞動的從業人員為7,222.6萬人，占12.88%；其中，在本縣外鄉從事勞動的為2,735.40萬人，在本省外縣從事勞動的為2,123.70萬人，在外省從事勞動的為2,363.50萬人。1990年農村非農就業人口4,376萬人，占鄉村就業人口的10%左右。1990—1999年10年期間，農村非農產業就業人數呈不斷上升趨勢，1999年略有下降，1999年，農村非農產業就業人數達到1.11億人，占鄉村就業人口的24%（圖7-4）。

第七章　農業適度規模經營探索

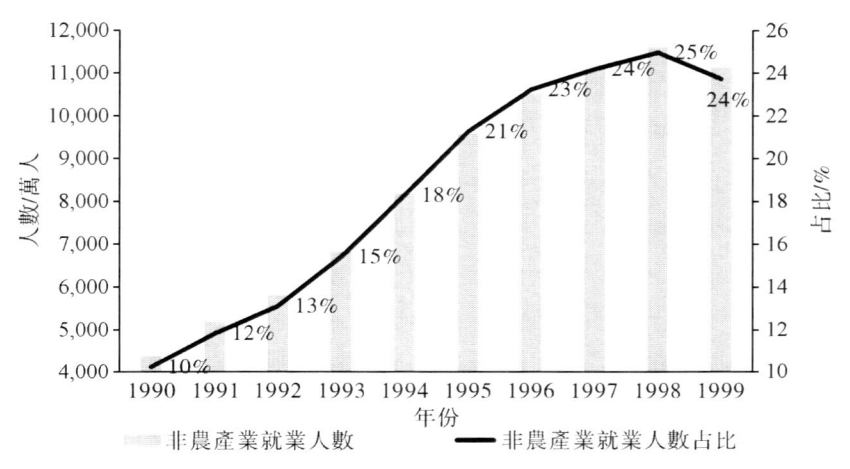

圖 7-4　1990—1999 年農村非農產業就業人數及占比

資料來源：歷年《中國農村統計年鑒》。

在這一階段，勞動力呈現出「離土又離鄉」的主要特徵以及農村稅費負擔的加重，降低了對土地的依賴和進行農業兼業的可能性。另外，農民工資性收入占農民人均純收入的比重也從 1990 年的 20%上漲到 1999 年的 29%（圖 7-5）。這也在一定程度上說明了農民對農業的依賴和對土地的依賴下降。

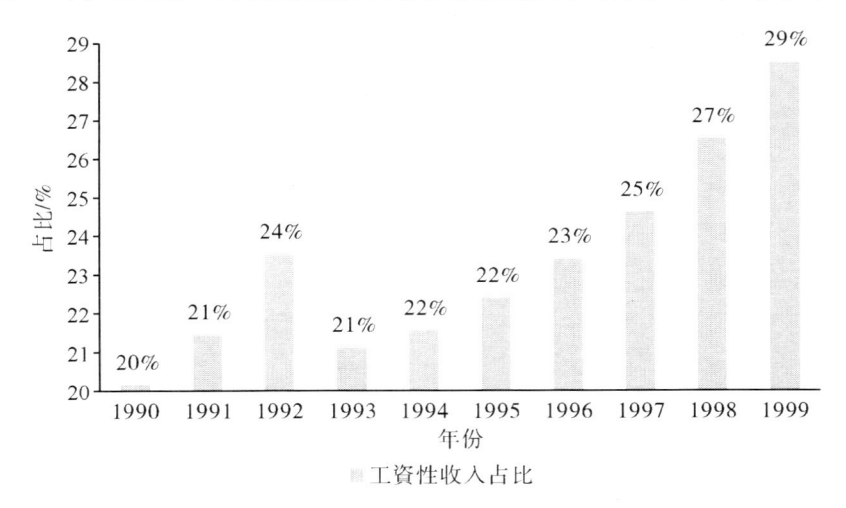

圖 7-5　1990—1999 年農民工資性收入占比

資料來源：歷年《中國農村統計年鑒》。

(二) 規範土地流轉制度

這一時期大多數地方 15 年承包期即將到期，承包期到期後怎麼辦，成為人們所擔心的問題。另外，還有兩個問題影響土地承包關係的長期穩定：第一，村集體組織負責人為了自身利益，違反政策，隨意調整農戶承包地。出現前述以多留機動地、搞「兩田制」和農業結構調整名義減少甚至收回農戶承包地的現象[①]。第二，由於人口變動，各承包戶之間人地比例發生變化，部分覺得自己吃虧的農戶要求調整承包土地。

針對這兩個問題政府開始頒布一系列政策措施，旨在糾正此類偏差。1993 年《中華人民共和國憲法修正案》將原第八條第一款修改為：「農村中的家庭聯產承包為主的責任制和生產、供銷、信用、消費等各種形式的合作經濟，是社會主義勞動群眾集體所有制經濟。」確立了家庭聯產承包責任制的法律地位。同年 11 月，《中共中央 國務院關於當前農業和農村經濟發展的若干政策措施》明確規定為穩定土地承包關係，鼓勵農民增加投入，提高土地的生產率，在原定的耕地承包期到期之後，再延長 30 年不變。開墾荒地、營造林地、治沙改土等從事開發性生產的，承包期可以更長。為避免承包耕地的頻繁變動，防止耕地經營規模不斷被細分，提倡在承包期內實行「增人不增地、減人不減地」的辦法。文件一方面強調了土地承包經營權的穩定；另一方面，又提出在堅持土地集體所有和不改變土地用途的前提下，經發包方同意，允許土地的使用權依法有償轉讓。少數第二、第三產業比較發達，大部分勞動力轉向非農產業並有穩定收入的地方，可以從實際出發，尊重農民的意願，對承包土地做必要的調整，實行適度的規模經營[②]。強調了土地經營權的流轉和鼓勵實施適度規模經營。這一文件明確了土地承包經營權的穩定與土地經營權的流轉可以並行不悖，相輔相成。1993 年，黨的十四屆三中全會《關於建立社會主義市場經濟體制若干問題的決議》提出，少數經濟比較發達的地方，本著群眾自願原則，可以採取轉包、入股等多種形式發展適度

---

① 張曙光. 土地流轉與農業現代化 [J]. 管理世界，2010（7）：66-85，97.
② 同①.

規模經營，提高農業勞動生產率和土地生產率。1994 年《關於穩定和完善土地承包關係的意見》提出在堅持土地集體所有和不改變土地農業用途的前提下，經發包方同意，允許承包方在承包期內，對承包標的依法轉包、轉讓、互換、入股，其合法權益受法律保護。土地流轉的形式從早期僅允許轉包發展到轉包、轉讓、互換、入股等形式，進一步推進了適度規模經營的發展。

政府除了強調土地承包經營權穩定，鼓勵土地經營權流轉之外，對規範土地流轉和土地整理制定了一系列的政策措施。1994 年《關於穩定和完善土地承包關係的意見》重點強調了：第一，農業承包合同的嚴肅性。一方面，嚴禁強行解除未到期的承包合同；另一方面，要教育農民嚴格履行承包合同約定的權利和義務。第二，土地調整的規範性。進行土地調整時，嚴禁強行改變土地權屬關係。嚴禁發包方借調整土地之機多留機動地。原則上不留機動地，確需留的，機動地占耕地總面積的比例一般不得超過 5%。第三，「兩田制」的規範性。1997 年《中共中央辦公廳、國務院辦公廳關於進一步穩定和完善農村土地承包關係的通知》針對「兩田制」做出了定性和具體要求。文件指出「兩田制」實際上成了收回農民承包地、變相增加農民負擔和強制推行規模經營的一種手段。中央不提倡實行「兩田制」。沒有實行「兩田制」的地方不要再搞，已經實行的必須按中央的土地承包政策認真進行整頓。文件還強調了「要處理好大規模土地整治和農民家庭承包經營的關係。一些地方為了改善生產條件、發展農業生產，開展了大規模的土地整治，包括興修農田水利設施、建設基本農田、改土、圍墾、治沙、建設大面積豐產田、搞小流域綜合治理等，使耕地面積擴大了、連片了，便於大規模機械化作業。但生產的基礎仍然應當是分戶承包、家庭經營，集體主要是在土地整治中發揮統一組織、在生產中發揮統一服務的作用。家庭經營與集體經濟組織的統一服務相結合，可以在農業生產的開發建設中更好地發揮作用」。

總之，這一時期一方面政府強調了農業適度規模經營必須在家庭承包經營制的基礎上推進；另一方面，對在規模經營過程中土地流轉和土地整理出現的問題制定了一系列政策措施。這一時期農業適度規模經營得到加速推進。1994 年全國農村實行農業規模經營的耕地面積為 605.63 公頃，占農村耕地總

面積6.5%。20世紀80年代末期開展的規模經營試點地區在提高土地生產效率、增加農民收入、增加農業投入等方面取得了一定成效。

三、21世紀以來的農業適度規模經營

進入21世紀以來，農村勞動力轉移在已有的「離土又離鄉」的特徵基礎上，有部分農民定居到城市，實現了「農民工市民化」的過程。國家正式以法律規定的條文為農地流轉的規範提供了直接的法律依據。在此基礎上，不僅聚焦於土地要素的集約化，還著眼於規模經營主體的培育問題和鼓勵工商資本下鄉。農業稅的廢止使農民不僅降低了農業生產的成本，還可以獲得一定的補貼，這就帶來了土地流轉的新形勢，進一步激發了農業規模經營的積極性。農村土地「三權分置」改革通過放活土地經營權，盤活了農村土地產權，進一步促進了農業適度規模經營。

（一）勞動力轉移新形勢

21世紀以來，隨著城鎮化和工業化的不斷推進，農民工對於經濟社會發展的貢獻得到社會的認同，政府也制定了一系列政策鼓勵農村勞動力的流動和推進農民工融入城市，加快農民工市民化的進程。

2000年，農村非農就業人口就達到了約1.2億人，占鄉村就業人口的1/4左右。2000—2016年，農村非農產業就業人數不斷增加，雖然2016年略有下降。到2016年，農村非農產業就業人數達到1.48億人左右，占鄉村就業人口的41%（圖7-6）。

從農民工統計數據來看，2017年中國農民工總量為28,652萬人，較2008年增長了6,110萬人（圖7-7）。從增長率來看，2008—2017年呈現波動增長的趨勢，年均增長2.7%。

第七章　農業適度規模經營探索

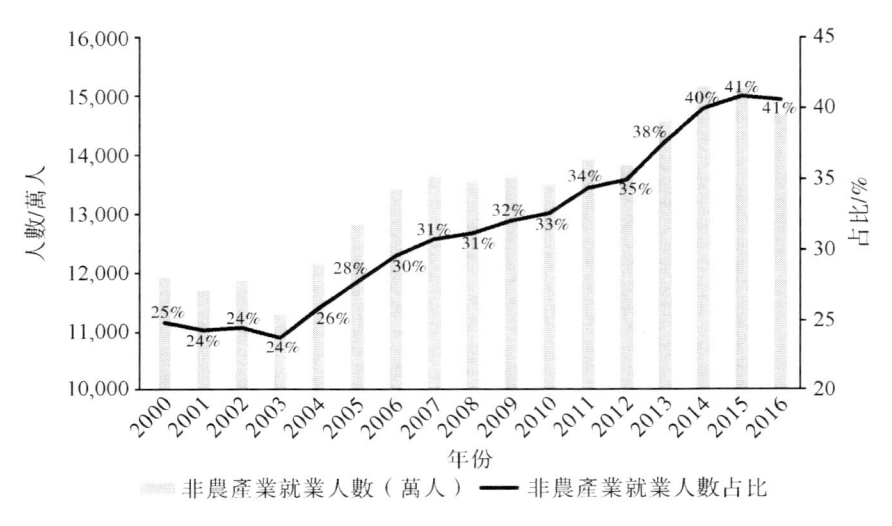

圖 7-6　2000—2016 年農村非農產業就業人數及占比

資料來源：歷年《中國農村統計年鑒》。

圖 7-7　農民工總量增長情況圖

資料來源：歷年《全國農民工監測調查報告》。

在這一時期勞動力轉移從民工潮發展到民工荒和民工返鄉潮，出現了農民工數量的波動和在區域間（省內外）的動態調整變化。在中國產業結構升級步伐的加速下，企業逐漸由勞動密集型轉變為技術密集型，自身素質不高

263

的農民工得到工作的機會逐漸變小。國家也在不斷地加大對農村的基礎設施建設，中西部地區受西部大開發等政策措施的積極影響，對農民工的吸納能力逐年增強，中西部地區外出務工的農村勞動力雖然仍大部分在省外務工，但是，在省內就近務工的人數逐年增加。2008 年中國外出農民工數量為 14,041 萬人，2017 年中國外出農民工數量為 17,185 萬人，中國外出農民工增長了 22.39%，2008—2017 年平均增速為 2.49%。但是從 2012 年開始，外出農民工增速有所放緩，2012—2017 年平均增速為 1.35%（圖 7-8）。

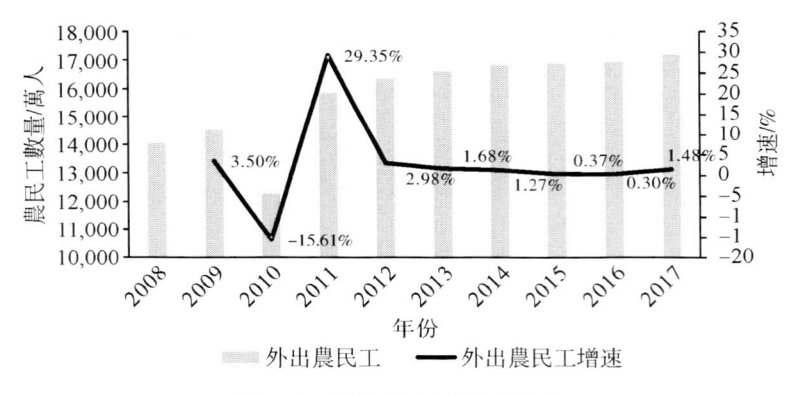

圖 7-8 外出農民工數量及增速

資料來源：歷年《全國農民工監測調查報告》。

從農民工的年齡結構來看，雖然近幾年 50 歲以上農民工比例有所增加，但是仍然有約 80% 農民工年齡位於 16 歲和 50 歲之間（圖 7-9）。大量青壯年勞動力向城市或者非農部門轉移的原因在於對收入的更高預期。由於非農就業的收入往往較高，造成農業勞動力的機會成本增加，加之勞動力轉移帶來的農業勞動力稀缺，進一步加劇了農業勞動力成本上漲。另外，外出務工以青壯年勞動力為主，農業勞動力結構呈現出老齡化趨勢。

第七章 農業適度規模經營探索

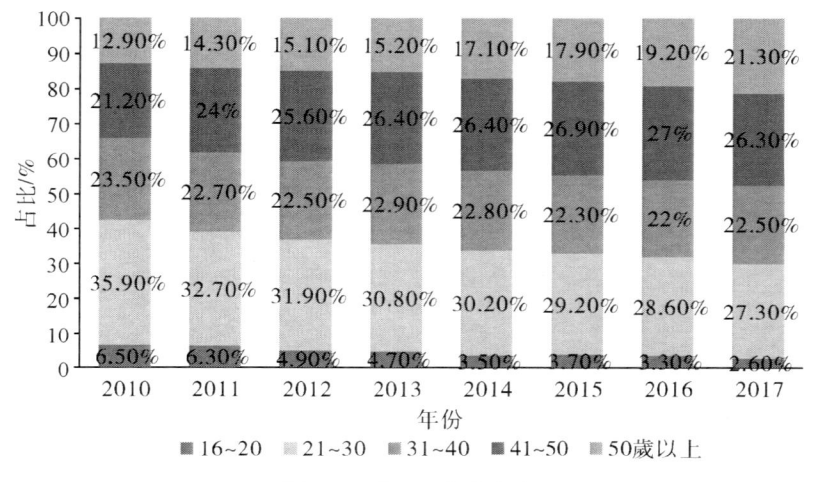

圖7-9 農民工年齡占比

資料來源：歷年《全國農民工監測調查報告》。

當然，從另一個角度來看，這也是農業發展的歷史性機遇，黃宗智和彭玉生認為中國農業處於大規模非農就業、人口自然增長減慢和農業生產結構轉型三大歷史性變遷的交匯之中[①]。這樣的交匯將同時導致農業從業人員的降低和農業勞動需求的增加。面對這樣的歷史性契機，政府若能採取適當措施，農業當前的隱性失業問題應該可以改善，而農業的低收入問題也應該可以緩解。這條出路應以市場化的種植—養殖結合的小規模家庭兼業農場為主，並邁向綠色農業。

另外，農民工資性收入占農民人均純收入的比重也從2000年的31%上漲到2010年的41%，也在一定程度上說明了農民對農業的依賴和對土地的依賴繼續呈現下降趨勢，土地出現撂荒現象和土地以無償或有償的方式流轉（圖7-10）。

---

① 黃宗智，彭玉生.三大歷史性變遷的交匯與中國小規模農業的前景[J].中國社會科學，2007（4）：74-88，205-206.

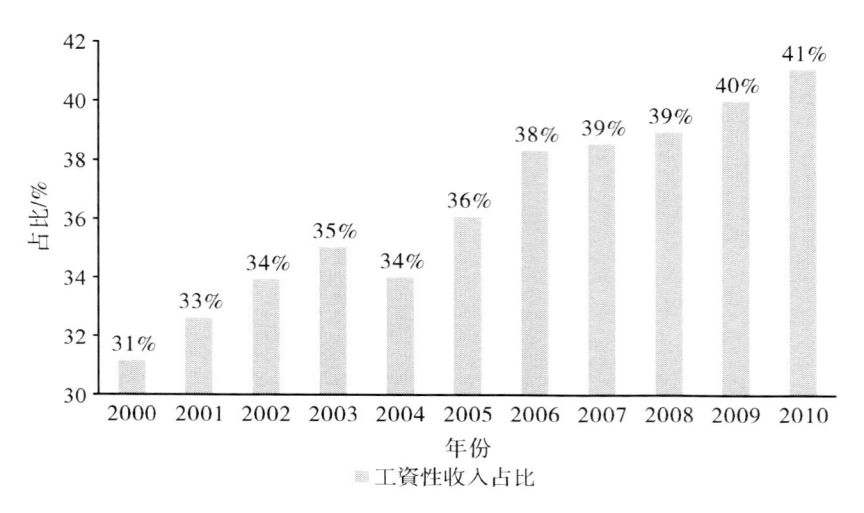

圖 7-10　2000—2010 年農民工資性收入占比

資料來源：歷年《中國農村統計年鑒》。

這一時期伴隨著勞動力轉移，土地流轉也得到推進。2008—2016 年，農民工總量從 22,542 萬人增長到 28,171 萬人，土地流轉率也從 9% 增長到 35%（圖 7-11）。

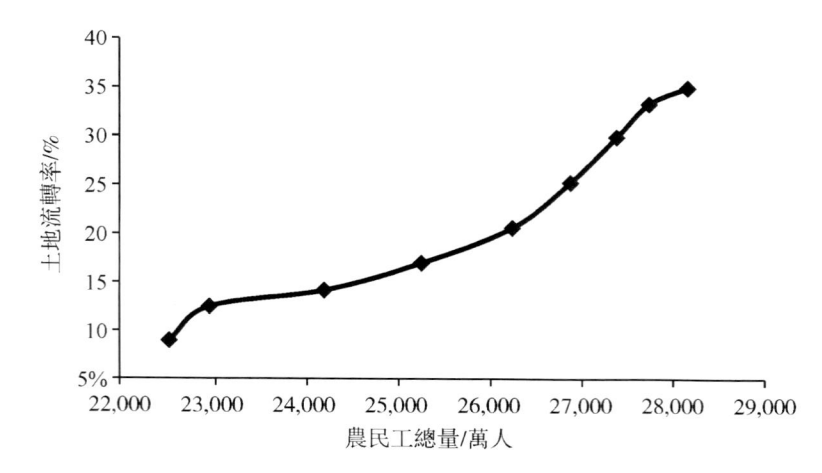

圖 7-11　土地流轉率和農民工總量交叉分析圖

資料來源：歷年《中國農村統計年鑒》，土流網 https://www.tuliu.com/土地數據庫。

(二) 制定完善農村土地相關政策

在適度規模經營過程中，部分地區土地流轉在各主體的收益分配上出現矛盾或糾紛。主要表現在：第一，部分地區土地性質和用途的隨意變更。第二，部分地區強制土地流轉，流轉價格過低。第三，部分農民毀約收回土地。原因在於：第一，土地流轉行為沒有嚴格的規範。第二，土地流轉中各主體的權屬不清。在家庭聯產承包責任制初期，人們普遍將這種承包經營權認為是承包方（農戶）向發包方（村集體）的租賃行為。雖然 1986 年《中華人民共和國民法通則》首次提出了「農民的承包經營權」的概念，並將其界定為「財產權」，但是人們對土地承包經營權屬問題仍然存在爭論。第三，農民承包的土地普遍存在地塊面積不準、四至不清、履約機制不健全等問題。

因此，政府主要從確定土地權屬關係和強調推進適度規模經營兩個大方向制定了政策。

1. 明晰土地經營各主體權屬

（1）從法律和政策上明確土地權屬關係。2002 年頒布了《中華人民共和國農村土地承包法》，堅持了上述關於土地流轉的規定，提出：「國家依法保護農村土地承包關係的長期穩定。農村集體經濟組織成員有權依法承包由本集體經濟組織發包的農村土地。任何組織和個人不得剝奪和非法限制農村集體經濟組織成員承包土地的權利。」強調「土地承包經營權流轉的主體是承包方。承包方有權依法自主決定土地承包經營權是否流轉和流轉的方式」。這部法律頒布的目的就是要穩定和完善以家庭承包經營為基礎、統分結合的雙層經營體制，通過賦予農民長期而有保障的土地使用權，切實維護土地承包者的合法權益，達到促進農業、農村經濟發展和農村社會穩定的目的。2003 年《中華人民共和國農村土地承包法》正式施行，開啓了土地適度規模經營的新起點。該法著重強調國家保護承包方依法、自願、有償地進行土地承包經營權流轉，首次以法律規定的條文形式在第二章第五節明確了土地流轉的合法形式、遵循原則、流轉主體及合同等基本內容，為農地流轉的規範提供了直接的法律依據。在土地確權、登記與頒證等方面的規定為土地適度規模經營奠定了法律基礎。該法是一個分水嶺，此前，土地承包關係是一種責任制關

係，權利與義務由承包合同約定；此後，土地承包關係被明確為國家賦權關係，權利與義務由法律規定①。

　　因此，2007年在全國人民代表大會通過的《中華人民共和國物權法》（以下簡稱《物權法》），再次對土地承包經營權流轉予以明文規定。《物權法》雖然沒有對流轉、規模經營等問題作出更新、更詳細的規定，但該法確認了承包經營權的用益物權屬性，保證承包經營人享有合法、自由的處分權利，成為實現土地適度規模經營的法理基礎。法律規定，農民對所承包的土地，是有「用益物權」的，不僅有使用權，更重要的是有排他性的佔有權。「用益物權」是一種財產權。因此，農民的土地承包經營權，根據《物權法》，就是一種排他性的財產權。當然，需要強調的是，農民承包土地並不是私有制。《物權法》第六十條規定：「集體所有的土地……由村集體經濟組織或村民委員會代表集體行使所有權。」因此，物權法還強調了集體組織是農民集體的「代表」，中國農民承包的土地，農民既有排他性的「佔有權」，又有與集體共享的「所有權」②。以《物權法》的頒布施行為標誌，集體成員獲得的土地承包經營權正式成為具有佔有、使用、收益權能的用益物權。此後，土地承包經營權的權能不斷擴大，以致在所有權之下、使用權之上衍生出一種中國獨有的土地權利。《物權法》將土地承包經營權的性質界定為用益物權，從法律層面為市場經濟條件下進行土地經營權交易，發展適度規模經營奠定了產權基礎，全國土地經營權流轉快速推進，土地適度規模經營實現了規模不斷擴大，速度不斷加快。2019年中央一號文件提出堅持家庭經營基礎性地位，賦予雙層經營體制新的內涵。在不改變「集體統一經營—農戶分散經營」的前提下，使農民可依據自身條件選擇土地等要素的配置方式，以此推動城鄉要素的雙向流動和農村產業融合，穩步提高城鄉要素配置效率和農民收入水準③。

　　（2）以全國性的確權頒證量化了各主體所擁有的權利。為進一步穩定土地承包關係，需要明確農民承包的土地實際面積是多少，承包出去能不能按

---

① 葉興慶.農業經營體制創新的前世今生［J］.中國發展觀察，2013（2）：7-9.
② 高亮之.中國農民有財產嗎——兼談農民承包地的補償問題［J］.炎黃春秋，2008（9）：4-12.
③ 高帆.農村雙層經營體制的新內涵［J］.農村·農業·農民（B版），2019（4）：29-31.

第七章　農業適度規模經營探索

合同期收回。承租人也需要明晰的權能界定，才能放心租地。因此，中央和地方政府開始開展確權頒證工作。2008年中央一號文件《關於切實加強農業基礎建設 進一步促進農業發展農民增收的若干意見》強調要加強土地流轉仲介服務，鼓勵發展多種形式的適度規模經營，各級政府和社會組織應積極培育有利於農地規模經營的市場環境。並首次提出「加強農村土地承包規範管理，加快建立土地承包經營權登記制度」。2009年開始啓動確權頒證。2013年中央一號文件對全面開展農村土地確權登記頒證工作做出了具體部署。截止到2017年年底，承包地確權面積11.59萬畝，占二輪家庭承包地（帳面）面積的80%以上。

（3）「三權分置」的提出。

①提出的背景。工業化和城鎮化不斷推進的背景下，農村勞動力配置出現了變化，大量農村勞動力轉移到城鎮或非農部門，出現大量農民離土、離鄉的現象。這就造成擁有土地承包經營權的農民不再經營自己土地的情況，帶來農村土地承包權和經營權事實上分離，長年外出務工或者在城鎮定居的農民繼續擁有承包權，但是已經不再經營土地。在大多數地區，承包權與經營權分置的條件已經基本成熟。在這一情況下，如果單一強調所有權和承包經營權，既不利於穩定承包權，也不利於放活經營權。這樣，實現土地所有權、承包權、經營權三權分置，就成為引導土地有序流轉的重要基礎。因此，2014年開始了「三權分置」改革：一是要兩權變三權，在原有農地所有權與承包經營權兩分的基礎上，實現承包權與經營權的再分離。二是要在堅持農地集體所有權的前提下，穩定承包權，放活經營權，容許經營權抵押，明確了土地所有權、承包權、經營權屬於三種不同的、可以獨立行使的權利。對沒有發生流轉的土地而言，實現了土地集體所有權與農戶承包經營權的「兩權分離」，而且農戶承包經營權的權能不斷擴大；對發生了流轉的土地而言，土地經營權從承包經營權中分離出來，出現了所有權、承包權、經營權的「三權分置」。通過放活土地經營權，盤活了農村土地產權，並且提出了土地流轉和適度規模經營是發展現代農業的必由之路的論斷，肯定了農業規模經營的必要性和重要性。

②相關文件法規。2014年中央一號文件《關於全面深化農村改革加快推進農業現代化的若干意見》對於農村土地承包經營權制度，明確指出，「在落實農村土地集體所有權的基礎上，穩定農戶承包權、放活土地經營權，允許承包土地的經營權向金融機構抵押融資」，首次在中央文件中提出「農戶承包權」和「土地經營權」的概念，這既是對近些年地方農地產權制度改革探索的官方回應，也為未來農地產權制度改革指明了方向。這正式宣告了中國農地由兩權進入三權時代，被視為中國農地制度現代化改革的又一次重大創新[①]。同年11月《關於引導農村土地經營權有序流轉發展農業適度規模經營的意見》又再次強調「堅持農村土地集體所有權，穩定農戶承包權，放活土地經營權」。

2016年《關於落實發展新理念加快農業現代化實現全面小康目標的若干意見》，做出穩定農村土地承包關係，落實集體所有權，穩定農戶承包權，放活土地經營權，完善「三權分置」辦法，明確農村土地承包關係長久不變的具體規定。依法推進土地經營權有序流轉，鼓勵和引導農戶自願互換承包地塊實現連片耕種。同年，中共中央辦公廳、國務院辦公廳印發《關於完善農村土地所有權承包權經營權分置辦法的意見》，通過不斷健全歸屬清晰、權能完整、流轉順暢、保護嚴格的農村土地產權制度，優化土地資源配置，培育新型經營主體，來提高土地產出率、勞動生產率和資源利用率，推動現代農業發展。

黨的十九大《決勝全面建成小康社會奪取新時代中國特色社會主義偉大勝利》報告提出，「保持土地承包關係穩定並長久不變，第二輪土地承包到期後再延長三十年」，進一步明確了承包戶的佔有權權能。報告進一步強調，鞏固和完善農村基本經營制度，構建現代農業產業體系、生產體系、經營體系，發展多種形式適度規模經營，培育新型農業經營主體，健全農業社會化服務體系，實現小農戶和現代農業發展有機銜接。

---

① 鄭志峰. 當前中國農村土地承包權與經營權再分離的法制框架創新研究——以2014年中央一號文件為指導[J]. 求實, 2014 (10): 82-91.

2019年新修訂的《中華人民共和國農村土地承包法》將原有土地承包法中的農村土地所有權與承包經營權「兩權」分離，變成所有權、承包權和經營權「三權」分置。不僅對承包農戶的權益給予足夠保護，也充分保障各種新型經營主體流轉經營權後的權益，促進了土地適度規模經營，推進農業現代化發展。強調了承包集體土地的農戶經營權可以自己來使用，也可以流轉給別人。但是流轉了承包土地經營權以後，承包農戶和集體簽訂的原來土地承包關係並不改變，即承包農戶流轉了土地經營權之後，仍然享有集體土地的承包權，這一條不改變。

③改革的內涵。「三權分置」改革有著豐富、深刻的政策含義。

第一，繼續堅持了土地公有制下的家庭承包經營制。通過落實集體所有權、穩定農戶承包權，進一步強調了以家庭承包經營為基礎、統分結合的雙層經營體制。土地所有權歸集體所有，強調了集體組織擁有土地發包權和處置權，擁有承包經營權的農戶不得買賣土地。「三權分置」也肯定了集體在促進土地流轉、規範土地流轉行為和提供農業綜合服務等方面的重要作用。只有堅持家庭承包經營制度才能賦予農民充分的經營自主權，才能充分調動廣大農民的生產積極性。這是中國歷史經驗的總結，是防止中國歷史上多次出現過的土地兼併現象的有效措施。

第二，經營權與承包權徹底分離。在《物權法》中強調了承包經營權是用益物權，承包經營權人具有佔有、使用、收益的用益物權。但是這一闡述仍然沒有對流轉後會不會影響農民的土地承包權做出規定。「三權分置」在堅持農村土地集體所有的基礎上，一方面保障和明確了農民的土地權益。強調了農民之所以享有承包土地的權利，關鍵在於他是本集體的成員。承包權不能進行流轉，是屬於農戶的權利。農民可以通過土地經營權的出租依法取得收益。土地的增值收益歸農民所有，農村土地經營權的轉讓與城市土地經營權轉讓的一個重要區別是，土地的增值收益將以級差地租Ⅱ的形式留給農民（而不是像城市中，土地增值收益被土地經營者拿走）。另一方面遵從在當代經濟社會發展過程中人地不斷分離的事實，將土地承包經營權中能夠進行市場交易、具有使用價值和交換價值的權能分離出來形成土地經營權。經營權

主體沒有資格限制，具有開放性和可交易性，任何有能力和意願的主體均可能獲得。農民家庭承包的土地既可以由農民家庭經營，也可以通過流轉經營權由其他經營主體經營，為非本村村民的外來經營者經營本村的土地掃清了障礙，經營權在廣闊的範圍內流轉。在此之後，新的農業經營主體不再局限於農民，包括農業產業化經營組織、家庭農場、工商企業以及職業農民等。非農主體參與農地經營為農業生產帶來了急需的資金、科技、人才等生產要素。

第三，有利於解決土地撂荒問題。土地、資金、技術、勞動力是農業生產的基本要素，中國發展現代農業的一個瓶頸就是缺乏有效地資源配置機制。以上幾大要素不能有效地組合在一起的障礙就是土地承包權與經營權沒有剝離。一方面，有土地的人沒有資金，不想種地；另一方面，有資金又想種地的人卻沒有土地。土地三權分置消除了這個障礙，放活了土地經營權，通過發揮市場在農村土地資源配置中的決定性作用，引導土地經營權規範有序流轉，促進了農業生產要素的優化組合，把農村的閒置土地利用起來，有利於解決土地撂荒問題。

第四，有利於發揮農業補貼的作用。發展農業、保持農產品的充足供給是各國政府宏觀調控的一個重要目標。但是只要市場上的農產品處於供給充足狀態，農業生產的效益必然就很低，甚至出現虧損。因而要保持農產品充足供給，政府必須對農業生產者提供補貼。中國自加入 WTO 以後，不斷加大了對農業的補貼。但是，農業補貼過去一直是按土地面積發放，有相當大一部分沒有補貼到經營者手中，而是補貼到土地所有者頭上。土地承包權與經營權分離以後，土地經營者的身分明確了，農業補貼就可以直接對生產經營者發放，真正發揮農業補貼對生產的促進作用。另外，允許土地經營權向金融機構抵押融資，發揮了扶持作用。

2. 強調推進適度規模經營

在不斷完善土地流轉的基礎上，中央強調了發展農業適度規模經營的重要意義。2014 年，中共中央辦公廳、國務院辦公廳印發了《關於引導農村土地經營權有序流轉發展農業適度規模經營的意見》。意見指出，國家之所以堅

定不移地扶持發展土地適度規模經營,是由於「伴隨中國工業化、信息化、城鎮化和農業現代化進程,農村勞動力大量轉移,農業物質技術裝備水準不斷提高,農戶承包土地的經營權流轉明顯加快,發展適度規模經營已成為必然趨勢」。並強調了發展適度規模經營的重要意義:「實踐證明,土地流轉和適度規模經營是發展現代農業的必由之路,有利於優化土地資源配置和提高勞動生產率,有利於保障糧食安全和主要農產品供給,有利於促進農業技術推廣應用和農業增效、農民增收。」進一步對穩定完善農村土地承包關係、規範引導農村土地經營權有序流轉、加快培育新型農業經營主體、建立健全農業社會化服務體系等內容做出了政策性的安排。

另外,政府採用補貼的方式,鼓勵針對種糧的適度規模經營。2016年,財政部、農業部兩部委下發《關於全面推開農業「三項補貼」改革工作的通知》指出,鼓勵各地創新新型經營主體支持方式,採取貸款貼息、重大技術推廣與服務補助等方式支持新型經營主體發展多種形式的糧食適度規模經營,不鼓勵對新型經營主體採取現金直補。全國各地的補貼標準略有不同,一般是一畝地40~80元。例如,四川省成都市《關於加快推進糧食適度規模化經營的意見》提出:「水稻、小麥、玉米(含制種)規模化生產連片面積在50畝及以上,並向市糧食局確認的糧食收購單位按照150公斤/畝交售所產稻谷(小麥、玉米、制種除外),同時秸稈綜合利用率達到100%的,由市級財政按照以下標準給予獎勵:面積在50~100畝(不含100畝)的,每畝獎勵160元;面積在100~500畝(不含500畝)的,每畝獎勵180元;面積在500畝(含500畝)以上的,每畝獎勵200元。」

(三)取消農業稅

2005年12月關於廢止《中華人民共和國農業稅條例》的決定取消農業稅,實現了「均田免賦」的重大戰略。

農業稅的取消有利於閒置土地的利用和流轉,原來低效利用的農地向高效利用農地的農戶流轉。徵收農業稅使土地利用效益不高的農民面臨兩難抉擇:如果租給別人耕種,租金不夠農業稅,且很難租出;如果拋荒,卻欠下農業稅債,不敢輕易放棄土地。土地利用效益較高的農民也因為比較效益和

用地成本，不願意轉入土地。免徵農業稅後，農民不僅沒有了稅費負擔，還增加了各項惠農政策的補貼，使得種地變得有利可圖，原來因土地負擔過重而流轉出土地的農民，紛紛回到村裡重新要回承包地[1]。免徵農業稅打開了農用土地利用的新局面，對於農用土地使用權流轉、資源優化配置、農用土地經營規模、保護耕地等都產生了積極的作用。農村稅費改革對農村土地承包經營權流轉的影響大致有兩個方面：一是對原來已經流轉的土地承包經營權，大部分的農民希望通過協商調整租金，農村土地承包經營權流轉的租金可能出現一定的上漲。二是農業稅在土地流轉過程中會影響流轉合約的簽訂和執行，供求雙方需要對農業稅費由誰負擔以及如何負擔進行談判，這就增加了土地流轉的談判成本以及合同執行成本，是一種交易成本；而取消農業稅會降低土地流轉過程中的交易成本，促進土地流轉[2]。

(四) 工商資本下鄉

為進一步推進規模經營，解決規模經營中的資金問題，通過鼓勵工商資本下鄉，向農業注入現代技術和資金。黨的十八屆三中全會《中共中央關於全面深化改革若干重大問題的決定》提出：「鼓勵和引導工商資本到農村發展適合企業化經營的現代種養業，向農業輸入現代生產要素和經營模式」，為工商資本進入農業提供了明確的政策導向。僅就經濟目標而言，中央希望通過改革基於均田制的農地小規模經營模式實現糧食增產和農民增收「雙重目標」，進而推動工業化、城鎮化和農業現代化同步發展。

伴隨著規模經營主體的培養和工商資本下鄉，農業適度規模經營已經不僅停留於糧食生產，開展了經濟作物、畜牧業等多種形式的經營。但是一些地方也出現了一些問題：第一，違背農民意願，為追求土地流轉規模，強迫農民土地流轉。第二，少數工商企業為爭取用地指標或獲取扶持政策，大面積流轉（囤積）土地，導致「非糧化」「非農化」問題突出。第三，一些村集體對外流轉土地時，少數基層幹部牟取私利。

---

[1] 張曙光. 土地流轉與農業現代化 [J]. 管理世界，2010（7）：66-85, 97.
[2] 吳鶯鶯，李力行，姚洋. 農業稅費改革對土地流轉的影響——基於狀態轉換模型的理論和實證分析 [J]. 中國農村經濟，2014（7）：48-60.

因此，中央和地方政策採取了一系列規範土地流轉的政策。例如，提出「不得改變土地集體所有性質，不得改變土地用途，不得損害農民土地承包權益」。2016 年《農村土地經營權流轉交易市場運行規範》，對土地流轉市場運行提出要求，尤其是對集體對外流轉土地以及工商資本下鄉等情況進行了明確。

大量工商資本通過流轉農民土地直接進入農業生產環節，流轉土地面積大，動輒上百畝上千畝甚至上萬畝，農業規模化經營迅速推廣開來。截至 2012 年 12 月底，全國家庭承包經營耕地流轉面積已達 2.7 億畝，其中流入工商企業的耕地面積為 2,800 萬畝，占流轉地總面積的 10.3%，2009 年增長了 115%，到 2014 年 6 月底，流入工商企業的承包地面積已達到 3,864.7 萬畝[①]。黨的十八屆三中全會決定提出：「鼓勵和引導工商資本到農村發展適合企業化經營的現代種養業，向農業輸入現代生產要素和經營模式。」黨的十八屆五中全會公報也明確提出要鼓勵和支持工商資本進入農村投資農業，重點從事農民干不了、干不好、干起來不經濟的領域，把一般種養環節留給農戶。據農業部統計，截至 2016 年 6 月底，全國農地流轉規模已達 4.6 億畝，超過承包耕地總面積的 1/3，在東部沿海的部分地區，農地流轉比例已經超過 1/2，其中，流入工商企業的承包地面積達 3,882.5 萬畝（截至 2014 年年底），約占全國承包地流轉總面積的 10%，2012—2014 年流入企業的農地平均增速超過 20%[②]。

（五）規模經營和土地流轉概況

1. 土地流轉概況

中央的支持和鼓勵迅速加快了土地流轉的速度。伴隨著土地流轉制度的完善和勞動力轉移的新形勢，農地流轉開始進入全新的發展階段。2005—2016 年，土地流轉率增長了 30%（圖 7-12）。土地流轉規模在持續擴大，但

[①] 王彩霞. 工商資本下鄉與農業規模化生產穩定性研究 [J]. 宏觀經濟研究，2017（11）：157-162，187.

[②] 四部門發文加強監管工商資本租賃農地 [EB/OL].（2015-04-30）[2019-03-15]. http://scitech.people.com.cn/n/2015/0430/c1057-26927974.html.

是土地流轉規模增長率卻波動較大，2008年增長率達到70%，2008—2015年都保持兩位數增長趨勢，到2016年下降到5%（圖7-13）。土地流轉發展經歷了緩慢期—加速期—減速期的轉變，當前農地流轉增速有放緩趨勢。

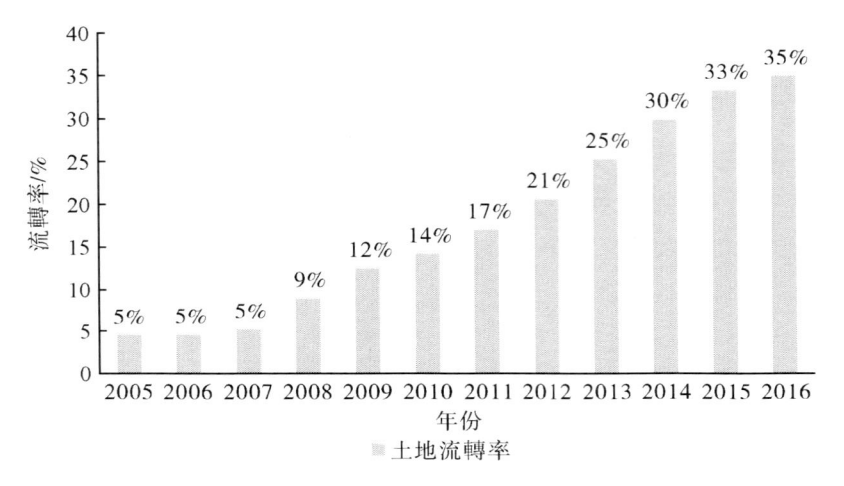

圖7-12 2005—2016年土地流轉率

資料來源：土流網 https://www.tuliu.com/土地數據庫。

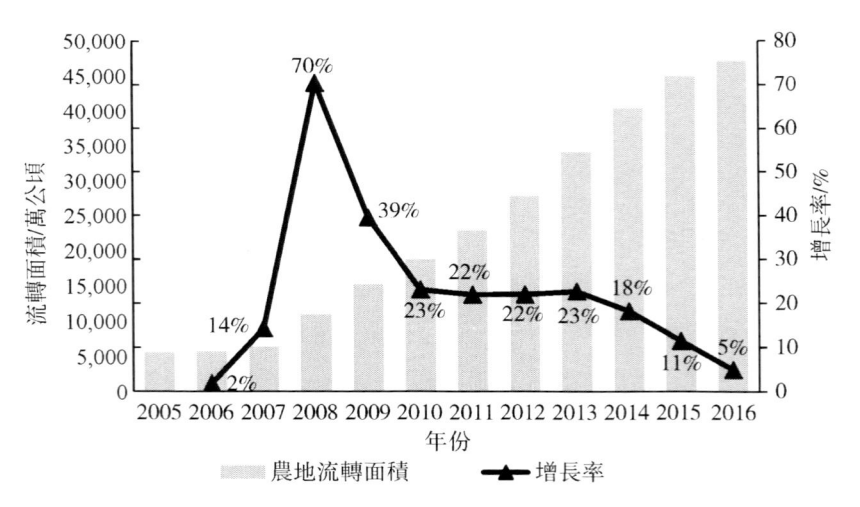

圖7-13 農地流轉面積及增長率

資料來源：《中國農村統計年鑒》。

截至2018年6月底，全國家庭承包經營耕地流轉面積4.97億畝，比2016年年底增長3.8%，比上年同期增長8.1%；流轉率36.5%，比2016年年底提高1.4個百分點[①]。

2. 規模經營概況

土地流轉既促進了普通農戶經營規模的擴大，也促進了家庭農場、土地股份合作社、生產型企業等新型經營主體的成長。根據2006年全國第二次農業普查，中國各地區按經營耕地規模分的農業生產經營戶數量、農業生產經營單位數量，其中，10畝以下的農業生產經營戶數量有85%左右，10~20畝規模的不超過10%；10畝以下的農業生產經營單位數量有88%左右，但是值得關注的是50畝以上規模的達到了8.8%左右（表7-2、表7-3）。到2016年全國第三次農業普查，全國2.3億戶農戶，其中2.1億戶農業經營戶，平均每戶承包8畝地。規模農業經營戶和農民專業合作社分別約為398萬戶和91萬個（表7-4）。

表7-2　各地區按經營耕地規模分的農業生產經營戶數量（2006年）

地區	10畝以下	10~20畝	20~30畝	30~40畝	40~50畝	50畝以上
全國總計	85.4%	9.9%	2.3%	1.0%	0.5%	0.9%
東部地區	92.8%	6.1%	0.6%	0.2%	0.1%	0.2%
中部地區	88.6%	9.7%	1.1%	0.3%	0.1%	0.2%
西部地區	83.3%	10.4%	3.0%	1.3%	0.7%	1.3%
東北地區	41.9%	27.4%	13.5%	6.8%	3.7%	6.7%

數據來源：國家統計局第二次農業普查。

---

① 農業農村部農村合作經濟指導司. 當前農村經營管理基本情況［EB/OL］.（2018-01-05）［2019-03-15］. http://www.jgs.moa.gov.cn/txjsxxh/201801/t20180105_6134218.htm.

表 7-3　各地區按經營耕地規模分的農業生產經營單位數量（2006 年）

地區	10 畝以下	10~20 畝	20~30 畝	30~40 畝	40~50 畝	50 畝以上
全國總計	87.9%	1.3%	0.8%	0.6%	0.7%	8.8%
東部地區	89.2%	1.0%	0.7%	0.5%	0.7%	7.9%
中部地區	88.8%	1.6%	0.9%	0.5%	0.6%	7.6%
西部地區	86.5%	1.5%	1.0%	0.7%	0.6%	9.7%
東北地區	78.8%	1.8%	1.2%	0.7%	0.9%	16.6%

數據來源：國家統計局第二次農業普查。

表 7-4　農業經營主體數量（2016 年）

	全國	東部	中部	西部	東北
農業經營戶/萬戶	20,743	6,479	6,427	6,647	1,190
規模農業經營戶/萬戶	398	119	86	110	83
農業經營單位/萬個	204	69	56	62	17
農民合作社/萬個	91	32	27	22	10

數據來源：國家統計局第三次農業普查。

四、中國適度規模經營的主要形式

農業經營形式是與生產關係相聯繫的農業經濟組織形式和運行形式，是以基本生產資料所有制為核心的人與人之間的利益關係和勞動分工協作關係。農業適度規模經營的實現路徑是多種多樣的，不同地區、不同階段、不同資源稟賦、不同生產經營性質、不同的種養品種所對應的最佳實現路徑均不相同。改革開放以來，中國農業適度規模經營在實踐中形成了家庭經營、合作經營和公司經營三種主要形式。

（一）家庭經營

家庭經營是指主要依靠家庭自有勞動、自主經營、自負盈虧的農業經營形式。家庭經營形式在實踐中主要體現為家庭農場。

第七章　農業適度規模經營探索

　　家庭農場指由家庭成員自己經營的有一定規模和技術含量的農業生產單位，主要以家庭勞動力為主，是建立在農戶間農地流轉集中基礎上的家庭經營，是現代化技術、規模化經營、企業化管理的農業經營形式。在家庭經營的基礎上適度擴大經營規模並實行農業企業化經營管理就變成了家庭農場。家庭農場專門從事農業，主要進行種、養業專業化生產。經營者大都接受過農業教育或技能培訓，經營管理水準較高，示範帶動能力較強[1]。家庭農場經營規模適度，種養規模與家庭成員的勞動生產能力和經營管理能力相適應，符合當地確定的規模經營標準，收入水準能與當地城鎮居民相當，實現較高的土地產出率、勞動生產率和資源利用率[2]。以家庭作為農業的基本經營單位，勞動者具有很大的主動性、積極性和靈活性，能夠對農業勞動全過程共同負責、對農業最終產品負責。

　　家庭農場包含四個方面的特徵：一是大多通過土地流轉方式，實現了適度規模；二是以家庭勞動力為主，區別於工商資本農場的雇工農業；三是強調其穩定性，區別於承包農民土地的短期行為；四是需要進行工商註冊。2013年中央一號文件《關於加快發展現代農業、進一步增強農村發展活力的若干意見》首次提出「家庭農場」經濟模式之後，家庭農場得到了迅速發展。2016年年底，納入農業部統計調查的家庭農場總數達44.5萬戶。各類家庭農場經營耕地5,675.0萬畝，平均每個家庭農場經營耕地在175畝左右。從事糧食生產的家庭農場，耕地經營規模在50~200畝之間的占63.2%，200~500畝的占27.5%，500~1,000畝的占6.8%，1,000畝以上的占2.5%[3]。

　　(二) 合作經營

　　合作經營形式是個體農戶按照自願互利原則參與合作組織。合作經營形式在實踐中主要包括農民專業合作組織和土地股份合作組織兩種形式。

---

[1] 曾福生.中國現代農業經營模式及其創新的探討 [J].農業經濟問題，2011，32 (10)：4-10，110.
[2] 中華人民共和國農業部.農業部關於促進家庭農場發展的指導意見 [EB/OL]. (2015-05-07) [2018-03-09]. http://jiuban.moa.gov.cn/sjzz/jgs/cfc/zcfg/bmgz/201505/t20150507_4583485.htm.
[3] 中華人民共和國農業部.2016年家庭農場發展情況 [J].農村經營管理，2017 (8)：41-42.

农民专业合作组织是农民自愿参加的，以农户经营为基础，以某一专业化产品或产业为纽带，形成的资金、技术、采购、生产、加工、销售等互助合作经济组织。这种形式能够通过生产环节的合作，实现规模经济。例如，通过合作实现共享农业机械服务、农业技术服务等。在这种形式中，合作社成员之间形成了紧密的利益链条，有完善的制度体系和利益分配机制，组织中既有具有丰富的传统种、养经验的社员，又有具备现代经营意识的社员，主要适用于种植业、养殖业和高效农业，适宜于有大户或经济能人牵头，相关产业已经形成显著规模和良好发展基础的地区[1]。中国各类农民专业合作组织的迅速发展，有力促进了农业适度规模经营和现代农业发展。截至2016年年底，纳入统计调查的农民专业合作社总数达156.2万个，比2015年年底增加22.6万个，增长16.9%，其中，被农业部门认定为示范社的14万个，占合作社总数的9%[2]。

农村土地股份合作组织是指在家庭承包经营基础上，农民群众按照依法自愿有偿的原则，以土地承包经营权入股联合经营并共享收益的农业合作形式。这种形式最早产生于20世纪80年代的广东珠三角地区，以南海市为例，是将土地的使用权和社区其他资产以入股的方式重新集中到农业公司（或合作社）由其统一规划、统一经营，或者采用「二次承包」，即由农业公司（合作社）将土地承包给机耕户、专业大户开展适度规模经营[3]。然而，这一模式出现了把集体用地用于工业建设的问题。后来发展的土地股份合作组织更多强调的是在不改变土地用途前提下，通过土地股份合作组织的仲介作用，实现土地的集中经营和「二次承包」。2016年中央一号文件提出「鼓励发展股份合作，引导农户自愿以土地经营权等入股龙头企业和农民合作社，采取『保底收益+按股分红』等方式，让农户分享加工销售环节收益，建立健全风险防范机制」。鼓励发展土地股份合作社。实践中，四川、重庆、浙江、江苏等地已经积极开展试点工作，并形成了一定规模的发展。例如，四川省崇州

---

[1] 蒋和平. 农业适度规模经营多种形式实现路径探讨 [J]. 农村工作通讯，2013（3）：56-59.
[2] 中华人民共和国农业部. 2016年农民专业合作社发展情况 [J]. 农村经营管理，2017（8）：45.
[3] 杜润生. 杜润生自述：中国农村体制变革重大决策纪实 [M]. 北京：人民出版社，2005：159.

市通過引導農戶以土地承包經營權折資折股，組建土地股份合作社。農戶成為合作社社員，合作社招聘農業職業經理人負責專業化種植。在此基礎上，形成了以培育農業職業經理人隊伍推進農業的專業化經營，以農戶為主體自願自主組建土地股份合作社推進農業的規模化經營，以強化社會化服務推進農業的組織化經營，實現多元主體「共建、共營、共享、多贏」的農業共營制模式[1]。土地股份合作組織的經營方式主要有三類：第一，合作社只發揮流轉仲介的作用，不直接從事土地經營活動。合作社將土地全部委託給第三方經營，不從事具體的經營活動。第二，合作社自主經營部分土地。除了向外出租土地外，合作社自主經營或由成員承包經營部分土地。以江蘇省為代表，多數是一個行政村成為一個農場，農場規模多數在千畝以上，村民為「股民」，從農場中可獲得地租和紅利收入；留場務農的可獲得工資，其他人員往往外出就業掙工資。第三，土地股份合作社與農民專業合作社相結合。即參加土地股份合作社的部分成員又組建專業合作社，承包土地股份合作社的土地開展農業生產。

（三）公司經營

公司經營是依託企業，特別是龍頭企業，在政府的協調和引導下運用市場機制的作用推進適度規模經營。其特點是企業已經形成完善、固定、可複製的合作模式，與農戶有全面的合作與收益分配協議，企業掌控生產經營核心環節，統一供種苗及生產資料，與農戶結成了利益共同體，主要適用於生產經營環節比較容易分開進行的某些產業，如養殖業，適宜於那些有較高抗風險能力的企業牽頭、當地農戶有較好的養殖傳統和規模的地區推廣[2]。公司經營一般以「公司+農戶」的組織化方式開展，一般採取租賃農場模式開展適度規模經營。租賃農場模式屬於要素合約，基本形式是企業租賃農戶的土地（土地經營權）進行經營，農戶由此獲得土地租金，換言之是工商資本租地進入農業的模式。

---

[1] 羅必良，李玉勤. 農業經營制度：制度底線、性質辨識與創新空間——基於「農村家庭經營制度研討會」的思考 [J]. 農業經濟問題，2014, 35（1）：8-18.
[2] 蔣和平. 農業適度規模經營多種形式實現路徑探討 [J]. 農村工作通訊，2013（3）：56-59.

需要說明的是，實踐中，往往存在政府、企業、合作社和農戶都參與的類型，本書只是按照在規模經營中起主要作用或帶頭作用的主體進行類型劃分。在擴大農場規模的途徑選擇中往往會看到主張某種形式的爭論。理論上，沒有絕對的途徑優劣之分，應以目標實現效果為準繩，重要的是需要看到不同形式的利弊之處及其適用時空，要看到不同形式下的階段性和可持續性。

第四節　待解決的問題

在農業適度規模經營道路探索過程中，存在適度規模經營方向選擇、適度規模經營規模決策、適度規模經營過程違約和適度規模經營要素投入四大類待解決問題。適度規模經營要素投入問題又主要表現在勞動力要素投入問題、土地要素投入問題、資金要素投入問題。

一、適度規模經營方向選擇問題

第一，「非農化」和「非糧化」仍然存在。政府推進適度規模經營都希望看到的結果是糧食增產和農民增收。然而在實踐中，經營方向可能出現與預期目標的偏差。長期以來糧食生產的比較效益低下，政府推行適度規模經營的政策初衷與農戶經營目的就可能產生偏差，出現「非糧化」甚至「非農化」的傾向。部分適度規模經營主體開展適度規模經營的目標並不是真正發展農業，而是以經營農業的名義獲得用地指標，從事旅遊、養老和房地產等產業。特別是由於部分適度規模經營主體與農戶簽訂了長期土地流轉合同，如果在短期沒有實現預期收益或土地非農化的目標，其流轉的土地就可能出現撂荒現象或者部分企業「跑路」的情況。

第七章　農業適度規模經營探索

　　第二，經營「同質化」嚴重。在實踐中，存在部分規模經營主體較嚴重的跟風升級現象，普遍認為傳統種植的大田品種「過時了」，打著調整農業結構的旗號發展一些當下市場價格較高的特色品種，並且規模普遍較大，不是「一村一品」「一村一業」，而是「多村一業」「整鄉推進」。農業面臨市場和自然的雙重風險，如果不遵循自然規律和市場規律，盲目確定種植品種，可能會造成：①由於自然災害或病蟲害帶來農作物減產。②市場價格波動造成農作物增產不增收。加上適度規模經營主體的經營面積較大，造成的損失往往比散戶經營更加嚴重。

二、適度規模經營規模決策問題

　　部分規模經營主體盲目擴大經營規模，原因在於：①由於政府對規模經營實施了激勵政策，並且規模越大，補貼力度越大，導致一些地區盲目擴大規模，而缺乏對農業生產長遠的規劃。另外，也出現了部分地區集中幾個規模經營主體以名義上一體的規模化經營獲取更高的規模經營補貼。②如前所述，部分適度規模經營主體開展適度規模經營的目標並不是真正發展農業，而是以經營農業的名義獲得用地指標，期待土地政策放寬後，可以順理成章地實現土地的「非農化」。

　　盲目的規模擴大，造成了以下問題：①土地集中難度增大。土地規模的擴大，增加了土地集中的難度，交易費用增加。②資金需求增大。規模的擴大，土地租金和農業生產資料投入成本都將增加，因此，帶來較高的資金需求。然而，農業生產又是一個投資回報週期相對較長的行業，農村金融市場尚不成熟，由此造成規模經營主體較大的資金壓力。③經營風險增大。由於經營規模的擴大，也會面臨較嚴重的自然風險和市場風險。④管理難度增大。由於規模的擴大，必然帶來較大的勞動力需求。一方面，雇傭勞動力的難度增大；另一方面，監督管理勞動力的難度也將增大。

三、違約問題

適度規模經營過程違約問題主要體現在伴隨著土地集中過程，受讓方（規模經營主體）和承包方（農戶）的違約問題。一方面，農戶可能因為有其他的更高的土地流轉價格需求，而轉向流轉給另外的規模經營主體，出現「毀約要地」的現象。另一方面，規模經營主體可能由於農業經營不善、自然災害等問題，未能達到預期的收益而違約，出現「毀約退地」現象。面對違約風險的問題，各地也試點採取了諸如土地履約保證保險這一類措施，試圖規避由於土地流轉合同違約造成的利益受損。例如，四川省邛崍市用引入土地流轉履約保證保險的方法來防範違約風險，如果規模經營主體跑路，則由保險公司來償付當年或次年土地租金。這種做法一定程度保護了農戶流轉土地的利益和積極性，減輕了部分規模經營主體的經濟負擔，同時減輕了基層政府兜底解決糾紛的負擔。然而從土地流轉的長期與短期風險，投保主體與承保主體的性質等角度還存在較多問題（範丹 等，2018）。

四、適度規模經營要素投入問題

（一）勞動力要素投入問題

適度規模經營存在一定的雇工需求，但是雇傭的勞動力不管從「量」還是「質」上都存在一定的問題。第一，從「量」上來看，存在較嚴重的短缺問題。由於大量勞動力外出務工，缺乏留在農村的勞動力，特別是農業雇工存在較嚴重的季節性需求，適度規模經營的雇工時間與普通農戶農忙時間重疊，造成農業雇工的不穩定和高成本問題。第二，從「質」上來看，大量受教育程度較高的中青年外出務工，老人、婦女成為當前農業生產經營活動的主體，經營者綜合素質有待提高。雖然適度規模經營主體通過推進農業各環節的機械化，一定程度上緩解了勞動力投入的問題，但是由於中國資源稟賦約束和成本問題，機械對勞動力的替代有一定難度。

普遍缺乏規模經營人才。在適度規模經營主體中，缺乏「懂農業，愛鄉

村，愛農民，有志向，有身手，有擔任」的「一懂兩愛三有」人才。第一，目標錯位。部分適度規模經營主體從事適度規模經營的目標並不是發展農業，而是為了爭取政府部門對其的項目資金支持或補貼，或者是為了「圈地」。第二，缺乏農業經營經驗。部分適度規模經營主體是轉行開展農業經營的，對農業技術和農業市場缺乏瞭解。另外，也有部分規模經營主體雖然是想從事農業生產經營，但是缺乏長遠的規劃和先進的經營理念。

(二) 土地要素投入問題

土地要素投入是適度規模經營重要的保障。目前適度規模經營主要存在土地要素配置問題、土地違約風險和流轉價格的問題。

第一，土地要素的配置問題。伴隨著城鎮化的不斷推進，土地仍然保留「生不增、死不減」的制度，導致「人地分離」的問題日趨嚴重。有的農民反應，「現在活人沒地種，死人有地種」。規模經營主體因為需要轉入土地，承擔著日益增長的租金成本和交易費用。另外，已有政策和法律重點強化了農民土地的使用權、收益權的賦權，但是對處置權、抵押擔保權、繼承權等權能的賦權重視不夠。以抵押擔保權為例，2019年，新修訂的《中華人民共和國農村土地承包法》規定：承包方和受讓方均可通過土地經營權向金融機構融資擔保。即「承包方可以用承包地的土地經營權向金融機構融資擔保，並向發包方備案。受讓方通過流轉取得的土地經營權，經承包方書面同意並向發包方備案，可以向金融機構融資擔保」。但是土地的經營權抵押，實際上抵押的只是土地的預期收益，是現金流而非不動產，類似於訂單質押的性質，存在弱抵押的問題。

第二，租金的定價不公問題。目前各地區的土地流轉定價大多採用固定現金價格或以黃谷、大米等折價的形式進行租金定價。但是由於定價往往由村集體與承包方確定，難免造成部分農民對流轉價格的不滿意，或者是當年滿意，但是第二年希望增加的情況。另外，由於承包方往往是大規模的土地流轉，定價一般都是採用統一價格，而土地存在不同的等級，這樣可能因為良田定了低價而產生矛盾或糾紛。

(三) 資金要素投入問題

規模經營主體的資金要素投入問題主要是由於農村正規金融市場不完善帶來的融資難問題。

第一，適度規模經營主體的融資能力不足。①適度規模經營也存在農業自身的自然風險和市場風險，加上經營規模更大，可能存在更嚴重的自然風險和市場風險。②適度規模經營主體缺乏有效的抵押擔保手段。③資金需求特徵與資金供給特徵不匹配。適度規模經營主體對資金需求具有季節性，而資金週轉週期又較長，所以造成融資難的問題。

第二，農村金融機構信貸供給意願不強。①適度規模經營主體融資風險較大。風險控制是金融機構最關注的內容，然而農業的自然和市場風險導致了貸款的壞帳風險高，進一步導致金融機構的信貸供給向工商業和城市傾斜，農村金融產品供給不足。②適度規模經營主體融資規模較小。適度規模經營主體融資規模較小，金融機構的收益較低。③適度規模經營主體監督難度較大。由於適度規模經營主體信貸用途是用於農業各個環節，然而農業各環節難以監督，金融機構的監督難度和管理難度都較大，這都導致了農村金融機構的信貸供給意願不強。

第三，農業保險供給不足。為了降低農業生產的自然風險，減少不確定性損失，新型農業經營主體願意多付保費、多購保險以提高賠償金額，但市場上難以找到符合農業生產需求的保險產品。

參考文獻

「無農不穩，無工不富，無商不活」江蘇人最早提出「三句話」[EB/OL]. (2018-12-18) [2019-4-20]. http://www.yangtse.com/jiangsu/2018/12/18/1375814.html.

2014年度全國農民專業合作社總數達128.88萬戶 [EB/OL]. (2015-01-26) [2019-06-14]. http://www.ccfc.zju.edu.cn/Scn/NewsDetail?newsId=19633&catalogId=338.

艾雲航, 1993. 把農業引向市場經濟的好形式——貿工農一體化、產加銷一條龍問題研究 [J]. 中國農村經濟, (4): 19-22.

艾雲航, 2008. 發展產業化經營 增加農民收入 [J]. 理論學習, (8): 8-10.

安徽省委黨史研究室, 2006. 安徽農村改革口述史 [M]. 北京: 中共黨史出版社.

薄一波, 1992. 農業社會主義改造加速進行的轉折點（四）[J]. 農村合作經濟經營管理, (7): 38-40.

薄一波, 1992. 農業社會主義改造加速進行的轉折點（一）[J]. 農村合作經濟經營管理, (4): 35-39.

薄一波, 1997. 若干重大決策與事件的回顧（修訂本）: 上卷 [M]. 北京: 人民出版社.

蔡昉，王德文，都陽，2008. 中國農村改革與變遷：30年歷程和經驗分析［M］. 上海：上海人民出版社.

曾福生，2011. 中國現代農業經營模式及其創新的探討［J］. 農業經濟問題，32（10）：4-10，110.

產業化聯合體激發現代農業發展活力［EB/OL］.（2018-02-25）［2019-06-02］. http://www.farmer.com.cn/wszb2018/fz2018/xwjb/201802/t20180225_1358788.htm.

陳大斌，1998. 饑餓引發的變革——一個資深記者的親身經歷與思考［M］. 北京：中共黨史出版社.

陳大斌，2008. 中國農村改革紀事［M］. 成都：四川人民出版社.

陳大斌，2011. 從合作化到公社化——中國農村的集體化時代［M］. 北京：新華出版社.

陳懷仁，夏玉潤，1998. 起源：鳳陽大包干實錄［M］. 合肥：黃山書社.

陳希玉，傅汝仁，1998. 山東農村改革發展二十年回顧與展望［M］. 濟南：山東人民出版社.

陳錫文，2018. 讀懂中國農業農村農民［M］. 北京：外文出版社.

陳錫文，羅丹，張徵，2018. 中國農村改革40年［M］. 北京：人民出版社.

陳錫文，趙陽，陳劍波，等，2009. 中國農村制度變遷60年［M］. 北京：人民出版社.

陳雲，1995. 陳雲文選：第2卷［M］. 北京：人民出版社.

陳雲，1995. 陳雲文選：第3卷［M］. 北京：人民出版社.

程婧涵，2015. 「能人主導型」合作社治理機制對績效的影響［D］. 蚌埠：安徽財經大學.

程榮喜，蔡長立，1990. 種養加銷一體化經營的優勢和思路［J］. 農墾經濟研究，（2）：32-34.

崔海燕，2008. 改革開放三十年重要檔案文獻·安徽——安徽農村改革開放三十年［M］. 北京：中國檔案出版社.

鄧子恢，1966. 鄧子恢文集［M］. 北京：人民出版社.

丁力，1997. 農戶：農業產業化的主角［J］. 經濟工作導刊，（2）：20-21.

丁龍嘉，1998. 改革從這裡起步——中國農村改革［M］. 合肥：安徽人民出版社.

丁澤吉，1979. 農工聯合企業淺論［J］. 經濟研究，（8）：23-27.

杜虹，1998. 20 世紀中國農民問題［M］. 北京：中國社會出版社.

杜潤生，1997. 當代中國的農業合作制［M］. 北京：當代中國出版社.

杜潤生，1999. 中國農村改革決策紀事［M］. 北京：中央文獻出版社.

杜潤生，2003. 中國農村制度變遷［M］. 成都：四川人民出版社.

杜潤生，2005. 杜潤生自述：中國農村體制變革重大決策紀實［M］. 北京：人民出版社.

杜潤生，袁成隆，1992. 建國以來合作化史料匯編［M］. 北京：中央黨史出版社.

段志洪，徐學初，2009. 四川農村 60 年經濟結構之變遷［M］. 成都：巴蜀書社.

房維中，1984. 中華人民共和國經濟大事記［M］. 北京：中國社會科學出版社.

傅晨，2000.「公司+農戶」產業化經營的成功所在——基於廣東溫氏集團的案例研究［J］. 中國農村經濟，（2）：41-45.

傅晨，2013. 中國農業改革與發展前沿研究［M］. 北京：中國農業出版社.

高帆，2019. 農村雙層經營體制的新內涵［J］. 農村·農業·農民（B 版），（4）：29-31.

高化民，1999. 農業合作化運動始末［M］. 北京：中國青年出版社.

高亮之，2008. 中國農民有財產嗎——兼談農民承包地的補償問題［J］. 炎黃春秋，（9）：4-12.

高鳴，郭薈薈. 2018 中國新型農業經營主體發展分析報告——基於農業產業化龍頭企業的調查和數據［N/OL］. 農民日報，（2018-02-22）［2019-05-14］. http://www.tudi66.com/zixun/6935.

貴州農業合作化史料編寫委員會，1989. 貴州農村合作經濟史料：第四輯

[M]. 貴陽：貴州人民出版社.

郭慶海，2014. 土地適度規模經營尺度：效率抑或收入 [J]. 農業經濟問題，35（7）：4-10.

國家體改委辦公廳，1993. 十一屆三中全會以來經濟體制改革重要文件匯編（上）[M]. 北京：改革出版社.

國家統計局國民經濟綜合統計司，1999. 新中國50年統計資料匯編 [M]. 北京：中國統計出版社.

郝立新，2002. 中國農村專業技術協會現狀及發展對策研究 [D]. 大連：大連理工大學.

何秀榮，2016. 關於中國農業經營規模的思考 [J]. 農業經濟問題，37（9）：4-15.

河南省統計局，1985. 河南統計年鑑1984 [M]. 北京：中國統計出版社.

賀吉元，2013. 鄧子恢與毛澤東關於農業合作社的爭論 [J]. 文史精華，(7)：10-14.

胡定寰，2002. 美國養雞產業的發展和一體化經營模式 [J]. 世界農業，(9)：11-14.

胡小平，1994. 糧食適度規模經營及其比較效益 [J]. 中國社會科學，(6)：36-49.

胡曉泉，1995. 試論家庭聯產承包經營與農業產業化經營 [J]. 福建學刊，(5)：78-80.

華而實，1953. 全面豐產模範王蟒村互助聯組，農業生產互助組參考資料：第一集 [M]. 北京：中央人民政府農業部.

黃道霞，1992. 建國以來農業合作化史料匯編 [M]. 北京：中共黨史出版社.

黃道霞，1999. 五個「中央一號文件」誕生的經過 [J]. 農村研究，(1)：32-38.

黃連貴，1996. 全國農業產業化座談會在黑龍江肇東召開 [J]. 農村合作經濟經營管理，(4)：3.

參考文獻

黃書元，1997. 起點——中國農村改革發端紀實［M］. 合肥：安徽教育出版社.

黃偉，2008. 為農業「大包干」報戶口——訪安徽省原省長王鬱昭［J］. 百年潮，（7）：63-67.

黃宗智，2000. 長江三角洲小農家庭與鄉村發展［M］. 北京：中華書局.

黃宗智，彭玉生，2007. 三大歷史性變遷的交匯與中國小規模農業的前景［J］. 中國社會科學，（4）：74-88，205-206.

黃祖輝，邵科，2009. 合作社的本質規定性及其漂移［J］. 浙江大學學報（人文社會科學版），（7）：12-16.

回良玉，2012. 中國農業產業化龍頭企業協會成立大會上的講話［N］. 農民日報，11-29（001）.

建國以來毛澤東文稿（5）［M］. 北京：中央文獻出版社，1991.

江澤民. 加強農業基礎，深化農村改革，推進農村經濟和社會全面發展［EB/OL］.（2012-09-10）［2019-4-27］. http://www.china.com.cn/guoqing/201209/10/content_26748149.htm.

姜春雲. 在諸城召開的農村改革現場會議上的講話——走貿工農一體化的發展路子（1987年6月25日）.［EB/OL］.（2010-01-17）［2019-04-23］. http://theory.people.com.cn/GB/405-57/179597/10784023.html.

姜睿清，黃新建，謝菲，2013. 為什麼農民無法從「公司+農戶」中受益［J］. 中國農業大學學報（社會科學版），（3）：54-60.

姜長雲，2015. 推進農村一二三產業融合發展 新題應有新解法［J］. 中國發展觀察，（2）：18-22.

姜長雲，2018. 龍頭企業與農民合作社、家庭農場發展關係研究［J］. 社會科學戰線，（2）：58-67.

蔣和平，2013. 農業適度規模經營多種形式實現路徑探討［J］. 農村工作通訊，（3）：56-59.

柯福豔，徐紅玳，毛小報，2015. 土地適度規模經營與農戶經營行為特徵研究——基於浙江蔬菜產業調查［J］. 農業現代化研究，36（3）：374-379.

孔祥智，2015. 從「委託—代理」關係看合作社現狀［N］. 河北科技報，08-11（A03）.

雷起荃，胡小平，徐芳，等，1989. 建立穩定的糧食供給機制及實現途徑［J］. 經濟研究，(3)：54-60.

冷溶，汪作玲，2004. 鄧小平年譜（一九七五—一九九七）：上冊［M］. 北京：中央文獻出版社.

李國強，何友良，1999. 當代江西五十年［M］. 南昌：江西人民出版社.

李建勇，胡小平，1987. 關於糧食生產問題的若干思考［J］. 天府新論，(2)：14-19.

李錦，2000. 大轉折的瞬間：目擊中國農村改革［M］. 長沙：湖南人民出版社：84.

李琳，1956. 積極領導初級社轉為高級社［N］. 人民日報，01-19.

李謙，1998. 發展農業產業化經營的幾個問題［J］. 中國農村經濟，(12)：40-44.

李文明，羅丹，陳潔，等，2015. 農業適度規模經營：規模效益、產出水準與生產成本——基於1,552個水稻種植戶的調查數據［J］. 中國農村經濟，(3)：4-17，43.

李小群，2011. 安徽農村改革［M］. 合肥：安徽文藝出版社.

李興民，2018. 適應新形勢 發展農業產業化聯合體［N］. 河南日報，08-17（08）.

廖蓋隆，莊浦明，2000. 中華人民共和國編年史［M］. 鄭州：河南人民出版社.

林德榮，2009. 中國農民專業合作經濟組織的變遷與啟示［J］. 中國集體經濟，(13)：8-9.

林毅夫，1994. 制度、技術與中國農業發展［M］. 上海：格致出版社.

劉必堅，1980. 包產到戶是否堅持了公有制和按勞分配？［J］. 農村工作通訊，(3).

劉德萍，2009. 論毛澤東加快農業合作化進程的經濟原因［J］. 河南大學

學報（社會科學版），（5）：110-115.

劉恩雲，2011. 糧食危機、統購統銷與農業合作化步伐加快［J］. 經濟研究導刊，（11）：49-50.

劉鳳芹，2003. 不完全合約與履約障礙——以訂單農業為例［J］. 經濟研究，（4）：22-30，92.

劉秋香，鄭國清，趙理，1993. 農業適度經營規模的定量研究［J］. 河南農業大學學報，（3）：244-247.

劉小童，李錄堂，張然，等，2013. 農民專業合作社能人治理與合作社經營績效關係研究——以楊凌示範區為例［J］. 貴州社會科學，（12）：59-65.

劉緒茂，1981. 中國農村現行的幾種主要生產責任制簡介［J］. 經濟管理，（9）：12-14.

劉一明，傅晨，2005. 農村專業技術協會的組織制度與運行機制［J］. 華南農業大學學報（社會科學版），（2）：21-25.

柳建輝，1997. 人民公社所有制關係的變化［J］. 中共中央黨校學報，（3）：90-98.

蘆千文，2017. 現代農業產業化聯合體：組織創新邏輯與融合機制設計［J］. 當代經濟管理，（7）：38-44.

魯振宇，1996. 貿工農一體化產生的誘因及規模界定［J］. 中國農村經濟，（6）：24-28，49.

陸子修，1986. 農村改革哲學思考［M］. 上海：上海人民出版社.

羅必良，李玉勤，2014. 農業經營制度：制度底線、性質辨識與創新空間——基於「農村家庭經營制度研討會」的思考［J］. 農業經濟問題，35（1）：8-18.

羅納德・哈里・科斯，王寧，2013. 變革中國——市場經濟的中國之路［M］. 北京：中信出版集團股份有限公司.

羅伊・普羅斯特曼，李平，蒂姆・漢斯達德，1996. 中國農業的規模經營：政策適當嗎？［J］. 中國農村觀察，（6）：17-29，63.

呂名，2007. 美國肉雞產業化主要特點［J］. 山西農業，（2）：53-54.

馬立成，凌志軍，1998. 交鋒——當代中國三次思想解放實錄［M］. 北京：今日中國出版社.

馬立誠，凌志軍，1998. 一次至關重要的中共中央工作會議［J］. 黨史天地，（5）：11-15.

馬石紀，1956. 有計劃有步驟地領導初級社向高級社過渡［J］. 新華半月刊，（2）：48.

毛東凡，1997. 對貿工農一體化經營的研究［J］. 江西農業經濟，（4）：7-11.

莫曰達，1957. 中國農業合作化的發展［M］. 北京：統計出版社.

南振中，沈祖潤，張廣友，1978. 落實黨的政策非批假左真右不可——安徽滁縣地區落實農村經濟政策的一條重要經驗［N］. 人民日報，07-06（2）.

泥元，等，1985. 湖北省農業合作經濟史料［M］. 武漢：湖北人民出版社.

倪國華，蔡昉，2015. 農戶究竟需要多大的農地經營規模？——農地經營規模決策圖譜研究［J］. 經濟研究，50（3）：159-171.

牛若峰，2002. 中國農業產業化經營的發展特點與方向［J］. 中國農村經濟，（5）：4-8，12.

農業部. 關於支持農業產業化龍頭企業發展的意見［EB/OL］.（2008-12-25）［2019-05-29］. http://www.scio.gov.cn/xwfbh/xwbfbh/wqfbh/2012/1225/xgxwfbh/Document/1259965/1259965.html.

農業部. 全國農產品加工業與農村一二三產業融合發展規劃（2016—2020年）［EB/OL］.（2018-06-15）［2019-06-01］. http://jiuban.moa.gov.cn/zwllm/tzgg/tz/201611/t20161117_5366803.html.

農業部農村改革試驗區辦公室，1994. 從小規模均田制走向適度規模經營——全國農村改革試驗區土地適度規模經營階段性試驗研究報告［J］. 中國農村經濟，（12）：3-10.

農業部農村合作經濟研究課題組，1993. 中國農村土地承包經營制度及合作組織運行考察［J］. 農業經濟問題，（11）：45-53.

農業部農政司，1953. 農業生產互助組參考資料［M］. 北京：中央人民

政府農業部.

農業部鄉鎮企業局,2003. 中國鄉鎮企業統計資料（1978—2002 年）[M]. 北京：中國農業出版社.

農業部新聞辦公室. 農業部舉辦第五批農業產業化國家重點龍頭企業認定情況新聞發布會［EB/OL］.（2012-2-27）［2019-5-03］. http://www.moa.gov.cn/hdllm/wszb/zb44/.

農業農村部農村合作經濟指導司. 當前農村經營管理基本情況［EB/OL］.（2018-01-05）［2019-04-12］. http://www.jgs.moa.gov.cn/txjsxxh/201801/t20180105_6134218.htm.

農業農村部新聞辦公室. 農村一二三產業融合助力鄉村振興［EB/OL］.（2018-06-15）［2019-06-01］. http://www.moa.gov.cn/xw/zwdt/201806/t20180615_6152210.html.

齊城,2008. 農村勞動力轉移與土地適度規模經營實證分析——以河南省信陽市為例［J］. 農業經濟問題,（4）：38-41.

錢克明,彭廷軍,2014. 中國農户糧食生產適度規模的經濟學分析［J］. 農業經濟問題,35（3）：4-7,110.

施晟,衛龍寶,伍駿騫,2012. 中國現代農業發展的階段定位及區域聚類分析［J］. 經濟學家,（4）：63-69.

史敬棠,等,1959. 中國農業合作化運動史料（上）［M］. 北京：三聯書店.

四部門發文加強監管工商資本租賃農地［EB/OL］.（2015-04-30）［2019-03-15］. http://scitech.people.com.cn/n/2015/0430/c1057-26927974.html.

宋斌全,1994. 第一個人民公社的由來［J］. 當代中國史研究,（2）：58-60.

蘇丹,陳俊,2008. 頂雲經驗：中國農村改革第一鄉［M］. 貴陽：貴州人民出版社.

蘇少之,1989. 論中國土地改革後的「兩極分化」問題［J］. 中國經濟史研究,（10）：1-17.

蘇昕，王可山，張淑敏，2014. 中國家庭農場發展及其規模探討——基於資源稟賦視角 [J]. 農業經濟問題，35（5）：8-14.

隋立新，1992. 美國農工商一體化的考察與思考 [J]. 山東大學學報（哲學社會科學版），(4)：36-41.

孫健，1992. 中華人民共和國經濟史（1949—90年代初）[M]. 北京：中國人民大學出版社.

孫孺，1959. 關於人民公社當前的分配制度 [J]. 學術研究，(1)：8-11.

孫正東，2015. 現代農業產業化聯合體營運效益分析——一個經驗框架與實證 [J]. 華東經濟管理，(5)：108-112.

譚術魁，2003. 耕地撂荒程度描述、可持續性評判指標體系及其模式 [J]. 中國土地科學，(6)：3-8.

湯應武，2008. 改革開放30年重大決策紀實：上冊 [M]. 北京：中共中央黨校出版社.

唐明霞，程玉靜，顧衛兵，等，2016. 日韓「第六產業」經驗對南通現代農業發展的啟示 [J]. 江蘇農業科學，44（10）：533-539.

陶魯笳，2003. 毛主席教我們當省委書記 [M]. 北京：中央文獻出版社.

天津市北郊區農村合作制經濟發展簡史 [M]. 天津：天津人民出版社，1989.

童青林，2008. 回首1978——歷史在這裡轉折 [M]. 北京：人民出版社.

萬俊毅，2008. 準縱向一體化、關係治理與合約履行——以農業產業化經營的溫氏模式為例 [J]. 管理世界，(12)：93-102，187-188.

萬里，1995. 萬里文選 [M]. 北京：人民出版社.

王彩霞，2017. 工商資本下鄉與農業規模化生產穩定性研究 [J]. 宏觀經濟研究，(11)：157-162，187.

王德文，蔡昉，2006. 中國農村勞動力流動與消除貧困 [J]. 中國勞動經濟學，3（3）：46-70.

王洪模，等，1989. 1949—1989年的中國改革開放的歷程 [M]. 鄭州：河南人民出版社.

王鴻模，蘇品端，2001. 改革開放的徵程［M］. 鄭州：河南人民出版社.

王克英，1995. 實施農業產業化經營 建設農業強省［J］. 中國農村經濟，(10)：29-31.

王立新，2000. 要吃米，找萬里：安徽農村改革實錄［M］. 北京：北京圖書館出版社.

王猛舟，2008. 中國農村改革第一鄉：讓歷史見證貴州關嶺「頂雲經驗」三十年［M］. 貴陽：貴州人民出版社.

王能典，陳文書，1999. 農村改革逐浪高［M］. 成都：四川人民出版社.

王士花，2014. 論建國初期的農村互助組［J］. 東岳論叢，(3)：54-73.

王鬱昭，1998. 大包干是億萬農民的自覺選擇——紀念中國農村改革20週年［J］. 黨的文獻，(6)：37-42.

溫家寶. 努力提高中國農業產業化經營水準［EB/OL］.（2001-11-07）［2019-04-18］. http://-www.people.com.cn/GB/channe14/996/20011108/304526.html.

溫濤，王小華，楊丹，等，2015. 新形勢下農戶參與合作經濟組織的行為特徵、利益機制及決策效果［J］. 管理世界，(7)：82-97.

吳鶯鶯，李力行，姚洋，2014. 農業稅費改革對土地流轉的影響——基於狀態轉換模型的理論和實證分析［J］. 中國農村經濟，(7)：48-60.

吳象，2001. 中國農村改革實錄［M］. 杭州：浙江人民出版社.

吳曉華，尹曉萍，1998. 農業產業化經營：農村經濟改革和發展的新主題［J］. 經濟改革與發展，(2)：56-60.

武力，鄭有貴，2004. 解決「三農」問題之路［M］. 北京：中國經濟出版社.

辛生，盧家豐，1979. 正確看待聯繫產量的責任制［N］. 人民日報，03-30（1）.

辛逸，2005. 農村人民公社分配制度研究［M］. 北京：中共黨史出版社.

徐國普，2001. 建國初期農村權力結構的特徵及其影響［J］. 求實，(5)：51-53.

徐美銀, 2010. 基於農民認知視角的中國農地制度變遷研究 [D]. 南京: 南京農業大學.

徐旭初, 吳彬, 2017. 異化抑或創新？——對中國農民合作社特殊性的理論思考 [J]. 中國農村經濟, (12): 2-17.

許慶, 尹榮梁, 2010. 中國農地適度規模經營問題研究綜述 [J]. 中國土地科學, 24 (4): 75-81.

許慶, 尹榮梁, 章輝, 2011. 規模經濟、規模報酬與農業適度規模經營——基於中國糧食生產的實證研究 [J]. 經濟研究, 46 (3): 59-71, 94.

許治民, 1994. 種植專業戶經營規模適度分析 [J]. 安徽農業科學, (1): 85-88.

楊燦君, 2016.「能人治社」中的關係治理研究——基於35家能人領辦型合作社的實證研究 [J]. 南京農業大學學報 (社會科學版), (2): 44-53, 153.

楊宏濤, 2003. 天堂實驗紀事——回眸中國第一個人民公社的建立 [J]. 農村工作通訊, (7): 52-53.

楊歡進, 楊洪進, 1998. 組織支撐: 農業產業化的關鍵 [J]. 管理世界, (4): 207-210, 213.

楊繼繩, 1998. 鄧小平時代: 中國改革開放二十年紀實: 上卷 [M]. 北京: 中央編譯出版社.

楊明. 韓國推動第六產業化 [EB/OL]. [2019-7-1]. 經濟日報. 2014年4月2日第13版. http://paper.ce.cn/jjrb/html/2014-04/02/content_195146.htm.

楊勝群, 田松年, 1997. 共和國重大決策的來龍去脈 [M]. 南京: 江蘇人民出版社.

楊天石, 2005. 親歷者記憶 [M]. 上海: 上海辭書出版社.

葉興慶, 2013. 農業經營體制創新的前世今生 [J]. 中國發展觀察, (2): 7-9.

佚名, 2014. 2013年農民專業合作社發展情況 [J]. 農村經營管理,

（5）：46.

佚名，2016. 美國肉雞產業成長史［J］. 北方牧業，（12）：10-13.

佚名，2018. 2017年農民專業合作社發展情況［J］. 農村經營管理，（10）：22-23.

佚名，2019. 讓黨的農村政策惠及廣大小農戶——中央農辦副主任、農業農村部副部長韓俊等介紹《關於促進小農戶和現代農業發展有機銜接的意見》並答記者問［J］. 農村工作通訊，（5）：10-16.

印存棟，1980. 分田單干必須糾正［J］. 農村工作通訊，（2）：12.

於光遠，1992. 經濟大辭典：上冊［M］. 上海：上海辭書出版社.

俞可平，1997. 論農業「適度規模經營」問題——警惕強制性「兩田制」對農民的剝奪［J］. 馬克思主義與現實，（6）：43-46.

逾1,500萬新型職業農民活躍在田間地頭——聽他們說說種地的事兒（講述·特別報導）［EB/OL］.（2019-01-03）［2019-06-02］. http://paper.people.com.cn/rmrb/html/2019-01/03/nw.D110000renmrb_20190103_1-06.htm.

張炳霖，2011. 龍頭企業與農戶利益聯結機制研究［D］. 北京：北京工商大學.

張廣友，1983. 聯產承包責任制的由來與發展［M］. 鄭州：河南人民出版社.

張廣友，2007. 風雲萬里［M］. 北京：新華出版社.

張廣友，丁龍嘉，2006. 萬里［M］. 北京：中央黨史出版社.

張浩，1979.「三級所有，隊為基礎」應該穩定［N］. 人民日報，03-15(1).

張紅宇，2014. 新中國農村的土地制度變遷［M］. 長沙：湖南人民出版社.

張紅宇. 家庭農場並非規模越大越好 各地標準不一［EB/OL］.（2014-02-27）［2019-03-02］. http://politics.people.com.cn/n/2014/0227/c70731-24481782.html.

張晶，2012. 美國肉雞業價值鏈對中國的啟示［J］. 江蘇農業科學，40（2）：353-355.

張麗麗，張丹，朱俊峰，2013. 中國小麥主產區農地經營規模與效率的實

證研究——基於山東、河南、河北三省的問卷調查 [J]. 中國農學通報, 29 (17): 85-89.

張麗娜, 2015. 以農村一二三產業融合, 助推農業改革發展 [J]. 奮鬥, (12): 21-22.

張潤清, 張衛彪, 2017. 培育壯大農業產業化聯合體 [N]. 河北日報, 04-19 (007).

張曙光, 2010. 土地流轉與農業現代化 [J]. 管理世界, (7): 66-85, 97.

張曉山, 2008. 中國農村改革30年: 回顧與思考 [J]. 學習與探索, (6): 1-19.

張曉山, 2019. 中國農村集體所有制的理論探討 [J]. 中南大學學報 (社會科學版), (1): 1-10.

張永森, 1997. 山東農業產業化的理論與實踐探索 (下) [J]. 農業經濟問題, (12): 9-12.

張昭國, 2010. 人民公社時期農村的瞞產私分 [J]. 當代中國史研究, (3): 67-72.

趙德馨, 1989. 中華人民共和國經濟史 (上卷) [M]. 鄭州: 河南人民出版社.

趙光, 1958. 基本工資加獎勵——遂平縣衛星人民公社的分配制度 [J]. 中國勞動, (18): 7-10.

趙國翔, 2010. 農民專業合作社發展中存在的問題及對策研究 [D]. 長春: 東北師範大學: 3-6.

趙海, 2015. 論農村一、二、三產業融合發展 [J]. 中國鄉村發現, (14): 107-114.

趙繼新, 2004. 中國農民合作經濟組織發展研究 [D]. 北京: 中國農業大學.

趙健武, 1993. 貿工農一體化發展的基本態勢 [J]. 中國農村經濟, (5): 30-33.

趙凱，2003. 中國農業經濟合作組織發展研究［D］. 咸陽：西北農林科技大學.

趙令新，1988. 牧工商一體化是加速畜牧業兩個轉化的捷徑［J］. 黑龍江畜牧獸醫，(1)：38-39，13.

趙辛初，1953. 農業生產互助組參考資料：第一集［M］. 北京：中央人民政府農業部.

鄭定榮，2003. 重新構建農村經營新體制——農業產業化聯合體問題探討［J］. 廣東經濟，(10)：26-28.

鄭文凱，2005. 全面提高農業產業化工作水準［J］. 農業產業化，(4)：18-20.

鄭志峰，2014. 當前中國農村土地承包權與經營權再分離的法制框架創新研究——以2014年中央一號文件為指導［J］. 求實，(10)：82-91.

中共天津北郊區黨史資料徵集委員會，1989. 天津市北郊區農村合作制經濟發展簡史［M］. 天津：天津人民出版社.

中共中央，國務院，2008. 中共中央 國務院關於「三農」工作的十個一號文件（1982—2008年）［M］. 北京：人民出版社.

中共中央黨史研究室，2011. 中國共產黨歷史第二卷（1949—1978）：下冊［M］. 北京：中共黨史出版社.

中共中央黨史研究室，中共中央政策研究室，中華人民共和國農業部，1998. 中國新時期農村的變革·中央卷（下）［M］. 北京：中共黨史出版社.

中共中央文獻編輯委員會，1993. 鄧小平文選：第三卷［M］. 北京：人民出版社.

中共中央文獻編輯委員會，1994. 鄧小平文選：第二卷［M］. 北京：人民出版社.

中共中央文獻研究室，1992. 建國以來重要文件選編：第2冊［M］. 北京：中央文獻出版社.

中共中央文獻研究室，2002. 中共十三屆四中全會以來歷次全國代表大會

中央全會重要文獻選編 [M]. 北京：中央文獻出版社.

中共中央文獻研究室, 2011. 三中全會以來重要文獻選編：上冊 [M]. 北京：人民出版社.

中共中央文獻研究室, 2011. 十二大以來重要文獻選編：上冊 [M]. 北京：中央文獻出版社.

中共中央文獻研究室, 國務院發展研究中心, 1992. 新時期農業和農村工作重要文獻選編 [M]. 北京：中央文獻出版社.

中國科學技術協會, 2003. 中國科學技術協會統計年鑒 [M]. 北京：中國統計出版社.

中國農業年鑒編輯委員會, 2010. 中國農業年鑒 [M]. 北京：中國農業出版社.

中國人民大學馬克思列寧主義基礎系, 1958. 論人民公社與共產主義 [M]. 北京：中國人民大學出版社.

中國人民大學農業經濟系, 1958. 人民公社參考資料選集：第2集 [M]. 北京：中國人民大學出版社.

中華人民共和國國家農業委員會辦公廳, 1981. 農業集體化重要文件匯編：上冊 [M]. 北京：中共中央黨校出版社.

中華人民共和國國民經濟和社會發展「九五」計劃和2010年遠景目標綱要 [EB/OL]. (2015-10-14) [2019-4-25]. http://china.huanqiu.com/politics/2015-10/775719-4.html? agt=15438.

中華人民共和國國史學會, 1992. 毛澤東讀社會主義政治經濟學批註與談話（清樣本）（上）[M]. 北京：中央文獻出版社.

中華人民共和國農民專業合作社法 [EB/OL]. (2017-12-27) [2019-06-10]. http://www.npc.gov.cn/npc/xinwen/2017-12/27/content_2035707.htm.

中華人民共和國農業部, 2009. 新中國農業60年統計資料 [M]. 北京：中國農業出版社.

中華人民共和國農業部, 2017. 2016年農民專業合作社發展情況 [J]. 農

村經營管理，（8）：45.

中華人民共和國農業部. 農業部關於促進家庭農場發展的指導意見［EB/OL］.（2015-05-07）［2018-03-09］. http://jiuban.moa.gov.cn/sjzz/jgs/cfc/zcfg/bmgz/201505/t20150507_4583485.htm.

中華人民共和國農業部. 印發《農業產業化國家重點龍頭企業認定和運行監測管理暫行辦法》的通知［EB/OL］.（2008-06-06）［2019-05-24］. http://jiuban.moa.gov.cn/zwllm/zcfg/nybgz/200806/t20080606_1057287.htm.2008-03-04. 2010年9月19日對其進行修訂印發（農經發［2010］11號），2018年5月10日農業農村部多部門再次對2010年版進行了修改印發（農經發［2018］1號）.

中華人民共和國農業部計劃司，1989. 中國農村經濟統計大全（1949—1986）［M］. 北京：農業出版社.

中華人民共和國農業部政策法規司，中華人民共和國國家統計局農村司，1989. 中國農村40年［M］. 鄭州：中原農民出版社.

中華人民共和國農業農村部. 關於促進農業產業化聯合體發展的指導意見［EB/OL］.（2017-10-25）［2019-06-03］. http://www.moa.gov.cn/govpublic/NCJJTZ/201710/t20171025_585004,0.htm.

中華人民共和國農業農村部. 農業部就《關於支持農業產業化龍頭企業發展的意見》情況舉行發布會［EB/OL］.（2012-03-26）［2019-06-10］. http://www.scio.gov.cn/xwfbh/xwbfbh/wqfbh/2012/1225/xgxwfbh /Document/1259965/1259965.htm.

中華人民共和國憲法［M］. 北京：中國法制出版社，1999.

中央財政安排30.95億元資金扶持3826個龍頭農企［EB/OL］.（2012-12-18）［2019-05-30］. http://www.gov.cn/gzdt/2012-12/18/content_2292656.htm.

中央人民政府農業部農政司，1953. 農業生產互助組參考資料：第二集［M］. 北京：中央人民政府農業部.

周恩來,1984. 第一個五年計劃的執行情況和第二個五年計劃的基本任務,周恩來選集(下冊)[M]. 北京:人民出版社.

周太和,1984. 當代中國的經濟體制改革[M]. 北京:中國社會科學出版社.

周曰禮,1998. 農村改革的理論與實踐[M]. 北京:中共黨史出版社.

朱行巧,1978. PKB(「貝科倍」)——貝爾格萊德農工聯合企業簡介[J]. 世界經濟,(4):14-16.

尊重生產隊的自主權[N]. 人民日報,1978-02-16(1).

後記

在中華人民共和國的發展歷史上，農業無疑是最值得關注的一個領域。70年裡，中國農業發生了翻天覆地的變化，從走出最困難的低谷到取得舉世矚目的成就，我們徹底地解決了世界第一人口大國的吃飯問題，使廣大群眾過上了衣食豐足的日子。

農業70年的發展歷程也是中國社會主義實踐的縮影。我們在建立社會主義經濟體制時，並無成熟的經驗可以借鑑，只能靠在實踐中不斷摸索前進。雖然經歷了一定的挫折和反復，但最終恢復了實事求是的優良傳統，找到了一條有中國特色的社會主義的正確發展道路。促成一切變化的重大轉折是20世紀80年代初的改革開放，而拉開改革開放大幕的就是農村改革。

制度創新是生產力發展的關鍵因素，農業生產經營制度的改革理所當然地成為農村改革的突破口。改革一旦啟動，就以不可阻擋的勢頭向前發展，從突破人民公社體制的束縛開始到一步步地走向市場，中國農民成為社會主義市場經濟的先行者。農村改革的成功也為啟動城市經濟體制改革提供了寶貴的經驗，乘著改革開放的東風，我們創造出令世人震驚的「中國奇跡」，中國成為世界第二大經濟體。

中國農業經營制度的變遷過程是一個內容豐富的寶庫。在回顧這個變遷過程時，我們深深體會到還有許多經驗值得總結，還有許多經濟規律有待揭示。在本書編寫過程中，我們盡可能地在敘述歷史事實的基礎上提出自己的

分析和見解，力求把它寫成一本有價值的學術著作，向中華人民共和國70週年生日獻禮。但限於我們自身的能力，本書很難說達到了這個目標，還留有不少缺憾。我們衷心希望能夠得到關心中華人民共和國農業生產經營制度變遷的讀者的寶貴的批評和建議。

　　本書由胡小平提出研究思路和框架。各章寫作分工如下：第一章，胡小平；第二章、第三章，汪希成；第四章，鐘秋波；第五章、第六章，謝小蓉；第七章，伍駿騫。全書由胡小平、毛中根統稿。

編寫組

國家圖書館出版品預行編目（CIP）資料

1949年後中國農業經營制度變遷 / 胡小平 著. -- 第一版.
-- 臺北市：財經錢線文化，2020.07
　　面； 　公分
POD版

ISBN 978-957-680-457-1(平裝)

1.農業政策 2.農業經營 3.中國

431.1　　　　　　　　　　　　　　109010160

書　　名：1949年後中國農業經營制度變遷
作　　者：胡小平 著
發 行 人：黃振庭
出 版 者：財經錢線文化事業有限公司
發 行 者：財經錢線文化事業有限公司
E‐mail：sonbookservice@gmail.com
粉 絲 頁：　　　　　網　　址：
地　　址：台北市中正區重慶南路一段六十一號八樓 815 室
8F.-815, No.61, Sec. 1, Chongqing S. Rd., Zhongzheng Dist., Taipei City 100, Taiwan (R.O.C.)
電　　話：(02)2370-3310　傳　真：(02) 2388-1990
總 經 銷：紅螞蟻圖書有限公司
地　　址: 台北市內湖區舊宗路二段 121 巷 19 號
電　　話:02-2795-3656　傳真:02-2795-4100　　網址：
印　　刷：京峯彩色印刷有限公司（京峰數位）

　　本書版權為西南財經大學出版社所有授權崧博出版事業股份有限公司獨家發行電子書及繁體書繁體字版。若有其他相關權利及授權需求請與本公司聯繫。

定　　價：580元
發行日期：2020 年 07 月第一版
◎ 本書以 POD 印製發行